いちばんやさしい

Google4
アナリティクス
入門
教室

小川卓・工藤麻里［著］

ソーテック社

はじめに

　本書をお手に取っていただき、どうもありがとうございます。

　本書は、「Googleアナリティクス 4」というツールを使ってウェブサイトを分析し、サービスを改善する方法を基礎から丁寧に解説した書籍です。
　Googleアナリティクス 4というツールを初めて使う方、ウェブサイト分析の初学者にも、本書を読めばご理解いただけるよう配慮しました。

　Googleアナリティクスは、すでに15年以上の歴史がある分析ツールですが、2021年に本書で説明するGoogleアナリティクス 4という新しいバージョンが登場し、2023年7月には旧版であるユニバーサルアナリティクスによる計測が停止されました。
　Google社は、新版であるGoogleアナリティクス 4において、データ収集単位を変えるなどの刷新を行いました。そのため、これまで旧版を使いこなしていた方も、本書を使って新版の考え方に触れ、これまでに蓄積した知識をアップデートしていただくことを期待しています。

　本書における登場人物として、初めてウェブ担当者になったメイが登場します。メイは、本書の小川先生の講義を聞いて勉強するにつれて、自社サービスのデータを収集し、データを分析して、サイトを改善することができるようになります。
　たくさんの図表や2人の気軽な会話形式のやりとりの中で、難しい内容でも自然に習得できるようやさしく導いていきます。

　読者の皆さんも、ぜひメイと一緒にGoogleアナリティクス 4を習得し、ウェブサイトの分析と改善を行っていきましょう。

　それでは、一緒にはじめましょう！

工藤 麻里

CONTENTS

Chapter 1

どうしてGoogleアナリティクス 4を学ぶのか？

Lesson 1-1 ショートツアー①：
Googleアナリティクス 4でできること ……………… 10

Lesson 1-2 ショートツアー②：本書でできること ……………… 19

Lesson 1-3 困ったときには ……………………………………… 23

Chapter 2

データ収集の設計をしよう

Lesson 2-1 設計の基本思想①：
「ユーザーが×イベントする」………………………… 28

Lesson 2-2 設計の基本思想②：
パラメータは追加情報である ………………………… 36

Lesson 2-3 重要なイベント「コンバージョン」を見極める ……… 41

Lesson 2-4 ワーク：データ収集を設計する ………………… 46

Lesson 2-5 組織構造と利用者権限の設計 ………………… 54

Chapter 3

Googleアナリティクス 4の設定をはじめよう

Lesson 3-1 設計の2大ポイント …………………………… 60

Lesson 3-2 初期設定〜データ収集をはじめよう〜 …………… 64

Lesson 3-3 追加設定〜最初にやっておきたい10の設定〜 ……… 88

Lesson 3-4 Googleアナリティクス 4の利用者を招待しよう … 125

Chapter 4

Google アナリティクス 4のレポートを使いこなそう

Lesson 4-1　Google アナリティクス 4を開いてみよう ………… 130

Lesson 4-2　「レポート」メニューを使いこなそう ……………… 136

Lesson 4-3　分析のキーワード ……………………………… 155

Lesson 4-4　探索レポートを作ろう ………………………… 159

Lesson 4-5　サイトに訪れているユーザーを分析しよう ………… 163

Chapter 5

売上アップのためのコンバージョン率改善分析

Lesson 5-1　"改善のための分析"の基本……………………… 172

Lesson 5-2　8ステップで学ぶ"改善のための分析"…………… 175

Lesson 5-3　コンバージョンの状況を把握し、改善しよう……… 181

Chapter 6

売上アップのための集客分析

Lesson 6-1　ユーザーはどこから来たのだろう？ ……………… 202

Lesson 6-2　カスタムURL（キャンペーンパラメータ）を
設定しよう ……………………………………… 210

Lesson 6-3　改善につながる流入元分析の手法 ……………… 220

Lesson 6-4　コンバージョンに貢献したチャネルを
適切に評価する ………………………………… 225

Chapter 7

売上アップのためのサイト内導線分析

Lesson 7-1	ユーザー行動を示す指標を知ろう	238
Lesson 7-2	エンゲージメントレポートを見てみよう	245
Lesson 7-3	どんな流れでページを見ているのだろう	248
Lesson 7-4	ページ内でどんな行動をしているのだろう	259

Chapter 8

覚えておきたい！
Gooogleアナリティクス4の応用機能10選

Lesson 8-1	応用機能のラインナップ	264
Lesson 8-2	カスタムイベントを追加しよう	266
Lesson 8-3	カスタムディメンションと カスタム指標を追加しよう	279
Lesson 8-4	User-IDを設定する	288
Lesson 8-5	eコマース設定を行う	293
Lesson 8-6	「レポートのスナップショット」や 概要レポートをカスタマイズする	297
Lesson 8-7	カスタムインサイトを作成する	300
Lesson 8-8	データインポート	306
Lesson 8-9	Measurement protocol	313
Lesson 8-10	BigQuery	315
Lesson 8-11	アナリティクス360（有料版）でできること	319

Chapter 9

Looker Studioでレポートを作ろう

| | Lesson 9-1 | 定点レポートの役割とは？ ……………………………… 324 |
| Lesson 9-2 | Looker Studioを使ってレポートを作成しよう …… 328 |

Chapter 10

Googleアナリティクス認定資格を取得しよう

	Lesson 10-1	Googleアナリティクス認定資格とは何か？……… 346
Lesson 10-2	50個の重要ポイントを押さえよう ………………… 348
Lesson 10-3	「Googleアナリティクス認定資格」を 受験してみよう ……………………………………… 357

付録：イベントカード一覧…………………………………… 366

INDEX………………………………………………………374

── 本書サポートページについて ──

　本書に掲載されているウェブサイトのURLへは、書籍サポートページのリンク集からアクセスしていただけます。また、万一誤りがあった場合、正誤表も掲載しますので、是非ご活用ください。

書籍のサポートサイト
http://www.sotechsha.co.jp/sp/1325/

登場人物

　本書では、ウェブアナリストの第一人者である「小川先生」が、講義形式でGoogleアナリティクスの基本知識・ノウハウを伝授していきます。

　講義に参加する生徒は、ウェブ解析の初心者。先生にいろいろな疑問をぶつけ、それらを解消しながら、徐々に知識を深めていきます。これからウェブ解析をはじめる読者の皆さんと同じ目線で学んでいきますので、一緒にスキルアップを目指してみてください。

講師

小川先生

言わずと知れたウェブアナリストの第一人者。複数の企業の取締役を務め、セミナーや講演で全国を飛び回り、日本中のウェブサイトの改善活動を先駆けてきた。今回はメイのために、特別講義を行う。蝶ネクタイがトレードマーク。

生徒

インターネットマーケティングチームに
参加することになった2年目のメイ

インターネットマーケティングチームに初めて参加。デザイナーやエンジニアのような専門的なスキルを持った先輩は居るけれど、私は何もできないのが悩み。

でも、どうやらウェブサイトの分析を勉強することで会社の売り上げを上げて、チームに貢献できるらしい！　Googleアナリティクス 4って何だろう？　あんまりわからないけど、やってみようかな。

休日は「カフェやショップを巡るのが趣味」というのが表向きだけど、実際には、スマホ片手におうちでダラダラと過ごすことが多い。

どうして
Googleアナリティクス 4を
学ぶのか？

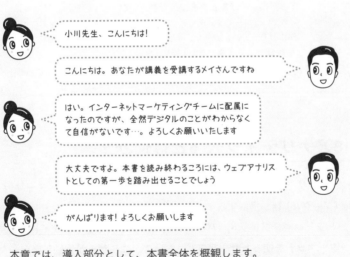

小川先生、こんにちは！

こんにちは。あなたが講義を受講するメイさんですね

はい。インターネットマーケティングチームに配属になったのですが、全然デジタルのことがわからなくて自信がないです…。よろしくお願いいたします

大丈夫ですよ。本書を読み終わるころには、ウェブアナリストとしての第一歩を踏み出せることでしょう

がんばります！よろしくお願いします

本章では、導入部分として、本書全体を概観します。
「Googleアナリティクス 4でできること」（Lesson 1-1）と「本書でできること」（Lesson 1-2）の2つについて、ショートツアーを行います。ぜひ肩の力を抜いて、気軽に読んでみてください。

Lesson

1-1

特徴と基本思想を捉えよう

ショートツアー ① ：
Googleアナリティクス 4
でできること

デジタルがわからないと言っても、日常生活の中でスマートフォンのアプリを使ったり、パソコンを開いてインターネットのサービスを使ったりしたことはありますよね？

もちろんありますよ！ スマホは朝起きたときから寝る前まで持ち歩いている命の次に大事なアイテムだし（笑）、休日はダラダラとパソコンで検索してインターネットを見たりするのが好きです。タブレットで映画を見たりもしますよ。どうしてそんなことを聞くんですか？

Googleアナリティクス 4は、複数のデバイスを使ってアプリやウェブサービスなどのいろんなサービスを利用するような、デジタルサービス上で多様な行動をしている人を想定して作られているからです。もしメイさん自身がそういった行動を自然に行なっているならば、分析するユーザーを自分の行動と重ね合わせて想像できますね！

Googleアナリティクス 4とは何か？

Googleアナリティクス 4とは、アメリカで生まれた大手インターネット企業である**Google（グーグル）社**が提供するインターネットサービスのウェブ分析ツールです。

スマートフォンやタブレット、パソコン上に展開された**ウェブサイトやスマホアプリなどの「インターネットを使ったサービス」**において、**ユーザーが行動したデータを収集して分析し、データをわかりやすくレポート**します。

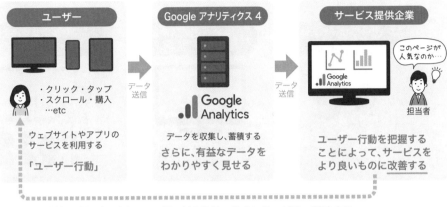

図1-1-1 ユーザー・Googleアナリティクス 4・サービス提供側の3者の関係

図1-1-1 に示したように、ユーザー (ユーザーというのは、アプリやインターネットのサービスを利用するあなた方自身です!) は、サービス上でさまざまな行動を取ります。

ユーザーの行動は、例えば、**アプリやウェブサイトを開いて、下にスクロールする、動画を再生する、お気に入りボタンを押す、別のページを開く、買い物かごに入れる**、といったものです。こういった何気なくユーザーが行っている多様な行動情報をGoogleアナリティクス 4というツールに集積します。

一方、サービスを提供する側 (会社や団体など) は、**Googleアナリティクス 4に集積されたデータやレポートを見る**ことができます。それによって、例えば、サービス提供側は、どのくらい多くのユーザーがそのサービスを使っているか把握し、ユーザーに人気のコンテンツを確認できます。ユーザーの行動情報を確認した後には、使いづらいボタンの形状を修正し、おすすめのサービスが全然使われていなかった場合に、もっと目立たせるというような**「改善活動」につなげる**ことができます。

Googleアナリティクス 4を導入するメリット

このように、インターネットサービスの提供側がユーザーの行動データを確認することによって、以下のような良い点があります。

Googleアナリティクス 4を導入するメリット

- **不便なサービスを減らして、ユーザーのサービス体験をより素晴らしいものにする**
- 広告などの特別なプロモーションを行った場合、成果を明確に把握できる
- ビジネス目標に効率的に到達する道筋を設計できる

図1-1-2 Googleアナリティクス 4を導入するメリット

ユーザーのサービス体験
を向上する

ユーザー

「このサービスは使いやすい」
「使っていて気持ちが良い」
「隅々まで気配りされている」

⬇

サービス、ブランドに
好感を持つ

広告などの効果を
確認できる

「思ったより効果がなかった
ので、予算を別のところに配
分しよう」

⬇

適切な予算配分が
できる

ビジネス目標に
効果的に到達

ユーザー行動を把握し、
サービスを改善していく
ことでビジネス目標に効
率的に到達できる

　Googleアナリティクス 4を導入することによって、プロモーションの成果を確認し、売上を上げるなどのビジネス目標に効果的に到達できる可能性があります。

　また一方で、ユーザーにとって使いづらいサービスを改善することで、**デジタルサービスの利用体験を介して、ユーザーとより良い関係性を築くことができる**のです。**サービスをリリースしたらそれでおしまいではなく**、それを使うユーザー側の動きを把握し、**ユーザーの気持ちを予測して、不便を解消していく**ことが重要です。

それは大事なことですね！ 私も使いづらい
サービスを使っているとイライラします

反対に、隅々まで気遣いが感じられるサービスを使ったら、
感動することもありますよね？ ですから、サービス提供側が、
ユーザー行動を観察し、サービスを改善していくことはお客
さんとのよい関係を築く上で大切なのですよ

なるほど。対面で接客するわけではなく、**インターネット
を介した画面でお客さんをおもてなしするからこそ**、リリー
スした後に分析ツールを使いこなし、しっかりデータを見
て改善していくことが大事なのですね

有料版と無料版の違い：無料版でも十分な機能が使える

でも、そんなすごいツールなら、値段は高いんじゃないですか？

基本的には無料で使えます

無料？ そんなおいしい話に騙されませんよ！

　Google アナリティクス 4 には、無料版と有料版があります。無料版は**標準版**とも呼ばれ、一方、有償版は「**Google アナリティクス 360**」というサービス名で呼ばれています。結論から言えば、**ほとんどのサービスにとっては、無料版を利用して問題ありません。**

　有料版はウェブマーケティングを包括的に展開していく一部の企業が導入しており、安価ではないため、本書でもほとんどの方が利用する標準版（無料版）を前提として解説します。

無料で良質なサービスを利用できることに驚きます。
サービス提供側にとって、活用しない手はないですね

HINT ///

有料版と差を付けるために、無料版にはさまざまな設定値の上限が設けられています。それでも、一般的なサービスを分析するには十分な数が確保されているため、無料版で十分です。標準版（無料版）と 360（有料版）との違いについて確認したい方は、サポートページをご確認ください。
URL ▶ https://support.google.com/analytics/answer/11202874?hl=ja

データの収集の心得：プライバシーに留意する

小川先生、私気がついたのですが…。ユーザー行動を観察されているならば、よく考えたら、私が休日にダラダラとネットばかり見ているのが、サービス提供側に全部見られていたということですか？ それは困ります!!

メイさんという個人を特定してデータを収集するということは、決してありません。あくまでサービスを改善し、効率的にビジネス目標に到達するなどの目的で、**匿名の統計データを生成するため**だけに使用しています

本当にそうですか？

はい。でも、よい点に気が付きましたね。データの収集は、常に良心的に行う必要があります。**Google社は、世界の個人情報に関する法律に対応**する努力を行なっています。最新版であるGoogleアナリティクス 4は、最も現代の法規制状況に合わせた対応がされています

図1-1-3 プライバシー保護意識の高まりとGoogle社の対応

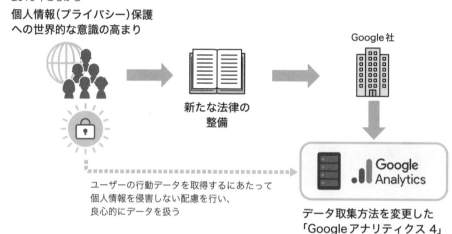

2010年ごろから…
個人情報（プライバシー）保護
への世界的な意識の高まり

新たな法律の
整備

Google社

データ取集方法を変更した
「Google アナリティクス 4」
をリリース

ユーザーの行動データを取得するにあたって
個人情報を侵害しない配慮を行い、
良心的にデータを扱う

個人情報を保護する法律は国ごとに異なる

　個人情報を保護する法律は国ごとに異なります。名前・電話番号・メールアドレス・社会保障番号（マイナンバーなど）・住所・高精度な位置情報などは、ほとんどの国で個人情報にあたります。一方で、インターネットサービスで使われる暗号化された**Cookie ID**（読み：クッキーアイディー、インターネットを閲覧するブラウザに紐づけられる記号）、暗号化された広告ID、IPアドレスなどは、**Google社は個人情報としていないものの、世界の一部の地域（例えばヨーロッパやアメリカのカリフォルニア州）においては個人情報とみなされます。**

　Googleは、このように一部の地域で個人情報とみなされてしまうデータ収集について、法律を侵害しない形に変換するなどの対応を行うよう、ツールを日々進化させています。**日本においては、基本的にGoogleアナリティクスツールが推奨する設定に従えば、問題ありません**（2023年9月現在）。

　また、個人情報保護は、不用意に個人情報を他社に送信しないという点だけでなく、自らの個人情報が必要な目的のために適切に管理された上で、**本人が変更したり削除したりすることができる**という点も重視されます。Google社では、そのように個人がデータ送信を希望せず、データを削除したい場合に対応できるような機能を準備しています。

　テクノロジーの発達によって、技術を用いて取得できるデータが爆発的に増えています。それに応じて、法律も更新されます。利用者も、取得できるデータを無分別に際限なく収集するのではなく、プライバシー保護を念頭に置きつつ、**常に良心的にデータ収集を行いましょう。**

HINT //

厳しい法律は、ヨーロッパにおける「EU一般データ保護規則（General Data Protection Regulation、略称はGDPR）」や、アメリカ合衆国のカリフォルニア州の「カリフォルニア州消費者プライバシー法（California Consumer Privacy Act、略称はCCPA）」などです。より詳細を確認したい場合は、公式ヘルプを読んでみてください。

URL ▶ https://support.google.com/analytics/answer/7686480?
　　　 sjid=15122982740079789787-AP

日本では、2022年4月1日に施行された「改正個人情報保護法」が同様の規制にあたります。ヨーロッパで個人情報とされるCookieは個人情報**関連**情報とされますが、Googleアナリティクス 4は、Cookieによるデータ収集が極力回避されています（次項にて詳述します）。

なんだか急に難しい話になったなぁ〜

そうですね、ちょっと難しかったですね。それでもこういった時代背景やGoogle社のプライバシー対策を少し知っていると、本書に出てくる「ユーザーデータの収集方法」が複雑である背景を考えることができます。
例えば、Googleアナリティクス 4の一機能である「機械学習による予測機能」は、取得できる少量のデータから全体数の予想を行いますが、**高度な予測技術がデータ収集の限界を補完するために**使われていると気が付くなど、いろんな発見があると思いますよ!

4つの方法で、ユーザーの一連の行動を把握する

ところで、私はスマートフォンもパソコンもタブレットも使います。例えば休日にタブレットで商品を見た後、会社のお昼休みに会社のパソコンでその商品を見ます。
それで、帰り道の電車の中でスマートフォンで商品購入ボタンを押したりします。それなのに、個人情報を使わずに、私が1人で3台とも操作しているってわかりますか？

はい、良い質問ですね。魔法みたいでしょう？
Googleアナリティクス 4は、**個人情報の収集を避けながらも、1人のユーザーの一連の行動を把握できるように工夫しています**。ユーザー行動を極力精緻に把握して実態を把握したほうが、サービス改善活動を無駄なく進められますからね

えー、どんな方法で把握しているのですか？

実際には、**4つの方法を組み合わせて使っています**

表1-1-1 ユーザーの一連の行動を把握して紐づける4つの方法
※詳しくは、Lesson 3-3「追加設定③ レポート用識別子を設定する」を参照してください。

①User-ID（ユーザーアイディー）	サービスの**ログインID**などを指します。サービスがログインしたユーザーに顧客IDなどを付与している場合、そのIDをGoogleアナリティクス 4に送信することができます。
②Googleシグナル	**Googleにログインしているユーザー**のデータです。
③デバイス ID	システムから自動的に送信されるデータです。例えば、ウェブサイトの場合は、ウェブブラウザを識別するためのCookieというデータから生成した「クライアント ID」を取得します。 アプリの場合は、アプリをインストールしたときに付与される「インスタンス ID」を取得します。いずれの場合も、デバイスやブラウザが異なると、別のユーザーとして認識されます。
④モデリング	モデリングは、**データを憶測する**機能です。

以上、4つの方法で同一ユーザーを識別しています。

このような複雑な仕組みがあるからこそ、多様なデバイス間を行き来するユーザーの一連の行動を把握することができるのです。

確かに、会員登録するサイトはログインして使っているし、Googleアカウントは、YouTubeやGmailを使ったときに、ログインしたままのことが多いです

はい。旧版のGoogleアナリティクス 4では、実は③のCookieデータがウェブサイトを利用するユーザーの主要な識別方法だったのですが、先ほど説明したように世界的なプライバシー保護の動きによって、それを個人情報とみなす地域が出てきたことに対応して、それを極力使わない方法に変化したのです

ちょっと難しいけど、とにかくいろんな方法を使って、一人の人間の**一連の行動を把握しようとしている**っていうことですね

「イベント」指標でユーザーのたくさんの行動をくまなく把握する

ところで、私のどんな行動データが取られているのですか？休日の昼頃に起きた後、スマホ片手に1時間くらいめちゃくちゃスクロールし続けて、ボーっとショート動画を見続けたりしているんですけど…。どんな行動がわかるんですか？

ユーザーがサービス内で行動したデータを取得することができます。利用している時間とか、どのくらいスクロールしたとか、どのボタンをタップしたとか、いろんなデータを取得することができます

Googleアナリティクス 4で取得するユーザー行動の一例

- アプリのダウンロード
- ウェブサイト／アプリへのアクセス
- メールマガジンからウェブサイトを開いたこと
- 閲覧したページ
- どのくらいスクロールしたか（スクロール深度）
- クリック／タップ箇所
- サイト内検索
- アクセス時間や滞在時間
- お気に入り登録ボタンのタップ
- 電話するボタンのタップ
- 商品の購入
- アンケートの回答／口コミの投稿

いくつか書き出してみましたが、ここに書ききれないほど多様なユーザー行動があります。たくさんのウェブサイトやアプリが次々に新しい独自のサービスを展開しているため、それに比例してユーザー行動も豊富になってきました。**このように多様なユーザー行動を捕捉するために、Googleアナリティクス 4では、「イベント」という指標**を使います。

この「イベント」については、第2章（設計編）にて詳しく説明します。

HINT ///

2005年のGoogleアナリティクスのサービスが開始した当初は、ほとんどがパソコンユーザーだったため、「ウェブサイトのページを表示する」という主たるユーザー行動を捕捉すれば十分でした。そのため「ページビュー」と、ページビューの一連の閲覧を関連付ける「セッション」という指標が重要でした。それと比べれば現在はサービスが多様化し、数多くのユーザー行動があるので、それに対応する「イベント」という概念が考えられました。

メイさんの話に戻ると、「休日の昼ぐらいに、1時間ほど、スマートフォンで、たくさんスクロールしながらショート動画を見続ける」行動の中では、休日の昼頃（アクセス日時）、1時間ほど（滞在時間）、デバイス（スマートフォン）、たくさんスクロールする（スクロール深度）、動画を連続的に見る（再生した動画数や動画名）というデータが取得されています

けっこうバレてる～（焦）

でも、先にお話しした通り、決してメイさんを特定したいわけではなく、**匿名の統計データとして集計している**点をお忘れなく！

■ まとめ：Googleアナリティクス 4でできること

- Googleアナリティクス 4は、**Google社が提供**するインターネットサービスの**データ分析ツール**です。
- **ウェブサイトやスマホアプリ**などのサービスにおける、ユーザーの行動を分析します。
- スマートフォンやパソコン、タブレットなど、多様なデバイスを複数使いこなす現代のユーザー像に対応し、**デバイス間にまたがるデータを1人のユーザー**として識別します。
- Googleアナリティクス 4には、無料版と有料版がありますが、ほとんどのサービスにとっては、**無料版で問題ありません**。
- 最新版であるGoogleアナリティクス 4は、世界各所の**個人情報保護に関する法律にあわせた対応**が行われています。
- スクロールやタップ（クリック）など**多様なユーザー行動を捕捉**できます。それらを「イベント」という指標を使って収集します。
- サービスを提供する企業や団体がGoogleアナリティクス 4を導入するメリットは、「ユーザーのサービス体験を向上すること」「プロモーションなどの効果を明らかにすること」「サービスのビジネス目標を達成するために効果的にアプローチすること」などが挙げられます。

Lesson 1-2

ウェブアナリストのキャリアをスタートする！

ショートツアー② : 本書でできること

この本を読んだら、私はウェブアナリストになれそうですか？

Googleアナリティクス 4ツールを理解して使いこなせるようになれば、ウェブアナリストのスタートラインに立ったと言えるでしょう！

本書でできるようになること

- Googleアナリティクス 4の特徴を理解します（第1章）
- データ収集方法を理解し、設計を行います（第2章）
- Googleアナリティクス 4を設定し、データ収集を開始します（第3章）
- Googleアナリティクス 4を開いて、画面操作方法とあらかじめ用意されたレポートを理解します（第4章）
- ウェブサービスの改善方法を習得します（第5〜7章）
- 応用機能10選を学びます（第8章）
- Looker Studioで定点レポートを作ります（第9章）
- Googleアナリティクス認定資格（Google Analytics Certification）の受験対策を行います（第10章）

注意：本書はウェブサービスの改善を行うためのGoogleアナリティクス 4の利用方法に特化しており、（iPhoneおよびAndroid向けの）アプリサービスの説明は割愛しています。ご注意ください。

Googleアナリティクス 4の特徴を理解します（第1章）

Googleアナリティクス 4は、旧版のツールと比べて大きくデータ収集の概念を変更しています。そのため、これまでGoogleアナリティクスを使っていた人にとっても、難しいという声を耳にします。

Googleアナリティクス 4が構築された時代背景や、Google社の基本的な考え方を冒頭の章で把握することによって、以降の章をスムーズに進められるように意図しました。

データ収集方法を理解し、設計を行います（第2章）

　第2章から第3章は、データ収集のための「設計と設定」の作業を行います。この作業のキーワードは「イベント」です。**各イベントの特徴を理解し、迷いなく設計作業を進めましょう。**

　Google アナリティクス 4 を使い始めるとき、すぐにツールの設定に取り掛からず、先に**設計、つまり「机上で考える作業」を行いましょう。**Google アナリティクス 4 は、とにかく多様なデータが取得でき、また多くのレポートを見ることができます。

　そのため、とにかく取得できるデータを取得して使い始めようと考えると情報過多になり、後から迷子になりかねません。「ビジネス目標を把握し、Google アナリティクス 4 でどんなデータを収集し、どれを重要指標とするか？」を先に考える作業を行います。

Googleアナリティクス 4を設定し、データ収集を開始します（第3章）

　第2章で行った設計をいよいよ Google アナリティクス 4 に実装していきます。

　Google アナリティクス 4 というツールのほかに、**Google タグマネージャー**というツールを使います。2つのツールを行き来して進める上、操作項目も多いので、**効率的に作業できるように、簡潔に説明**していきます。後半では、重要指標として「コンバージョン」を設定します。

Googleアナリティクス 4を開いて、画面操作方法とあらかじめ用意されたレポートを理解します（第4章）

　第4章から第7章は、分析と改善のパートです。「イベント」がキーワードだった設計・設定編に代わり、こちらは**「ディメンション×指標」がキーワード**になります。

ウェブサービスの改善方法を伝授します（第5～7章）

　第5章から第7章では、Google アナリティクス 4 の機能を説明しながら、ウェブサービスの改善方法を伝授します。**第5章はウェブサイトの「目的地」、第6章は「入口」、第7章はサイトの「中」の改善方法を学びます。**

　Google アナリティクス 4 は、リアルタイムレポートなど多くの機能があるため「見ているだけで面白い」ツールです。しかし、見ているだけではサービスは改善されません。

分析した上でウェブサイトのボタンの配置を変えるとか、効率的にユーザーを獲得できる流入経路を拡大するなど、**「改善活動を行う」ことが最も重要**です。本書をお読みの皆さんも、ぜひ実際にご自身のサービスを改善してみてください。

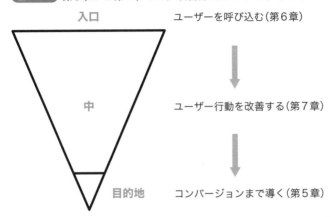

図1-2-1 第5章から第7章では、改善方法について学びます

入口　　　　　　　　ユーザーを呼び込む（第6章）

中　　　　　　　　　ユーザー行動を改善する（第7章）

目的地　　　　　　　コンバージョンまで導く（第5章）

応用機能10選を学びます（第8章）

第8章では、**応用機能によって何ができるようになるのかを把握**します。第7章までの基礎を理解していれば、高度な機能が登場しても、基礎的な理論を応用することで理解できるでしょう。すぐには使わない機能もあると思いますが、機能を把握しておくことが重要です。

Looker Studioで定点レポートを作ります（第9章）

一度ウェブ分析をしても、時間の経過によって、サイトの状況が変わってきてしまうことがあります。例えば「新規ユーザー獲得の力が弱まっている」「購入確認画面にエラーが出ていて、購入完了数が落ちている」「あるコンテンツがバズっている」などの数字の変化が起きます。このようなサービスの状況は、最低でも月に1回、動きの早いサービスでは週に1回や1日に1回などの周期で、定期的に確認する必要があります。

しかし、その度レポートを集計するのは大変な手間です。**自動集計レポート機能がある「Looker Studio」を使って、定点レポートを設定し、チームメンバーに共有**しましょう。

Googleアナリティクス認定資格（Google Analytics Certification）の受験対策を行います（第10章）

Google社は、「**Googleアナリティクス認定資格（Google Analytics Certification）**」という公式の資格を準備しています。この資格はGoogleアナリティクスについての理解度テストに合格した個人に付与されるもので、オンライン上で**無料で受験**することができます。

◘ Googleアナリティクス認定資格の概要

- 問題数：50問
- 制限時間：75分
- 費用：無料
- 合格ライン：80％以上の正答率

24時間、オンラインで受験することができます。理解度テストに合格しなかった場合は、1日後から再受験することができますので、ぜひ気軽にチャレンジしていただき、わからなかった点は本書や公式ヘルプなどで適宜補強していきましょう。

本書は、全体を通じて「Googleアナリティクス認定資格」の重点を網羅するように記述しています。最後に、認定資格の重点ポイントを読むことによって、本書全体を復習し、同時に認定資格に合格することで、ご自身の学習の定着度を確認することができるでしょう。

注意：本書は、資格への合格を保証するものではありません。

Lesson 1-3

わからないことがあっても大丈夫！

困ったときには

小川先生、勉強していて、
わからなくなったらどうしましょうか？

困ったときには、公式ヘルプなど、さまざまなサポート
がありますよ。どんなサポートがあるか、紹介します。

公式ヘルプを活用しよう！

Googleアナリティクスを操作していて、わからない言葉があったときや、レポートの使い方がわからない場合には、**Googleアナリティクスの公式ヘルプを活用しましょう。**

例えば「イベント」という言葉の定義を再確認したい場合、公式ヘルプページの検索窓に「イベント」と入力してみましょう。

図1-3-1 公式ヘルプページの検索窓に調べたい言葉を入力する

▶ https://support.google.com/analytics?hl=ja

23

または、Google アナリティクス 4画面を開いて、右上の❓アイコンをクリックして現れ
る検索ボックスに調べたい言葉を入力すると、関連するヘルプページに遷移することができ
ます。

図1-3-2 Googleアナリティクス 4から直接ヘルプページを参照しよう

公式コミュニティを活用しよう

公式ヘルプだけでは疑問を解消できない場合は、Google アナリティクス公式コミュニテ
ィ（ヘルプフォーラム）を活用しましょう。このコミュニティに疑問を投稿すると、**日本で活
躍するウェブアナリストの皆さんがあなたの疑問に直接回答します。**

公式コミュニティページにアクセスして「質問する」ボタンをクリックすると、質問画面
が開きます。

図1-3-3 ヘルプコミュニティを活用しよう
（https://support.google.com/analytics/community?hl=ja）

HINT //
質問内容はインターネット上に公開されますので、個人情報や会社の機密情報を入れない
ように注意してください。

小川先生が執筆する「GA4ガイド」を参照しよう

小川先生が全記事を執筆している「GA4ガイド Google Analytics 4 ガイド」も活用しましょう。GA4の実装・設定・活用のための情報サイトとして小川先生が執筆し、運営しているサイトです。常に最新の情報をお伝えできるよう、日々更新しています。

図1-3-4 「GA4ガイド Google Analytics 4 ガイド」(https://www.ga4.guide/)

Google社が提供するデモアカウントを覗いてみよう

Google社が提供するデモアカウントを利用すれば、どなたでもGoogle社が運用中のGoogleアナリティクス 4の画面を見ることができます。

データ収集前に先にどんなレポートが見られるのか確認したいという場合などに、ぜひ利用してみてください。

[公式ヘルプ]デモアカウントの追加方法

▶https://support.google.com/analytics/answer/6367342?hl=ja

図1-3-5 Google社が提供するGoogle Analytics 4のデモアカウント画面

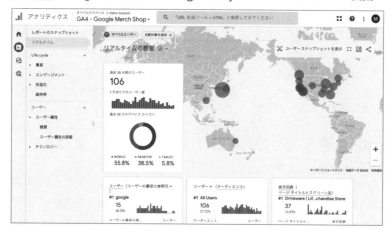

Chapter 2

データ収集の
設計をしよう

Googleアナリティクス 4のデータ収集単
位である「イベント」の概念を理解し、自
らのサービスを「イベント」の集合体とし
て理解していきます。本章を読み終えた
ら、ご自身のサービスのデータ収集設計を
実際に行ってみましょう。

Lesson
2-1

イベントを制するものはGA4を制する！

設計の基本思想①：「ユーザーが×イベントする」

Googleアナリティクス 4のデータ収集における「イベント」についてじっくり説明します

キーワードは、「ユーザーが×イベントする」

設計・設定におけるキーワードは、「**ユーザーが×イベントする**」です。

余談ですが、皆さんは、小学校の国語や中学校の英語の授業のときに、文法の授業として「主部」や「述部」の概念を学んだと思います。日本語や英語にもそういった文章の構造を構成する重要な要素があります。それと同様に、Googleアナリティクス 4の設計において重要な要素は、ユーザーとイベントです。設計と設定においては、**「ユーザーが」が主部**で、**「イベントする」が述部という文章を作るように**考えます。

図2-1-1 Googleアナリティクス 4におけるデータ収集の基本的な考え方

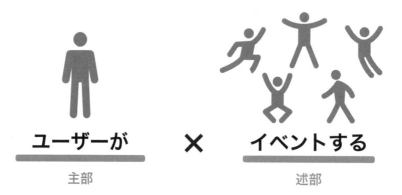

ユーザーが　×　イベントする

主部　　　　　　　　　　　述部

例えば、「イベント」という部分を書き換えるとこんな文章を作ることができます（「**ユーザーが**」という書き出しは、そのままで問題ありません）。

▷ 「ユーザーが×イベントする」の文例

- ユーザーが、ウェブサイトを開く。
- ユーザーが、ページの一番下までスクロールする。
- ユーザーが、購入する。
- ユーザーが、タップする。
- ユーザーが、動画を視聴し始める。
- ユーザーが、ダウンロードする。

先生！ 急に国語の授業みたいになりましたが、これで
Googleアナリティクス 4の設計ができるのですか？

はい。第1章で、メイさんをはじめとするユーザーは、インターネットサービス上で、タップやスクロールなど多様な操作をすることを確認しました。Googleアナリティクス 4では、そういった**ユーザーの多様な行動を「イベント」と呼びます**

「タップした」も「購入した」も「視聴し始めた」も
イベントということですね

　Googleアナリティクス 4では、収集するデータの基本単位が「イベント」です。そのため、ユーザーの**どんなイベントを収集し、さらにどんな追加情報（後述するパラメータのことです）を収集するか**を決めるのが、具体的な設計の作業になります。

どんなイベントがあるのかな？

それでは、実際にどんなイベントが収集できるか、見てみましょう。
メイさんの手元のイベントカードを広げてみてください。

HINT //

たくさんのイベントを視覚的にわかりやすく説明するために、本書の中では「イベントカード」がメイさんの手元に準備されていると仮定して説明します。
もしみなさんもイベントカードを使ってみたい場合は、書籍のサポートサイト（7ページ参照）から PDF ファイルをダウンロードし、印刷して使ってみてください。

図2-1-2 イベントカードを見るメイさんと小川先生

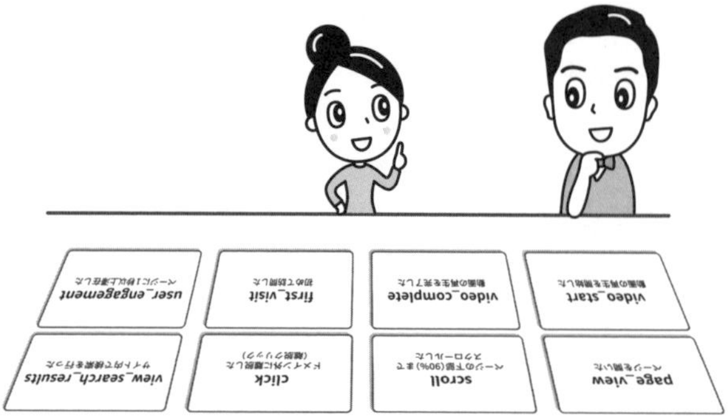

user_engagement ページに1秒以上滞在した

first_visit 初めて訪問した

video_complete 動画の再生を完了した

video_start 動画の再生を開始した

view_search_results サイト内で検索を行った

click ドメイン外に離脱した（離脱クリック）

scroll ページの下部（90%）までスクロールした

page_view ページを開いた

図2-1-3 イベントカードの例（自動収集イベントのうち、ウェブ用の主要なもの）

page_view ページを開いた	scroll ページの下部(90%)まで スクロールした	click ドメイン外に離脱した （離脱クリック）
view_search_results サイト内で検索を行った	video_start 動画の再生を開始した	video_complete 動画の再生を完了した
first_visit 初めて訪問した	user_engagement ページに1秒以上滞在した	file_download ファイルをダウンロードした

一番大きく書かれている英語の太字が、イベントの名前でしょうか。イベントの名前は、「初めて訪問した」がfirst_visitとそのまま書かれているし、「動画の再生を開始した」がvideo_startですね

はい。そのような理解で大丈夫です

これを、全部覚えないといけないのですか？試験に出ますか？

全部暗記する必要はありません。都度、公式ヘルプを見て確認すれば大丈夫です。試験にもイベント名を確認するような問題は出ませんよ。ただ、設計や分析の際には、**ユーザー行動をこのようなイベントに置き換えて考えていく必要があります**。イベントカードを見て、徐々に慣れていきましょう

HINT ///

本書では、ウェブサイトの分析を中心に記載しているため、アプリのイベントについての説明の多くは割愛しています。ただし、設計上の考え方はウェブサイトと同じです。
本書の考え方を理解した上で、具体的なイベント名称等については、公式ヘルプを参照してみてください。

イベントの設定方法は3種類

図2-1-4 イベントカードのサンプル（推奨イベント）

login	tutorial_begin	add_to_cart
ログインした	チュートリアルを開始した	カートに商品を追加した
推奨イベント □設定	推奨イベント □設定	推奨イベント □設定

begin_checkout	sign_up	purchase
購入手続きを開始した	アカウントを登録した	購入手続きを完了した
推奨イベント □設定	推奨イベント □設定	推奨イベント □設定

右下に「推奨イベント」と書かれていて、□設定というチェックボックスがあります

はい。よく気が付きました。これは**「推奨イベント」**という種類のイベントになります。詳しく説明しますね

　イベントにはいくつかの分類があります。まず1つめの分類は、ウェブサイトとアプリ上のユーザー行動の違いによって、「ウェブ向けのイベント」と「アプリ向けのイベント」に分けられている点です。2つのプラットフォームに共通するイベントも存在します。2つめの違いは、設定方法の違いです。**イベントは、設定方法の違いによって「自動収集イベント」「推奨イベント」「カスタムイベント」の3種類に区分**されます。

Lesson 2-1　設計の基本思想①：「ユーザーが×イベントする」

表2-1-1 イベントの3種の設定方法

分類の名称	特徴	定義と名称	設定	レポート画面
❶自動収集イベント／拡張イベント計測機能	ウェブサイトまたはアプリでGoogleアナリティクス 4を設定すると**自動的に取得できるイベント**。Googleアナリティクス 4の管理画面で**拡張機能を有効 (ON) にする**ことで計測できます（ただし、「page_view」イベントはOFFにできません）。 具体例：click, page_view, scroll	○ 規定されている	○ 不要 *ただし、GA4画面で機能をONにする	○ あり
❷推奨イベント	名称や定義が準備されているイベント。システム実装が必要になる場合があります。レポートはすべてではありませんが、一部準備されています。 *必要に応じて収集する場合は、「この名称を使うことを**推奨**します」というイベントです。 具体例：login, add_to_cart	○ 規定されている	必要	△ 一部あり
❸カスタムイベント	❶にも❷にも当てはまらないイベントを収集したい場合に、自身で定義し、名称を付けるイベント。実装も必要な場合があります。標準レポート等では表示されないので、探索レポートなどを利用しましょう。	必要（自身で定義して、名称を決める）	必要	自身で設定

HINT //

Google社の公式ヘルプでは、**自動と拡張を分けて「4種類」**と書かれていますが、拡張と自動はほとんど違いがありません。いずれもGoogleアナリティクス 4の設定画面でONにすると使い始めることができます。ただし、「page_view」というイベントだけは「OFF」にできない必須で収集する項目です。

　まず、1つめの**自動収集イベントおよび拡張イベント計測機能**は、ウェブサイトまたはアプリでGoogleアナリティクス 4を設定すれば、**自動的に取得できる**イベントです。Googleアナリティクス 4の管理画面で**拡張機能を有効 (ON) にすること**で計測できます。

　イベントの名称や定義もあらかじめ決められており、収集したイベントに対応するレポート画面も準備されています。

図2-1-5 拡張イベント計測機能の実装画面（ウェブサイトの場合）

> このような設定画面で、ON/OFFを切り替えます

2つめの**推奨イベント**は、イベント名や対応するパラメータ（Lesson 2-2参照）が、あらかじめ規定されています。ただし、設定は自分自身で行います。例えば、「login（ログインする）」イベントを収集したいときは、「ログインしたタイミングでGoogleアナリティクス 4にデータを送信する」しるし（トリガー）を設定する必要があります。

Lesson 8-2で詳解する方法のように、Googleタグマネージャーというツールで設定する場合もありますが、プログラマーやコードを書く担当者に実装してもらう（HTMLのコードにJavaScript等を書き込んでもらう）もあります。

さらに、**一部ですが集計レポートもあらかじめ準備**されています。推奨イベントを使用するかの判断はこのように行います。まず、自身のサービスがこのイベントのデータ収集の必要性があるのかを確認してください。もし**必要性がある場合には、このイベント定義および名称を利用しましょう**。システム実装が必要になってくる場合がある点に注意が必要です。

3つめの「カスタムイベント」は、❶の自動収集イベントにも、❷の推奨イベントにも当てはまらないイベントを収集したい場合に、自分自身で設定するイベントです。**イベントの名称を決め、「どんなユーザー行動を捕捉したいのか?」というイベントの内容を決め(定義し)、レポートも自身で設定する**必要があります。自由度の高いイベントです(Lesson 8-2参照)。

カスタムイベントは、どんなときに使うのか?

質問ですが、「定義と名称が規定されている」というのはどういうことですか?

はい。例えば「page_view」というイベントの場合、「ユーザーがページを開いた」という定義が決まっています。**Google社があらかじめ指定したイベント名がついており、機能が決められている**ということですね。すでに予約されている名称である、という言い方もします

わかりました。**すでに定義があるのに、同じような新しいイベントを作らないように気を付けないといけない**ですね。
ところで、反対に、「カスタムイベント」は自分で定義したり、名前を付けたりしてもいいんですか?

その通りです。Google社はあらかじめ豊富なイベント定義を準備してくれましたが、それでも足りないものが出てきます。その場合、こんな風に追加してみましょう

カスタムイベントは、自身で定義と名称を決めて実装する自由度の高いイベント設定手法です。例えば、以下のような取得例があります。

図2-1-6 小川先生が追加したカスタムイベントカードの例

click_menu メニューボタンのクリック カスタムイベント □定義 □設定 □レポート作成	**article_end** 記事の読了 カスタムイベント □定義 □設定 □レポート作成	**click_favorite** お気に入りボタンのクリック カスタムイベント □定義 □設定 □レポート作成

- メニューボタンをクリックしてメニューを広げた場合 (ページ遷移をしない場合)
- 記事を読了した場合
- お気に入りボタンをクリックした場合
- タップすると開くような部分 (「アコーディオン形式で開く」という言い方もします)

HINT ///
小川先生のカスタムイベントは、GA4 ガイド「カスタムイベント実装事例集」を参照ください。
URL ▶ https://www.ga4.guide/admin/property/event/custom-event-example/

Lesson
2-2

混乱しがちな「パラメータ」をしっかり理解

設計の基本思想②：
パラメータは
追加情報である

あれ、イベントカードをよく見ると、裏側に何か書いてありますね。「video_start（動画の再生を開始した）」というイベントカードの裏には「動画名」や「動画のURL」と書かれています

はい。イベントカードの裏には、そのイベントのパラメータを記載しました。パラメータについて説明しましょう

図2-2-1 イベントとパラメータの組み合わせ

カード表面

video_start
動画の再生を開始した

裏返すと →

カード表面

◀ **video_title** 動画名
◀ **video_url** 動画のURL
◀ **video_provider** 動画プロバイダ
・・・ほか

カード表面

file_download
ファイルをダウンロードした

裏返すと →

カード表面

◀ **file_name** ファイル名
◀ **link_url** ファイルのURL
◀ **file_extension** ファイル拡張子
・・・ほか

┃ パラメータとは？

　前のレッスンでは、データ収集の基本は「ユーザーが×イベントする」という文章によって構成されるというお話をしました。

　このような文章の中で、**パラメータは「修飾語句」**のような役割を持っています。パラメータは、ユーザー（主部）にもイベント（述部）も、どちらも修飾することができます。

図2-2-2 パラメータは、ユーザーとイベントに対して
修飾する（追加情報を加える）役割を持つ

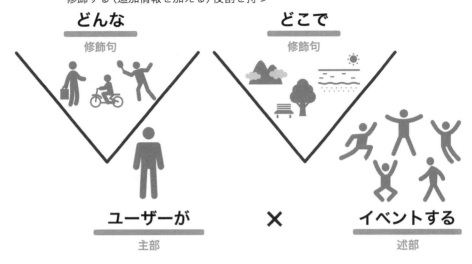

文章として表現すると、例えばこのようになります。下線部分がパラメータです。

◆ パラメータを追加した場合の文例

- **新規の**ユーザーが、**スマートフォンで**ウェブサイトを開いた。
- ユーザーが、**トップページで**ページの一番下までスクロールした。
- **既存の**ユーザーが、**商品Aを**購入した。
- **タブレットを利用する**ユーザーが、**お気に入りボタンを**タップした。
- **20歳代の**ユーザーが、**Cという**名前の動画を視聴し始めた。
- **車に興味関心のある**ユーザーが、**ファイルBを**ダウンロードした。

えぇ〜。だいぶ複雑な文章になりました。でもパラメータがないときは「ユーザーが、タップした」という文章だったので、ちょっと変というか、イメージがつかめなかったのですが、「タブレットを利用するユーザーが、お気に入りボタンをタップした」という文章になると、とってもイメージが湧きます

はい、パラメータを追加すると、**ユーザーの行動が具体的に表現できます**ね。「どのボタンを」タップしたか、「何を」購入したか、「どんな」動画を見たか、という**追加情報の追加にあたる部分が、パラメータ**と呼ばれます。ウェブサイトを分析していく場合には、パラメータごとの分析が重要になってきますよ

Googleアナリティクス 4では、**イベントデータを収集する際に、パラメータという追加情報を添えて集計サーバーに送信する**ことができます。パラメータは、ユーザーが行った操作をより詳しく記述したり、イベントの詳細情報を補足したりすることができる追加の情報です。

HINT //

ユーザーを修飾するパラメータは、「**ユーザープロパティ**」と呼ばれることがあります。プロパティは、**属性**という意味を持ちます。

パラメータには、「変数名（名称）」と「値」がある

さらに、パラメータには「**変数名**」と「**値**」という2つの値があることを認識しておきましょう。

図2-2-3 パラメータには「変数名」と「値」がある

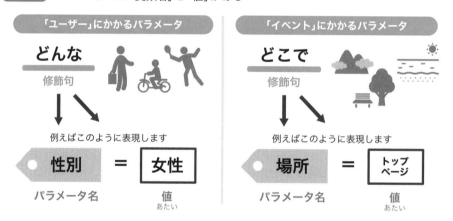

例えば、「**新規の**ユーザーが、**スマートフォンで**ウェブサイトを開いた。」というユーザー行動を表す文章を作った場合、「新規の」と「スマートフォンで」の2つの部分がパラメータにあたります。このパラメータは実際には、「**（ユーザーの）利用区分**」というパラメータ名称の値が「**新規**」である、というふうに分解します。

同様に、「スマートフォンで」という部分は、「**デバイスカテゴリ**」という名称のパラメータが「**スマートフォン**」という値である**ことを示します。

図2-2-4 パラメータは「パラメータ名」と「値」に分解される

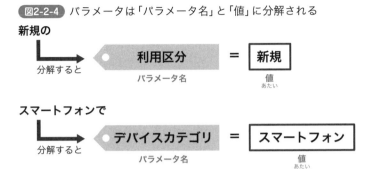

新規の
↓ 分解すると → 利用区分 ＝ 新規
　　　　　　　 パラメータ名　　値（あたい）

スマートフォンで
↓ 分解すると → デバイスカテゴリ ＝ スマートフォン
　　　　　　　 パラメータ名　　値（あたい）

自動で収集される5つのパラメータ

さらに覚えておいてほしいのが、**すべてのイベントにおいて次の5つのパラメータが（追加設定なしで）自動的に取得される**ことです

図2-2-5 すべてのイベントで自動的に取得される5つのパラメータ

（値の例）

● language 言語　　　　　　　　　　　　日本語

● page_location ページのURL　　　　　current.html

● page_referrer 前ページのURL　　　　previous.html

● page_title ページのタイトル　　　　　カレーの作り方

● screen_resolution 画面比率　　　　　1780×720

ということは、あるページを見たという「page_view」イベントを収集したとします。そうすると、例えば、「日本語で見た」「current.html」というページを見た」「previous.html」というページから来た」「記事名が『カレーの作り方』」で、「画面比率が1780×720」という情報は自動でわかるということですね

はい、その通りです。1つのイベントに対して、イベント固有のパラメータと、すべてのイベントに付く5つのパラメータがどちらも収集されます

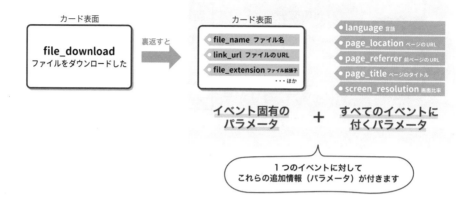

図2-2-6 1つのイベントに対して、イベント固有のパラメータと
すべてのイベントに付くパラメータが収集される例

カード表面

file_download
ファイルをダウンロードした

裏返すと

カード表面

file_name ファイル名
link_url ファイルのURL
file_extension ファイル拡張子
・・・ほか

language 言語
page_location ページのURL
page_referrer 前ページのURL
page_title ページのタイトル
screen_resolution 画面比率

イベント固有の
パラメータ

+

すべてのイベントに
付くパラメータ

1つのイベントに対して
これらの追加情報（パラメータ）が付きます

　ここまでのレッスンでは、**ユーザー行動を「ユーザーが×イベントする」構文として捉える**ことと学びました。また、**パラメータは、追加情報を収集する**ために行われること、**パラメータには名称とその値がある**ことを学びました。

　イベントやパラメータは大量にあるので、すべて覚えておく必要はありません。必要なときに、公式ヘルプを見るなどして確認すればよいでしょう。ここでは、イベントやパラメータの概念や、どんなイベントとパラメータがあらかじめ準備されているか、ということを頭に入れておくとよいでしょう。

　分析を行う際には、パラメータは「**ディメンション**」とも呼ばれ、ユーザーやユーザー行動（イベント）をディメンション（パラメータ）ごとに集合化（セグメント分け）して、詳細に比較していきます（Lesson 4-3参照）。そのため、**イベントとパラメータの組み合わせを大まかに知っておくことで、分析業務をスムーズに進める**ことができます。

Lesson
2-3

コンバージョンを設定しないのはもったいない！

重要なイベント「コンバージョン」を見極める

ビジネス目標の重要指標を定めて、そのためのデータの収集を行う

ところで、そんなにたくさんのイベントやパラメータが取得できたら、レポートを見るのも大変そうですね

その通り！ 収集できそうなイベントをやみくもに収集するのではなく、戦略的に収集することが大事ですよ

戦略的ってどういうことですか？

自社サービスの存在目的がありますよね？
例えば、「ECサイトなら、商品を売って売上をアップしたい」、「会社の公式サイトなら、会社のことを知ってもらった上で問い合わせてほしい」、「メディアなら、たくさんの記事を読んで定期的に訪問し、有料購読して欲しい」など。そういったビジネスの目的を達成するために重要指標を設定して、その数値をどう改善するか検討し、そのための計測データを設計した上で、イベントやパラメータを収集することが重要です

ええっと。じゃあ、どれが重要なイベントなんですか？

重要なイベントは、サービスの内容によってそれぞれ異なります。そのため、残念ながら私が教えることはできません。ただし、事例を挙げることができるので、お伝えしますね

◪ ビジネス目標およびその重要指標と、収集するデータの例

> ▪ **ECサイトの場合**：サイト上で商品を売り、効率的に売上目標を達成したい。
> そのため、**最も売上に貢献している商品**のデータを取得する。
> また、ユーザーが商品をカートに入れた回数や購入完了数のデータを収集し、**購入完了に到達する割合**を算出したい。
>
> ▪ **会社の公式サイトの場合**：会社のことを知ってもらった上で、問い合わせをして欲しい。
> そのため、**ブログの記事を読んだ人数**を取得し、その属性を知りたい。
> また、**問い合わせ完了数**を把握したい。
>
> ▪ **メディアサイト**：たくさんの記事を読んで、定期的に訪問し、メディアのファンになって、最終的には有料購読して欲しい。
> そのため、**読者の人数、会員登録した人数、有料購読した人数**を知りたい。
> **ユーザー層やそれぞれが読んだ記事を特定**したい。
>
> ▪ **実店舗を持つお店の場合**：商品に興味を持ったら、実店舗に足を運んで欲しい。
> SNSやYouTubeなど**最も効果的な新規ユーザーの獲得口**を把握したい。
> また、新規顧客になる可能性のある**見込み客はどんな人物**であり、**平均単価**や**売上見込み**を予測したい。

Googleアナリティクス 4は、設定の自由度が高いツールです。それゆえ、**独自のビジネス目標を明確に見定めること**が、**設定と設計の成功のコツ**です。

▌コンバージョンとは何か？

あなたのビジネスが成功するために、**最も価値のあるサービス（ウェブサイトやアプリ）上のユーザー行動**はなんでしょうか？ そのようなユーザー行動をGoogleアナリティクス 4上では**コンバージョン**と呼びます。例えば、商品の購入、有料メディアの購読申し込み、サービスの成約などです。

コンバージョンは、**直訳すると「転換」や「変換」**といった意味になります。サイトに訪れた際には新規訪問者や随時利用者だったユーザーが、会員・購買者としての**顧客へ「転換する」という意味**を持っています。

コンバージョンは、あなたが展開する**ビジネスの種別によって異なります**。

例えば、商品を販売する会社であっても、ウェブサイト上で購入まで完了して欲しい場合は、「商品購入」がコンバージョンになります。一方で、店舗に足を運んで購入して欲しい場合は、例えば「クーポン画面を見た」ことがコンバージョンになるかもしれません。会社の公式サイトなら、「問い合わせすること」がコンバージョンなるかもしれませんし、メディアなら「ニュースレターの購読」や「月額課金して有料購読を行う（サブスクリプション登録）」することがコンバージョンとなります。

このように、自身のビジネスの中でも、**ウェブサイトでデータを収集できることのうち、最も重要なユーザー行動がコンバージョン**となります。

イベントの中からコンバージョンを指定する

Googleアナリティクス 4 を設定する際には、**イベントを作成した後、そのイベントにコンバージョンとしてマークを付けます**。コンバージョンはイベントの中から選択します。

例えば、以下のような重要なユーザー行動をイベントに書き換え、コンバージョンの条件を加えてみましょう。

図2-3-1 重要なユーザー行動をイベントに変換する

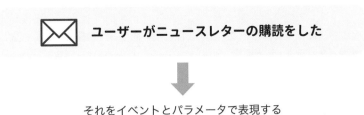

重要なユーザー行動＝コンバージョンを文章で表すと…

✉️ **ユーザーがニュースレターの購読をした**

それをイベントとパラメータで表現する

| イベント | パラメータ |

page_view
ページを開いた

● **page_location** ページのURL
= `newsletter_complete.html`

「この条件（パラメータ）のイベント」をコンバージョンとすることができる

「ユーザーがニュースレターの購読をした」というユーザー行動をコンバージョンとする場合は、まず**「page_view（ページを開いた）」というイベント**を採用します。さらに、**パラメータ「page_lovation（ページのURL）」が、値「newsletter_complete.html」であるとき、という条件付け**を行います（設定方法は、Lesson 3-3参照）。

> **HINT** ///
> newsletter_complete.html は、購読申し込み完了のURLを仮に例示しています。それぞれのサービスによってURLが異なりますので、ご自身のサービスのURLを確認してください。

コンバージョンを設定するメリット

ところで、どうしてイベントにコンバージョンの印を付ける必要がありますか？　イベントのデータを収集するなら、わざわざ設定しなくてもよい気がします

よい質問ですね。実はコンバージョンを設定すると、いいことがたくさんあるんですよ

　ビジネスにとって、売上の向上や目標達成に向かって戦略的に事業を進めていくことは当然重要なことですが、**Googleアナリティクス 4でコンバージョンを設定すると、ツール上のメリット**を享受することができます。それは、Googleアナリティクス 4内に**コンバージョン改善に特化したレポート群があらかじめ準備されている**ことです。

◆ コンバージョンレポートを見てわかること

- コンバージョンした人数や回数また、その割合（コンバージョン率）を確認できる
- コンバージョンの途中で止めてしまったユーザーはどのくらいいるのか、どの画面でコンバージョンを止めてしまったかがわかる
- どの経路から流入した人が最もコンバージョンするかがわかる
- どのコンテンツ（記事や画面）を見た人が最もコンバージョンするかがわかる
- コンバージョンした人がどんな行動をしたか、コンバージョンした人だけにデータを絞って分析ができる

　このような情報を使って、例えば以下のようにコンバージョンを改善していくことができます。

◆ コンバージョンの改善例

- 入力しづらい画面を改善する
- 最もコンバージョンする人が多い経路の流入をもっと増やす
- コンバージョンに貢献する記事をトップページからアクセスしやすくする

　コンバージョンに関連するデータを把握し、改善につなげることにより、コンバージョンする割合と、絶対量を増やすことができます。コンバージョン改善はビジネスの成功にとって影響力の大きい改善手法です。分析と改善の方法は、第5章で詳しく説明します。

他にもメリットはあります。**Google広告というツールと組み合わせて使う**ことで、コンバージョンの多い広告を優先的に自動入札したり、コンバージョンに至っていないユーザーに広告を表示したりすることができます。

このように、データ収集設計をしっかり行うことで、さらにコンバージョン量を大きく増やしていくことができる可能性があります。

コンバージョンを設定しないでGoogleアナリティクス 4を使うのはもったいないくらい、良いことがたくさんあるんですね

そうです。Googleアナリティクス 4を使用したら、必ずコンバージョンを設計し、設定しましょう

HINT //

・コンバージョンは1つだけではなく、複数設定することができます（1プロパティあたり30個まで）。
・設定したコンバージョンは設定したタイミングからの計測となり、過去にさかのぼっての計測は行われません。そのため、できるだけデータ収集当初からコンバージョンを設定しましょう。

Lesson 2-4

ご自身のサービスを設計してみよう

ワーク：
データ収集を設計する

本章で学んだイベントとパラメータの考え方を活用して、
Googleアナリティクス 4のデータ収集設計をしてみましょう

難しそう...。でもがんばります！

データ収集設計の目的

　ここまで、Googleアナリティクス 4のデータ収集の基本概念であるイベントと、その追加情報としてのパラメータについて学びました。さらに、最も重要なイベントをコンバージョンとして設定することを学習しました。本レッスンでは、実際にワークを行ってあなたの自社サービスのデータ収集について設計してみましょう。こちらに、設計用のワークシートを準備しました。イベントカードなどを参照しつつ、設計を行ってみましょう。

> **注意：** この設計は、あなたのサービスを利用するユーザーがサービスを利用してコンバージョンに至るまでの動線をイメージし、さらにGoogleアナリティクス 4のデータ収集単位であるイベントでどのように表現できるかを、実際に考えてみるために準備したものです。

HINT //

これと比較し、ウェブサイトの改善を目的とした場合のデータ収集設計は、大量のクリック箇所を収集する場合があるため、より複雑な設計を行います。
本書では、あくまで初めての設計としてのワークを行います。

ワークの詳細

◆ **準備するもの**
- 設計用シート（50ページ参照）
- イベントカード（→巻末およびサポートサイトを参照）

　それでは、みなさんもワークを始めてみましょう。小川先生とメイさんのやりとりも参考にしてみてください。

> それでは、メイさんもワークを開始してみましょう!

ワーク❶ 設計用シートのページを開きます（以下、設定用シートで作業します）。ワークを何度も行う場合は、ワークシートをあらかじめコピーして使ってください。

ワーク❷ シート上部の［プラットフォーム］のいずれかに○を付けて、［サービス名］と［URL］を記入します。

> 早速質問です。私のサービスは、ウェブサイトだけで展開しているので、「ウェブサイト」を丸で囲めばよいのですね。もしアプリもあったら、どうするのでしょうか？

> **ウェブサイトとアプリが両方ある場合、設計用シートはそれぞれ作成**するのがよいと思います。なぜなら、アプリに関しては、ユーザーがはじめにインストールを行う必要があるなど、ユーザー行動が変わってくるからです

HINT

Googleアナリティクス4では、ウェブ、Android、iOSの各データストリームで同一のトラッキング分類を使用し、クロスプラットフォームの有意な統合レポートを作成できる点が特徴です。そのため、もし1人のユーザーがウェブもアプリも行き来しながら使うことを想定している場合は、アプリとウェブを1枚の紙に書いてください。

> わかりました。それから、私のウェブサイトのURLは2つあるらしいのです。通常のURLと、会員専用画面のURLが違うみたいです。それはどうしましょうか？

その場合、1つの設計用シートに
2つのURLを書いておいてください

ワーク ③ 最下部の「コンバージョン」を書き込んでいきます。

- コンバージョン、つまりあなたのビジネスの成功にとって最も重要なユーザー行動はなんですか？　書き出してみましょう。
- コンバージョンを計測できそうなイベントカードを選びましょう。
- （条件付けが必要な場合）パラメータ名とその値を書きましょう。

一番下のコンバージョン部分から先に書くのですね

はい。最も重要なユーザー行動から書いていきましょう。
メイさんのサービスのコンバージョンは何ですか？

ニュースレターの購読です。ユーザーが「ニュース
レターを購読する」と書きました

イベントカードに変換するとなんですか？

えぇっと、プログラマーさんに聞いてきたのですが、ニュース
レター購読完了ページが表示されればよいみたいです。という
ことは、「page_view（ページの表示）」イベントカードですね

はい。**わからない場合、システムを担当者に質問する**のはいい
ことですね。システム担当者は、システム設計されたすべての
画面の遷移の流れやURLを把握していますので、自分でわから
ない場合は、素直に聞きましょう

イベントの右にある「パラメータとその値」はさっき勉強した
のでわかります。ニュースレター購読完了ページのURLが
「thanks.html」と聞いてきたので、パラメータ「page_location
（ページのURL）」を指定して、その値が「thanks.html」ですね

ワーク④ 中段の「主要なユーザー行動」を書き込んでいきます。

- ユーザーがあなたのサービスを使い始めて、コンバージョンするまでの主要な行動はなんですか？　まずは文章で書き出してみましょう。

うーん、悩んでしまいますね…

はい。悩む場合は、「コンバージョンの手前の主要な行動はなんだろう？」と考えてみてください

「ニュースレターのサンプルページを開く」っていうのはありますよね！

いいですね。では一番下の枠に書き込みましょう。**主要な行動については、必ずしも、4つの項目を書き出す必要はありません。**あるいは、もっと複雑なサービスであればたくさんの主要なイベントが出てくるかもしれません。枠が足りない場合は、別紙を用意して書き込むなど工夫してみてください

- 主要なユーザー行動を計測できそうなイベントカードを選んでみましょう。
- （指定が必要な場合）イベントカードの裏のパラメータ名とその値を書きましょう。

＊URLを記入しておくと、その後の分析の際にスムーズに進みます。
＊同様に、数値の予測を書き込んでおきましょう。レポートを見たときに予測数と比較することによって、分析改善が進めやすくなります。

そうしたら、これらのユーザー行動を表現できそうなイベントを選択してください。先ほどのコンバージョンのときと同様です。また、URLを書き込んでおくと、この後の設定や分析のフェーズで役立ちます

ワーク⑤ すべて埋まったら、写真を撮るなどして保存しておきましょう。
この設定は、第3章の設定時に使用します。

これでワークはおしまいです。
さらに、アプリなどの異なるプラットフォームがある場合は、同様の作業を繰り返してください

49

◘ 設計用シート

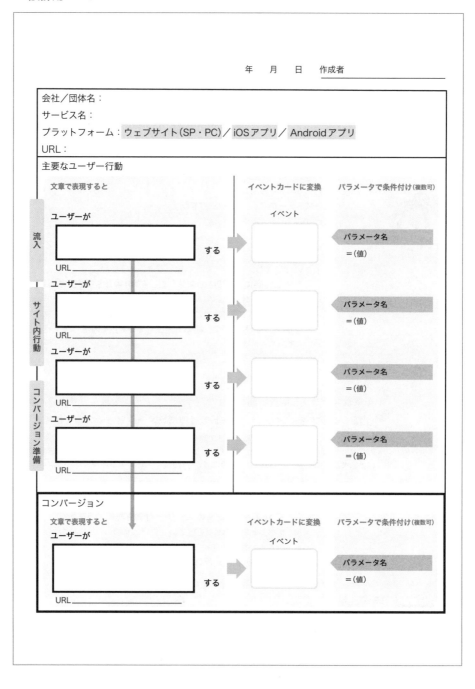

例1：コンバージョンが「問い合わせ」のサイト

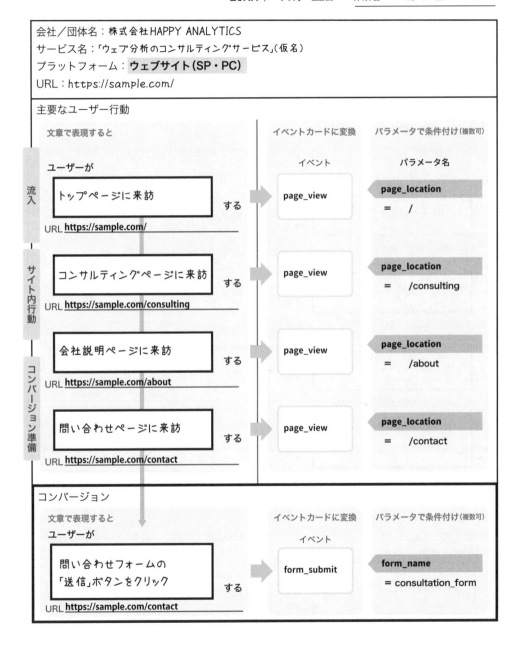

20XX年　YY月　ZZ日　　作成者　工藤 麻里

会社／団体名：株式会社 HAPPY ANALYTICS
サービス名：「ウェブ分析のコンサルティングサービス」（仮名）
プラットフォーム：**ウェブサイト（SP・PC）**
URL：https://sample.com/

主要なユーザー行動

	文章で表現すると	イベントカードに変換 イベント	パラメータで条件付け(複数可) パラメータ名
流入	ユーザーが トップページに来訪 する URL https://sample.com/	page_view	page_location ＝　/
サイト内行動	コンサルティングページに来訪 する URL https://sample.com/consulting	page_view	page_location ＝　/consulting
コンバージョン準備	会社説明ページに来訪 する URL https://sample.com/about	page_view	page_location ＝　/about
	問い合わせページに来訪 する URL https://sample.com/contact	page_view	page_location ＝　/contact

コンバージョン

文章で表現すると ユーザーが	イベントカードに変換 イベント	パラメータで条件付け(複数可)
問い合わせフォームの 「送信」ボタンをクリック する URL https://sample.com/contact	form_submit	form_name = consultation_form

◈ 例2：コンバージョンが「ファイルのダウンロード」のサイト

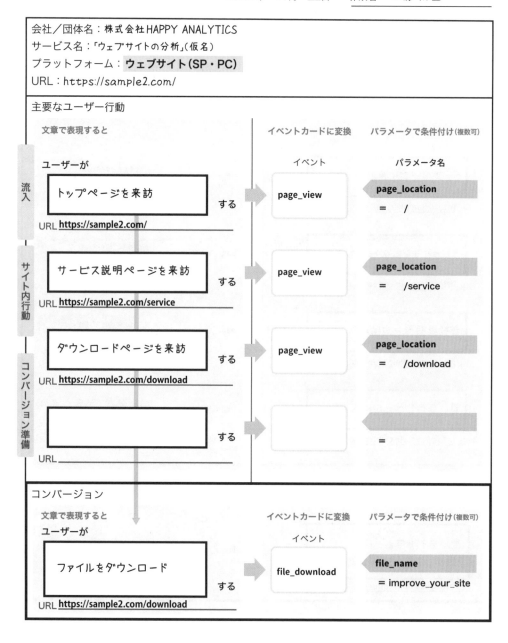

20XX年　YY月　ZZ日　作成者　工藤 麻里

会社／団体名：株式会社 HAPPY ANALYTICS
サービス名：「ウェブサイトの分析」(仮名)
プラットフォーム：**ウェブサイト(SP・PC)**
URL：https://sample2.com/

主要なユーザー行動

文章で表現すると	イベントカードに変換	パラメータで条件付け(複数可)

流入

ユーザーが

トップページを来訪　する
URL https://sample2.com/

イベント
page_view

パラメータ名
page_location
＝　/

サイト内行動

サービス説明ページを来訪　する
URL https://sample2.com/service

page_view

page_location
＝　/service

コンバージョン準備

ダウンロードページを来訪　する
URL https://sample2.com/download

page_view

page_location
＝　/download

する
URL＿＿＿＿＿＿＿＿＿＿＿＿

＝

コンバージョン

文章で表現すると	イベントカードに変換	パラメータで条件付け(複数可)

ユーザーが

ファイルをダウンロード　する
URL https://sample2.com/download

イベント
file_download

file_name
＝ improve_your_site

◎ 例3：コンバージョンが「商品購入」のサイト
（eコマース設定を行い、推奨イベントを設定している前提）

20XX年　YY月　ZZ日　　作成者　**工藤 麻里**

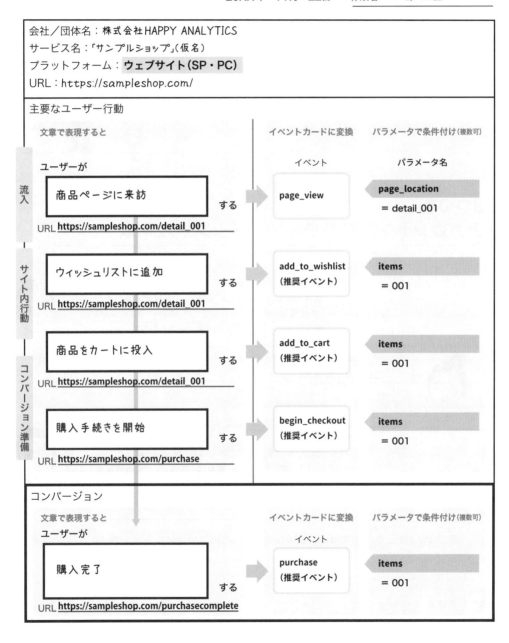

会社／団体名：株式会社HAPPY ANALYTICS
サービス名：「サンプルショップ」（仮名）
プラットフォーム：**ウェブサイト（SP・PC）**
URL：https://sampleshop.com/

主要なユーザー行動

文章で表現すると　　　　　　　　　　　　　　　イベントカードに変換　　　パラメータで条件付け（複数可）

ユーザーが　　　　　　　　　　　　　　　　　　　イベント　　　　　　　　パラメータ名

流入

商品ページに来訪　　する　→　page_view　　　　**page_location**
URL https://sampleshop.com/detail_001　　　　　　　　　　　　　= detail_001

サイト内行動

ウィッシュリストに追加　　する　→　add_to_wishlist（推奨イベント）　**items**
URL https://sampleshop.com/detail_001　　　　　　　　　　　　　= 001

商品をカートに投入　　する　→　add_to_cart（推奨イベント）　**items**
URL https://sampleshop.com/detail_001　　　　　　　　　　　　　= 001

コンバージョン準備

購入手続きを開始　　する　→　begin_checkout（推奨イベント）　**items**
URL https://sampleshop.com/purchase　　　　　　　　　　　　　= 001

コンバージョン

文章で表現すると　　　　　　　　　　　　　　　イベントカードに変換　　　パラメータで条件付け（複数可）
ユーザーが　　　　　　　　　　　　　　　　　　　イベント

購入完了　　する　→　purchase（推奨イベント）　**items**
URL https://sampleshop.com/purchasecomplete　　　　　　　　　　= 001

Lesson 2-5

最も基本、しかし重要なのが構造設計

組織構造と利用者権限の設計

Googleアナリティクス 4は、3つの階層構造になっています。データ収集と利用者の権限を、この階層構造に沿って設計しましょう

3つの構造：
アカウント・プロパティ・データストリーム

本章の最後に、Googleアナリティクス 4のアカウント構造の設計を考えましょう。先ほどの設計用シートで「会社名（団体名）」「サービス名」「プラットフォーム（ウェブサイトやアプリなど）」を記入しましたね

はい。何か関係あるのですか？

Googleアナリティクス 4を設定する際、最初に3階層の組織構造を設計します。これを「アカウント・プロパティ・データストリーム」と言いますが、これらは自分の会社組織やサービスに応じて設定します。この階層に、さらにツールの利用者を紐づけていくために、関係があるんです！

Googleアナリティクス 4は、次のような3つの階層構造になっています。

図2-5-1 Googleアナリティクス 4の階層構造

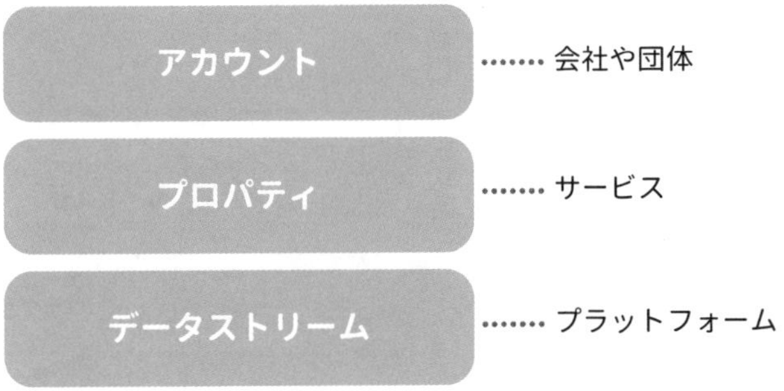

アカウント	……… 会社や団体
プロパティ	……… サービス
データストリーム	……… プラットフォーム

HINT //

厳密には、アカウントの上に「組織」という考え方があるのですが、Googleアナリティクス 4の画面上では表現されないため、割愛します。Googleアナリティクス 4を包括する「Googleマーケティングプラットフォーム」などで設定することができます。

●Googleマーケティングプラットフォーム
URL ▶ https://marketingplatform.google.com/home?authuser=0

それぞれの階層の特徴を**図2-5-2**で説明しましょう。

　Googleアナリティクス 4のデータやレポートは、**アカウント**ごとに取りまとめられます。一般的には**会社や団体名ごとに1つのアカウント**を作ります。

　アカウントの下には**プロパティ**を置くことができます。**1つのサービスが1つのプロパティ**に対応します。収集したデータをGoogleアナリティクス 4で表示する場合、レポートはプロパティ単位で表示されます。

　その下は**データストリーム**です。データストリームはデータを収集する対象のユーザーとのタッチポイントごとに設定します。一般的に、**データストリームはウェブサイトに1つ、iOSアプリに1つ、Androidアプリに1つなど、サービスのプラットフォームに対応します**。これら、3つの階層は、**下位を内包する**入れ子構造になっています。

　また、1つの会社で複数のサービスを持っている場合や、1つのサービスの中にウェブサイトとiOSアプリとAndroidアプリがあるなど、多数のタッチポイントを持っている組織ではこのように複数個ずつ設定できます。

Lesson 2-5　組織構造と利用者権限の設計

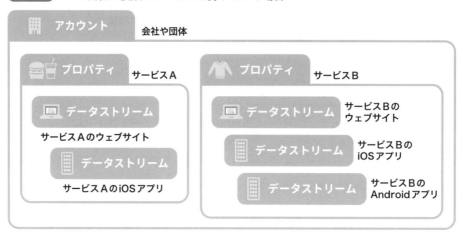

図2-5-2 1つの会社で複数のサービスを持っている場合

データの収集を開始する際に、「計測タグ」と呼ばれる短いコードをGoogleアナリティクス4から発行して、サービスの全ページに書き込む必要があるのですが、その計測タグは、データストリームごとに固有のものが発行されます。

アカウントは最大100個、プロパティは最大2,000個、データストリームは最大50個設定することができます。

利用者権限の階層を設計する

Googleアナリティクス4の利用者の設計も、組織構造に沿って行いましょう。

ツールの利用者は、アカウントとプロパティの各レベルで設定できます。アカウントレベルの権限を持っている利用者は、そのアカウントに含まれるすべてのプロパティを参照できます。一部のプロパティに対する権限のみ持っている利用者は、該当プロパティとそれに含まれるデータストリームだけが表示されます。

例えば**アカウントには、会社の責任者を利用者として設定**します。その会社責任者は、そのアカウントのすべての情報、つまりアカウントが包含する下位概念である「サービスA」と「サービスB」のデータやレポートも参照することができます。

一方で、**プロパティには、各サービスの担当者を利用者として設定**します。そうすれば、相互のデータやレポートを閲覧しない関係性を設定することができます。

5つの役割と2つのデータ制限

利用者のアクセス管理のポイントは2点です。

1つめは、アカウントとプロパティの2つの階層で利用者を管理できる点です。

2つめは、それぞれの利用者には5つの役割のいずれかを設定できるという点です。

表2-5-1 利用者に設定できる5つの役割

役割	ユーザー管理	管理・編集	表示説明	説明
管理者	●	●	●	ユーザー管理ができる唯一の権限であり、プロパティ内のすべてを管理できる完全な権限です。
編集者		●	●	プロパティ内のすべて管理できる権限です。ユーザーを管理することはできません。
マーケティング担当		（一部）	●	オーディエンス、コンバージョン、アトリビューションモデル、ルックバックウィンドウ、イベント、計測期間を作成、編集、削除できます。設定変更などはできません。「アナリスト」の権限を含みます。
アナリスト		（一部）	●	ダッシュボードやメモなどの共有された内容の共同編集を行うことができます。「探索ツール」を作成、編集、削除ができます。設定変更などはできません。
閲覧者			●	設定情報やレポートの表示ができます。レポート表示に伴う操作（比較の追加、セカンダリディメンションの追加など）ができます。編集する権限はありません。
なし				このプロパティでは、役割が割り当てられていません。別のプロパティで役割が割り当てられている可能性があります。

表2-5-1のように、**ユーザー管理およびプロパティ内のすべてを管理できる完全な権限が「管理者」**です。

次に、**ユーザー管理はできませんが、プロパティ内のすべてを管理できる権限が「編集者」**です。マーケティング担当者は、コンバージョンやアトリビューションなど一部の機能を作成・編集・削除することができます。設定変更はできません。**アナリストは共有された内容の共同編集**を行うことができます。

「閲覧者」は、レポートや設定情報の表示が可能です。

役割に加えて、**費用指標と収益指標という2つのデータ制限を設定**することができます（複数選択可）。こちらは外部の担当者に収益や費用の情報を知られたくない場合に、レポートに金額を表示しないことができます。役割と併せて、使ってみてください。

ワーク：あなたのアカウント構造を設計しよう！

図2-5-3 ユーザーと権限を設計しよう！

データやレポートを参照

アカウント　会社や団体名：

管理者	
編集者	
閲覧者	
ほか	

データやレポートを参照

プロパティA　サービス名：

管理者	
編集者	
閲覧者	
ほか	

データやレポートを参照

プロパティB　サービス名：

管理者	
編集者	
閲覧者	
ほか	

Chapter 3

Google アナリティクス 4 の
設定をはじめよう

Google アナリティクス 4 の設定作業を行
います。前半は、初期設定を行ってデータ
収集を開始します（Lesson 3-2）。後半
は、適切にデータを収集することを目的と
した追加設定を行います（Lesson 3-3）。
順に説明しますので、一緒に設定していき
ましょう！

Lesson 3-1

見落とされがちな2大ポイントを解説

設計の2大ポイント

はじめに、見落とされがちなポイントを2つ説明しますね。
ちょっと面倒、でも重要なことです

面倒で重要? それは気になりますね

Googleアナリティクス 4の設計のほとんどは、Googleアナリティクス 4ツールの画面上で行いますが、それ以外にも作業な必要があります。それは、「**ウェブページの全ページに計測タグを設置する**」ことと「**Googleタグマネージャーツールを併用して設定を行う**」ことです。最初に、この2つのポイントについて説明します。

POINT 1
ウェブサイトの全ページに計測タグを設置しよう

これは見落とされがちなことなのですが、**ウェブサイトのすべてのページに「計測タグ」を設置することがデータ収集のスタート**となります。

計測タグとは、このようなコードのかたまりのことです。

図3-1-1 計測タグのサンプル例(Googleタグマネージャーのタグ)

```
<script>(function(w,d,s,l,i){w[l]=w[l]||[];w[l].push({'gtm.start':
new Date().getTime(),event:'gtm.js'});var f=d.getElementsByTagName(s)[0],
j=d.createElement(s),dl=l!='dataLayer'?'&l='+l:'';j.async=true;j.src=
'https://www.googletagmanager.com/gtm.js?id='+i+dl;f.parentNode.
insertBefore(j,f);
})(window,document,'script','dataLayer','GTM-XXXXXXXXX');</script>
```

「タグ」「トラッキングコード」「スニペット」などさまざまな呼び方がありますが、Google社では主に「タグ」という名称を使っています。計測タグは、Webサイトやアプリを表示するための言語であるHTML（エイチティーエムエル）の中に書き込むことができる、JavaScript（ジャバスクリプト）で記述されたコードのかたまりです。
ユーザーがあなたのサービスのページを表示したときに、Google社のデータ集計サーバー向けにデータを送信する機能を担います。

計測タグを入れることが、見落とされがちなのですか？

「Googleアナリティクス 4というツールでデータ収集を行う」と考えたときに、何もしなくてもツールが自動でデータを行なってくれるような先入観はありませんか？

はい。全部ツール側がやってくれるのではないのですか？

そうではないのです。実際は、**計測タグをあなたのウェブサイトやアプリのすべてのページに設置する必要があります**

私の会社はコーディングの担当者にお願いする必要があります。計測タグを設置しないとどうなりますか？

Googleアナリティクス 4は、**計測タグを設置した画面の情報だけを収集**します。そのため、全く計測タグを設置しなければ、データを収集できません。もしトップページだけに計測タグを入れた場合は、トップページのデータだけが取得され、他のページのデータが取得できません

WordPress（ワードプレス）やGoogleサイトなどのWebサイト制作プラットフォームを使ってWebサイトを作っている場合は、管理画面の該当箇所で**Googleアナリティクス 4のGoogleタグID（Lesson 3-2の72ページ参照）を入力するだけで、全ページに計測タグを自動的に設置してくれる場合があります。**その場合は、すべてのページにタグを入れる作業は不要です。
お使いのWebサイト制作ツールのヘルプ等でご確認ください。
URL ▶ https://support.google.com/analytics/answer/10447272?hl=
ja&ref_topic=9303319&sjid=4026109413876757355-AP

POINT 2
「Googleタグマネージャー」を併用して設定しよう

Googleアナリティクス 4を設定するために、**Googleタグマネージャー**というツールを使います。こんなツールです

図3-1-2 Googleタグマネージャーの画面サンプル

どうしてタグマネージャーを使うのですか？

インターネット上のサービスを展開する場合、ウェブサイトを作って終わりではなく、広告やウェブマーケティングのさまざまなツールを使って、ユーザーの利用を促進していくことになるでしょう。
そういったツールを使う場合、Googleアナリティクス 4の計測タグと同様に、サービスのコードに複数の「タグ」を設置する必要が生じます。タグマネージャーは、その名の通り「タグを管理する」道具です。
ウェブサイトの運用に必要な複数のタグを一括で管理できます

タグマネージャーを使わなかったらどうなりますか？

タグマネージャーを使わないと、2つの面倒な点があります。
1つめは、コードに直接複数のタグを書いていると、**コードの中がタグだらけで最大**になってしまうことです。障害（エラー）を予防するためにも、コードは極力簡潔に書く必要があります。
2つめは、Googleアナリティクス 4を含むウェブマーケティング用のタグを次々に追加したい場合、その都度、コーディング担当者にタグの設置を依頼するやりとりが発生します。
このようなメリット・デメリットを次ページにまとめてみました

◻ Googleタグマネージャーを利用するメリットとデメリット

Googleタグマネージャーを利用するメリット

- ウェブマーケティングに必要な**タグの追加・変更・削除**が、**Googleタグマネージャーの画面上の操作で完結**する場合が多い。そのため、都度コーディング担当者に作業を依頼する必要がなく、マーケティング担当者が必要なタイミングで**迅速に行う**ことができる。
- タグマネージャーにはプレビューモードがあり、追加したタグや変更したタグのテストができるため、表示崩れや二重計測などの問題を未然に防ぐことができる。
- 複数のタグを設置することにより長大になることを避け、**ソースコードを簡潔に保つ**ことができる。
- Googleアナリティクス 4においては、**Googleアナリティクス 4を応用的に使いこなすための連携機能が豊富に揃えられている。**

Googleタグマネージャーを利用するデメリット

- 最初に計測タグを全ページに設置する必要がある。
- **Googleタグマネージャーツール自体の初期設定**が必要になる。

わかりました。はじめに計測タグを全ページに設置することやGoogleタグマネージャーの初期設定の大変さがあるけれど、その後の作業が楽になりそうですね！

Googleアナリティクス 4を使うなら、Googleタグマネージャーの併用を強くお勧めします。「絶対に使って！」と言いたいくらいです

HINT //

Googleタグマネージャーを使っていても、実装（コード上にタグやプログラムを書き込む作業）をコーディング（システム）担当者にお願いする可能性があります。例えば、ユーザーログイン時にUse-IDを渡す場合や、eコマースサイト上で商品購入完了画面において、金額などの商品データを受け渡す場合などです。
このような応用的な設定（第8章を参照）においては、例外的に実装が必要になります。

Lesson 3-2

設定 その1：計測を開始する
初期設定〜データ収集を はじめよう〜

それでは、いよいよあなたのサイトにGoogleアナリティクス 4を設定していきましょう。10のステップに分けて説明します

　それでは設定を始めましょう。設計作業の全体像はこちらです。1〜10のステップで順番に作業します。設定5までに、**Googleアナリティクス 4**と**Googleタグマネージャー**という2つのツールの初期設定を行います。

　それぞれの設定がすでに終わっている方は、必要箇所のみお読みください。

図3-2-1 Googleアナリティクス 4の設定作業フロー：前提〜初期設定部分

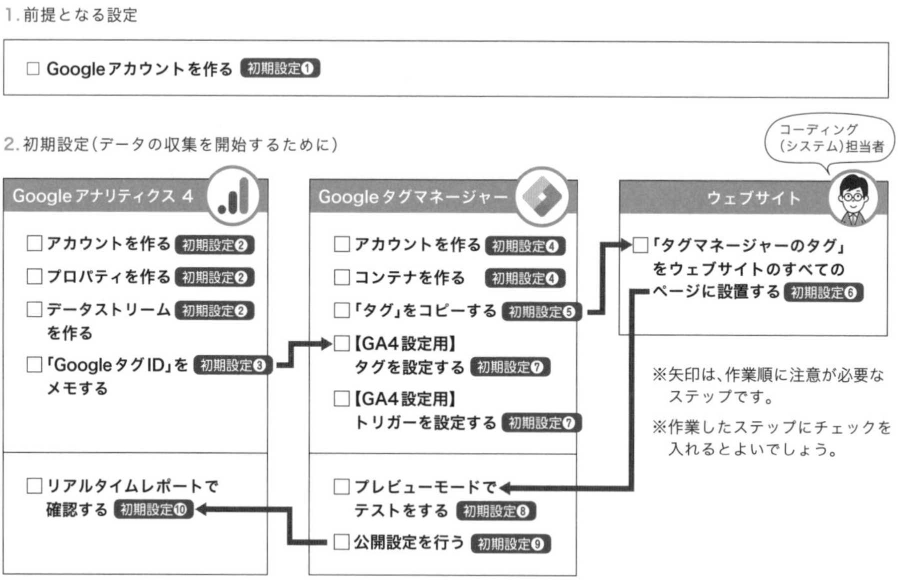

1. 前提となる設定

□ Googleアカウントを作る 初期設定❶

2. 初期設定（データの収集を開始するために）

コーディング（システム）担当者

Googleアナリティクス 4	Googleタグマネージャー	ウェブサイト
□ アカウントを作る 初期設定❷	□ アカウントを作る 初期設定❹	□「タグマネージャーのタグ」をウェブサイトのすべてのページに設置する 初期設定❻
□ プロパティを作る 初期設定❷	□ コンテナを作る 初期設定❹	
□ データストリームを作る 初期設定❷	□「タグ」をコピーする 初期設定❺	
□「GoogleタグID」をメモする 初期設定❸	□【GA4設定用】タグを設定する 初期設定❼	
	□【GA4設定用】トリガーを設定する 初期設定❼	
□ リアルタイムレポートで確認する 初期設定❿	□ プレビューモードでテストをする 初期設定❽	
	□ 公開設定を行う 初期設定❾	

※矢印は、作業順に注意が必要なステップです。

※作業したステップにチェックを入れるとよいでしょう。

Googleアカウントを作る
（すでに持っている場合は、ログインする）

Googleアナリティクス 4設定の前提として、設定するあなたのGoogleアカウントが必要になります。Googleアカウントとは、**「@gmail.com」で知られるメールアドレスのアカウント**ですが、**それ以外のメールアドレス**を使ってGoogleアカウントを作成できます。例えば、「@happyanalytics.co.jp」などの会社のアカウントを使用して作ることもできます。

HINT ///

複数のGoogleアカウントを持っている場合には、使用するアカウントを間違えないようにしましょう。会社のウェブサイトの設定をする際には、**会社のメールアドレスを使ったGoogleアカウントを利用する**ことが多いでしょう。

1 Googleアカウントの作成（ログイン）画面にアクセスします。
URL ▶ https://accounts.google.com/signin

2 画面を開くと、ログイン画面が表示されます（図3-2-2）。
すでにGoogleアカウントをお持ちの場合は、メールアドレスを入力して、「次へ」ボタンをクリックし、さらにパスワードを入力するとログインが完了します。
Googleアカウントを新規に作成する場合は、左下の「**アカウントを作成**」というボタンをクリックします。「個人で使用」や「仕事／ビジネス用」といった選択肢が表示されます（図3-2-3）。**Googleアナリティクス 4はビジネス向けツールなので、基本的には「仕事／ビジネス用」を選択**します。
その後の画面は、姓名や性別などを入力していきます（図3-2-4）。本書ではすべての画面の説明は割愛しますが、画面に沿って進めるとGoogleアカウントを作成することができます。

図3-2-2
ログイン画面

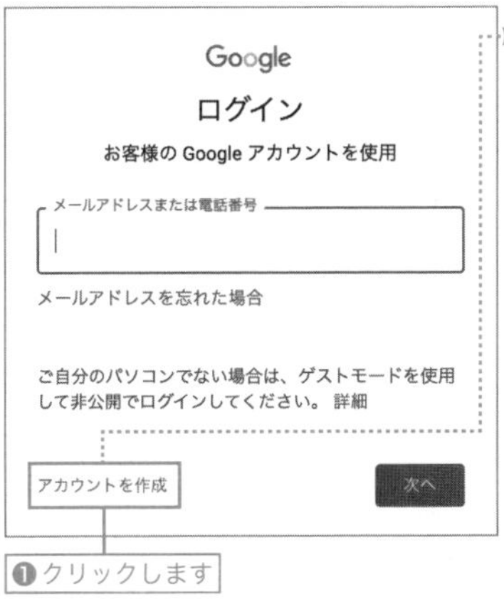

図3-2-3
種別選択

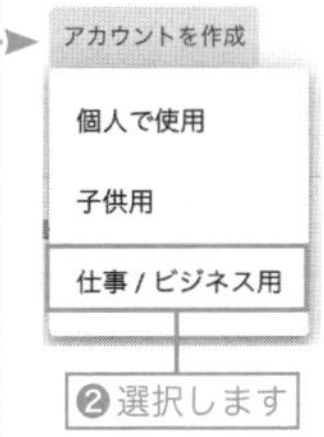

図3-2-4
「Googleアカウントを作成」画面

Google
ログイン
お客様の Google アカウントを使用

メールアドレスまたは電話番号

メールアドレスを忘れた場合

ご自分のパソコンでない場合は、ゲストモードを使用して非公開でログインしてください。詳細

アカウントを作成　　　　　次へ

❶ クリックします

アカウントを作成

個人で使用

子供用

仕事 / ビジネス用

❷ 選択します

Google
Google アカウントを作成
名前を入力してください

姓（省略可）

名

次へ

HINT ///

不明な点があれば、公式ヘルプ「Google アカウントの作成」を参照してください。
URL ▶ https://support.google.com/accounts/answer/27441?hl=ja

HINT ///

既存のメールアドレスを使いたい方は、Gmail アドレスの作成画面の途中で「既存のメールアドレスを使用する」というリンクをクリックします。

初期設定 2 ｜ Google アナリティクス 4 のアカウント、プロパティ、データストリームを作成する

1 Google アナリティクス 4 の画面を開きます。

　　URL ▶ https://analytics.google.com/analytics/web/

2 図のような画面が表示されるので、「測定を開始」ボタンをクリックします。

図3-2-5 Google アナリティクス 4 の利用開始画面

3 「アカウントを作成」画面が表示されます。上部にアカウント名を入力します。

図3-2-6 「アカウントを作成」画面（上部）

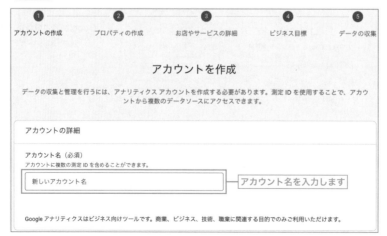

HINT //

Lesson 2-5でアカウント・プロパティ・データストリームというGoogleアナリティクス 4の3階層構造の設計を行いました。その際に考えたアカウント名を入れるとよいでしょう。多くの場合は会社名になります。

図3-2-7 Lesson 2-5での3階層の設計を確認

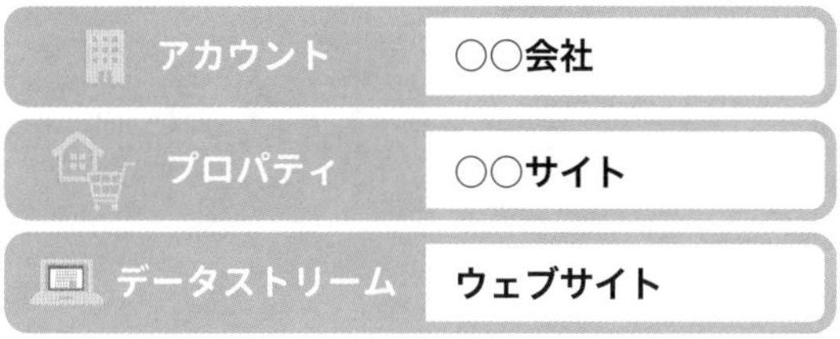

🏢 アカウント	○○会社
🏠 プロパティ	○○サイト
💻 データストリーム	ウェブサイト

④ この画面の下部までスクロールすると、以下のようなデータ共有設定についてのチェックボックスが表示されます。このチェックは後ほど修正することもできるので、問題なければそのまま「次へ」ボタンをクリックしてください。

図3-2-8 「アカウントを作成」画面（下部）

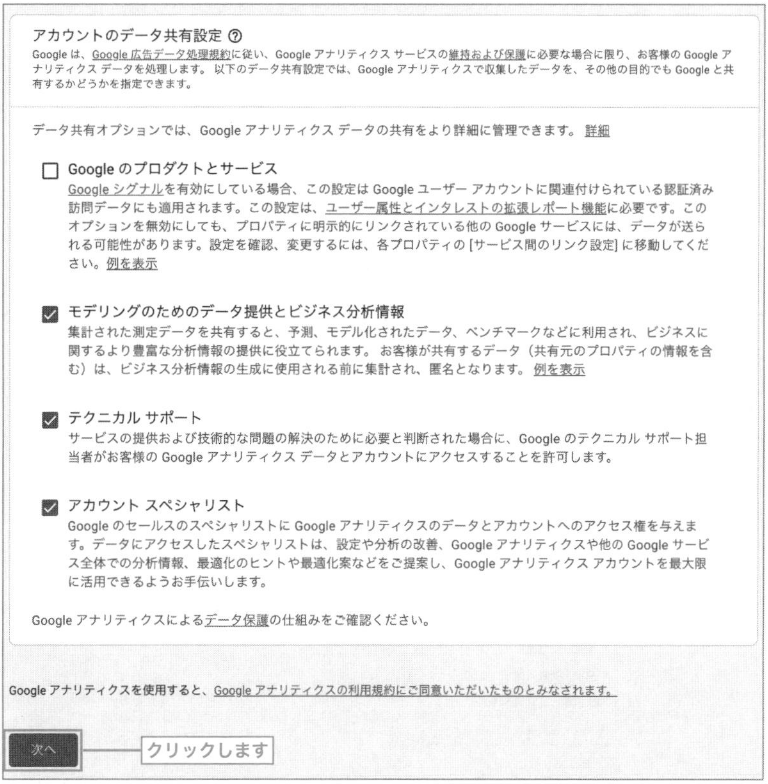

アカウントのデータ共有設定 ⑦
Googleは、Google広告データ処理規約に従い、Googleアナリティクスサービスの維持および保護に必要な場合に限り、お客様のGoogleアナリティクスデータを処理します。以下のデータ共有設定では、Googleアナリティクスで収集したデータを、その他の目的でもGoogleと共有するかどうかを指定できます。

データ共有オプションでは、Googleアナリティクスデータの共有をより詳細に管理できます。詳細

☐ **Googleのプロダクトとサービス**
Googleシグナルを有効にしている場合、この設定はGoogleユーザーアカウントに関連付けられている認証済み訪問データにも適用されます。この設定は、ユーザー属性とインタレストの拡張レポート機能に必要です。このオプションを無効にしても、プロパティに明示的にリンクされている他のGoogleサービスには、データが送られる可能性があります。設定を確認、変更するには、各プロパティの[サービス間のリンク設定]に移動してください。例を表示

☑ **モデリングのためのデータ提供とビジネス分析情報**
集計された測定データを共有します。このデータは、予測、モデル化されたデータ、ベンチマークなどに利用され、ビジネスに関するより豊富な分析情報の提供に役立てられます。お客様が共有するデータ（共有元のプロパティの情報を含む）は、ビジネス分析情報の生成に使用される前に集計され、匿名となります。例を表示

☑ **テクニカルサポート**
サービスの提供および技術的な問題の解決のために必要と判断された場合に、Googleのテクニカルサポート担当者がお客様のGoogleアナリティクスデータとアカウントにアクセスすることを許可します。

☑ **アカウントスペシャリスト**
GoogleのセールスのスペシャリストにGoogleアナリティクスのデータとアカウントへのアクセス権を与えます。データにアクセスしたスペシャリストは、設定や分析の改善、Googleアナリティクスや他のGoogleサービス全体での分析情報、最適化のヒントや最適化案などをご提案し、Googleアナリティクスアカウントを最大限に活用できるようお手伝いします。

Googleアナリティクスによるデータ保護の仕組みをご確認ください。

Googleアナリティクスを使用すると、Googleアナリティクスの利用規約にご同意いただいたものとみなされます。

次へ ── クリックします

⑤ 次はプロパティの作成です。まずプロパティ名を入力します。多くの場合は、サイト名やサービス名になるでしょう。さらに、タイムゾーンと通貨単位を選択します。

図3-2-9 「プロパティを作成する」画面

⑥ ビジネスの設定を入力します。ご自身の会社の業種と規模を選択して、「次へ」ボタンをクリックします。

図3-2-10 「ビジネスの説明」画面

Chapter 3

Google アナリティクス 4 の設定をはじめよう

7 次の画面では、ビジネス目標を選択します。該当するものにチェックを付けて、「作成」ボタンをクリックします。迷う場合は、「ベースラインレポートの取得」にチェックしましょう。

HINT //

「ベースラインレポートの取得」以外は、複数クリックすることができます。

図3-2-11 「ビジネス目標を選択する」画面

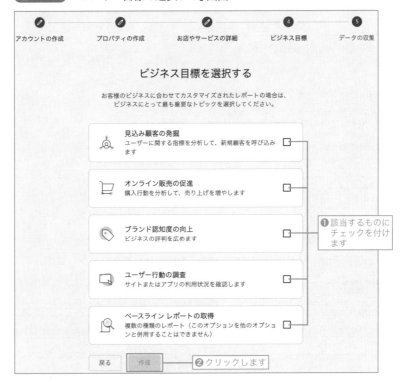

HINT //

この選択は、レポート表示画面に関係します。選択した項目によって、目的に最適化した一連のレポートがあらかじめ表示されます。レポート表示は後ほど変更可能です。表示するレポートを変更する場合は、Lesson 8-6のレポートのカスタマイズや、レポートライブラリ機能にて設定します。

見込み顧客の発掘	ユーザー獲得、トラフィック獲得、ランディングページ
オンライン販売の促進	eコマース購入、プロモーション
ブランド認知度の向上	Google広告キャンペーン、ユーザー属性の詳細、ページとスクリーン
ユーザー行動の調査	イベント、コンバージョン、ページとスクリーン
ベースライン レポートの取得	ライフサイクル内のすべてのレポート

⑧ 前画面で「作成」をクリックすると、「Google アナリティクス利用規約」画面が表示されます。最初に利用する地域を選択します。利用規約に目を通して、下部のチェックボックスをクリックします。

「同意する」ボタンをクリックすると、アカウントとプロパティの作成が完了します。

図3-2-12 「Google アナリティクス利用規約」画面

⑨ ここからデータストリームの設定に入ります。

「ウェブ」「Android アプリ」「iOS アプリ」のいずれかをクリックします。

図3-2-13 「データ収集を開始する」画面

HINT //

もし誤ってプロパティを削除した場合、そのプロパティが完全に削除されるまで「35日間」の猶予がありますので、元に戻すことができます（「35日間」が第10章で説明する試験でしばしば出題されます）。

⑩ このような画面が表示されます。ウェブサイトのURLとLesson 2-5で決めたデータストリーム名を入力しましょう。

「拡張計測機能」は、第2章で説明したイベントの収集設定です。**拡張機能はデフォルトでONになっており、ONのままにしておくとよい**でしょう。

ただし、収集しないイベントがある場合は、右下の歯車アイコン⚙をクリックすると**図 3-2-15** のような拡張機能の設定画面が表示されるので、不要な計測機能をOFFにします。また、この画面で「サイト内検索」の「詳細設定を確認」をクリックし、自分のサイトのサイト内検索キーワードのクエリパラメータを入力します。クエリパラメータとは、検索結果画面のURLが以下のときの「s」にあたる文字列です。

例：https://www.ga4.guide/?s=検索した文字列

最後に、左下の「ストリームを作成」ボタンをクリックすると、**データストリームが完成**します。

図3-2-14 「データストリームの設定」画面

図3-2-15 「拡張計測機能」画面　　**図3-2-16** 「サイト内検索」詳細設定画面

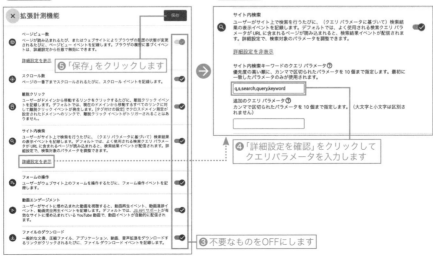

初期設定 3

GoogleタグIDをメモする

1 前項の「ストリームを作成」をクリックすると、次のような画面が表示されます。

図3-2-17 「実装手順」画面

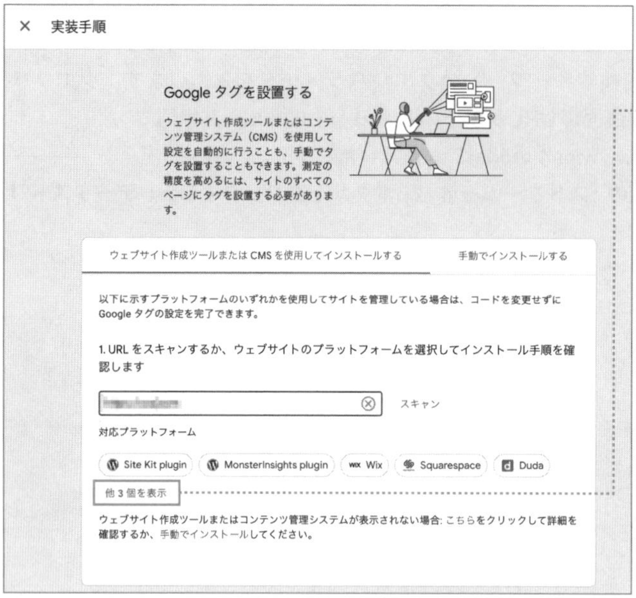

図3-2-18
「プラットフォームを選択」画面

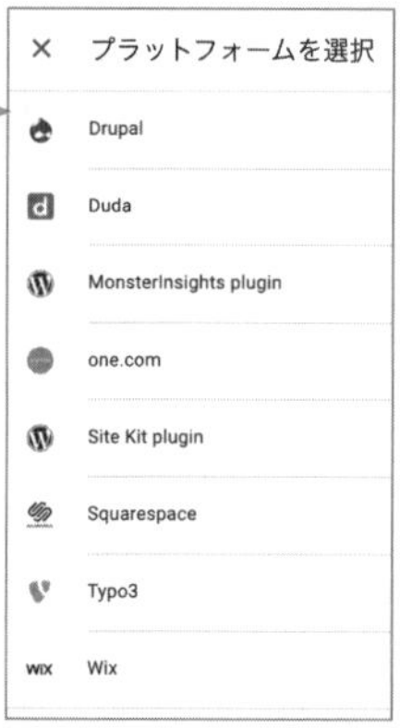

「Googleタグを設置する」という画面が表示され、「ウェブサイト作成ツールまたはCMSを使用してインストールする」というタブと「手動でインストールする」というタブが表示されています（**図3-2-17**）。

もし、あなたのサービスが**WordPress**や**Googleサイト**などの**「ウェブサイト作成ツールまたはCMS」を使って構築されている場合は、実装、つまりコードを変更しないで全ページに計測タグを設置することができます。**

その場合、画面の案内に従ってURLを入力し、スキャンをクリックしてプラットフォームを自動検出するか、「他3個を表示」というリンクをクリックするとプラットフォームの一覧が表示されるので、該当のサービスを選択します（**図3-2-18**）。

上記のようなプラットフォームを使わずにウェブサイトを構築している場合は「手動でインストールする」というタブが該当しますが（**図3-2-19**）、画面を開いて表示されるGoogleタグは使わないため、左上の✕ボタンで画面を閉じます。

> **POINT** 画面の案内では、このタグをウェブサイトのコードに貼り付けるように書かれています。しかし、今回の設定では、ウェブサイトのすべての画面にはGoogleタグマネージャーのタグを設置しますので、このタグ自体は使いません。

図3-2-19 手動でインストールする

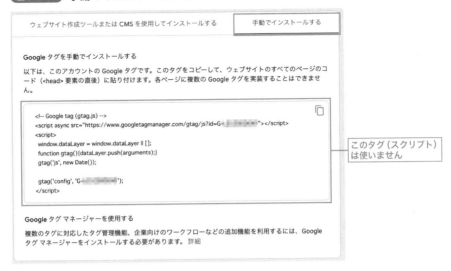

2 上記の画面を閉じると、**図3-2-20**のような「ウェブストリームの詳細」画面が表示されます。スクロールして、Google タグの欄から「タグ設定を行う」をクリックします。

図3-2-20 「Googleタグ」画面

クリックします

さらに、該当サイトのGoogleタグをクリックすると、「G-」などで始まる「タグID」が表示されます（**図3-2-21**）。このGoogleタグIDは、タグマネージャーなど他のGoogleツールと接続する際に使います。メモしておきましょう。

あなたのGoogleタグID

G-

図3-2-21 「Googleタグ」画面

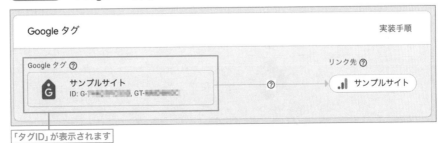

「タグID」が表示されます

やっと、初期設定③まで終わりました。長いですね〜

はい、ほっと一息つきましょう。
初期設定③までで、Googleアナリティクス 4上にアカウント、プロパティ、データストリームを設定し、Googleタグ IDを発行しました。この作業によって、データを入れる箱ができました。
次は、Googleタグマネージャーの初期設定を行います（④〜⑥）

はい、がんばります！

初期設定 4　Googleタグマネージャーのアカウントと コンテナを作る

1 ここから、Googleタグマネージャーの設定に入ります。前項で開いていた「ウェブストリームの詳細」画面を閉じて、Googleアナリティクス 4のホーム画面に戻ります。
　ホーム画面にない場合は、左上のGoogleアナリティクス 4のオレンジ色のロゴをクリックすると、ホーム画面に遷移できます。
　Googleアナリティクス 4からGoogleタグマネージャーに遷移しましょう。**図3-2-22**のように、画面上部に表示されたプロパティ名をクリックします。**図3-2-23**のような画面が開きますので、Googleタグマネージャーのアイコンをクリックしましょう。

図3-2-22 Googleアナリティクス 4の左上部分

図3-2-23 Googleタグマネージャーアイコンを選択する

図3-2-24

2 Googleタグマネージャーの画面が表示されます。

Googleタグマネージャーの URL を直接開いてもかまいません。

Google タグマネージャー ▶ https://tagmanager.google.com/

HINT //

URLから直接Googleタグマネージャーを開いた場合は、**GoogleアカウントがGoogle アナリティクス 4の設定時と同一になっているか**確認してください。Googleアカウント は右上にある人型のアイコン●をクリックすると、確認および切り替えが可能です。

HINT //

Google 社による公式チュートリアルの動画でもわかりやすく説明されています。
URL ▶ https://www.youtube.com/watch?v=UuE37-MM1ws

3 画面の「アカウント作成」ボタンまたは「アカウントを作成するにはここをクリックし てください」をクリックします（**図3-2-25**）。

アカウント名とコンテナ名を入力し、国とターゲットプラットフォームを選択します。 **アカウント名はGoogleアナリティクス 4のアカウント名、コンテナ名はGoogleアナ リティクス 4のプロパティ名と同一だとわかりやすいでしょう。**

入力したら、左下の「作成」ボタンをクリックします（**図3-2-26**）。

図3-2-25 「タグマネージャー」画面

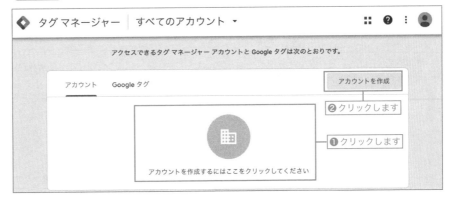

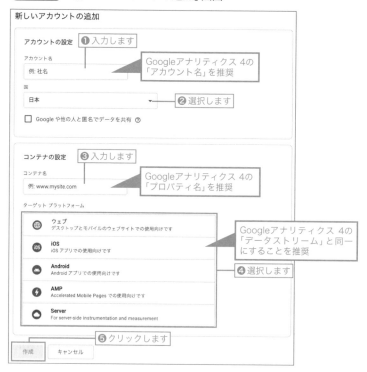

図3-2-26 「新しいアカウントの追加」画面

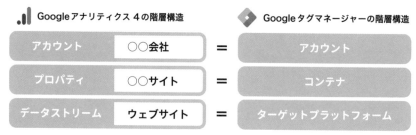

HINT //

Google アナリティクス 4 は「アカウント、プロパティ、データストリーム」の3階層、Google タグマネージャーは一般には「アカウント」「コンテナ」の2階層構造（または表記によって3階層目のターゲットプラットフォーム」の記載あり）です。
2つのツールは綿密に連携しますので、以下、**階層構造の表記を揃えることを推奨します**（図3-2-27参照）。名称を統一すると、後の運用の際に混乱が生じません。

図3-2-27 2つのツールの階層構造の関係性（推奨）

④ 前画面で「作成」ボタンをクリックすると、「Googleタグマネージャー利用規約」画面が表示されます（**図3-2-28**）。下部のチェックボックスをチェックして、右上の「はい」ボタンをクリックし、規約に同意します。

以上で、**Googleタグマネージャーのアカウントとコンテナが作成されました**。

図3-2-28 「Googleタグマネージャー利用規約」画面

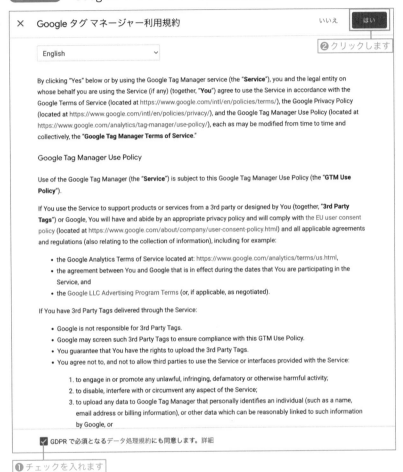

<table>
<tr><td>初期設定
5</td><td>「タグマネージャーの計測タグ」をメモする</td></tr>
</table>

前項にて規約に同意すると**図3-2-29**のような画面が開き、Googleタグマネージャーのタグが表示されます。**このGoogleタグマネージャーのタグをサービスの全ページに設置するので、タグをコピーしましょう。**

図3-2-29　「Googleタグマネージャーをインストール」画面

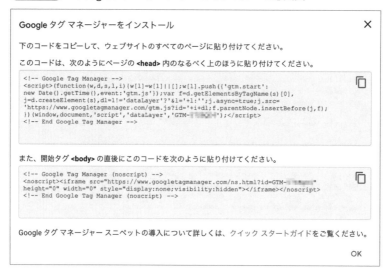

<table>
<tr><td>初期設定
6</td><td>タグマネージャーのタグをウェブサイトの
すべてのページに設置する</td></tr>
</table>

前項で表示した**Googleタグマネージャーのタグを、サービスの全ページに設置してください。**

この作業は、それぞれの会社・団体によって、作業する人物が異なるでしょう。マーケティング担当者が自身でコーディングを行う場合もありますが、多くの場合は、コーディング担当者に作業を依頼することになると想定しています。この作業を依頼した後、マーケティング担当者は後続のツール設定を続けることができます。

ただし、後続の「プレビューモードでテストする」という手順からは、タグが設置されている状態でテストを行いますので、それまでに設置を完了してもらうように依頼しましょう。

> HINT ///
>
> 必ず**全ページに1つずつのタグを設置**してください。設置しない場合はそのページのデータが収集されません。また2つ以上のタグが多重に書かれた場合は、誤って2倍のデータが収集されてしまいます。

図3-2-29では上下に2つのタグが表示されていますが、画面の案内の通り、上のタグ（scriptタグ）はHTMLページのheadタグのできるだけ上の方に、下のタグ（noscriptタグ）はHTMLページの<body>という表記の直後に設置します。

「noscriptタグ」は、JavaScriptが動作しない場合にのみ機能します。現在ではレアケースですが、JavaScriptが動作しないブラウザやセキュリティなどの都合で動作させないようにしている場合のためのタグです。そのため、**1つのページに一対のscriptタグとnoscriptタグを設置しても「1つのタグである」と見なされる**ため、計測上は問題ありません。

初期設定 7　Googleタグマネージャー上でGA4計測設定を行う

ここからの手順**1**〜**5**は、初期設定**6**の手順「タグマネージャーのタグをウェブサイトのすべてのページに設置する」が完了していなくても作業可能です。

1 この手順では、Googleタグマネージャーの初期設定を行います。
まず、Googleタグマネージャー画面で左のメニューから「タグ」をクリックします。
画面を閉じてしまった人は、こちらのURLから開いてください。
Googleタグマネージャー ▶ https://tagmanager.google.com

URLからログインした場合、右上のGoogleアカウントアイコンをクリックし、設定中のものと同一であることを必ず確認してください。

2 **図3-2-30**のタグ画面の右上にある「新規」ボタンをクリックすると、**図3-2-31**のような画面が表示されるので、画面の中央にある「タグタイプを選択して設定を開始」をクリックします。
図3-2-32のような画面がポップアップで表示されるので、**「Google」タグというタグタイプを選択**します。

図3-2-30 Googleタグマネージャーの「タグ」画面

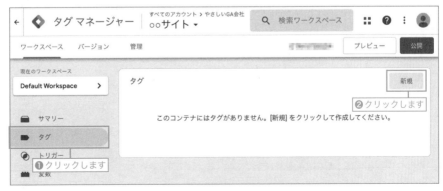

図3-2-31 「タグの設定」画面

図3-2-32 「Googleタグ」をクリックする

3 タグタイプを選択すると、**図3-2-33** のような画面が表示されます。
「Googleタグ ID」に先ほどメモした**Google アナリティクス 4 の Google タグ ID を入力**します。

図3-2-33 Googleタグマネージャーの「GoogleタグID」の設定

4 次にトリガーを設定します。画面の中央下部にある「トリガーを選択してこのタグを配信」をクリックすると、トリガーの選択画面がポップアップで表示されるので、**「Initialization - All Pages　初期化」を選択**します（**図3-3-34**）。

図3-2-34 トリガーの設定画面

HINT //

「Initialization - All Pages（初期化）」トリガーを利用すると、他のトリガーより先にタグが発動します。例えば画面表示が遅いことによって、ページビューの計測を取りこぼすなどのリスクが減少します。このトリガーでうまく動作しない場合は、「All Pages（ページビュー）」を設定してください。

⑤ トリガーを入力したら、左上の「名前のないタグ」という枠をクリックし、このタグの名称を入力します。名称は「Googleタグ_GA4計測」などでよいでしょう。画面の右上にある「保存」ボタンをクリックして、保存してください（**図3-2-35**）。

以上で、Googleタグマネージャーの画面上でGoogleアナリティクス 4の設定が出来上がりました。ただし、**まだ公開状態ではない**ので注意してください（**図3-2-36**・続く手順でテストした後、公開作業を行います）。

図3-2-35 タグに名称を付けて保存する

図3-2-36 タグ設定が完了する（未公開状態）

小川先生、気になることがあります。先ほど出てきたJavaScriptでできたコードのかたまりである「タグ」とGoogleタグマネージャーの「タグ」は違うものだと思うのですが、どちらもタグという名前なのですか？

はい、どちらも「タグ」というので紛らわしいですね。区別する場合は、コードのかたまりの方を「スクリプトタグ」や「JavaScriptタグ」とし、Googleタグマネージャーのほうは「Googleタグマネージャーのタグ」などと捕捉して、区別してもよいかもしれません。この2つの「タグ」という言葉がどんな関係性なのか、少し補捉しますね。図3-2-35を見てください

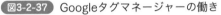

図3-2-37 Googleタグマネージャーの働き

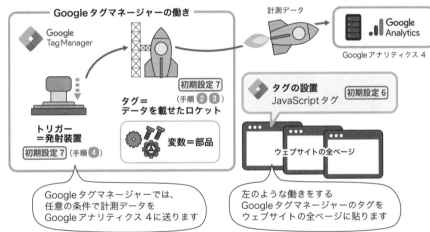

初期設定6で設置した**JavaScriptのタグは「親」の役割をするタグで、すべてのページに1つずつ設置**します。初期設定7の手順2、3で追加した**タグマネージャー内のタグは「子」にあたります。1つのページにたくさんの「子」タグがあってかまいません。**このように、2種類のタグは親子のような関係です。

「トリガー」についても説明しておきましょう。**Googleタグマネージャーのタグはデータを載せたロケット**だとすると、**Googleタグマネージャーのトリガーはその発射装置や発射ボタン**のような役割で、どのような条件でロケットを発射するか制御します。

例えば、今回行ったGoogleアナリティクス 4の計測設定では、「すべてのページ」において（＝トリガー）、Googleアナリティクス 4に「page_viewイベント」などの計測データを送信しました（＝タグ）。

このような働きをするGoogleタグマネージャーのタグを、初期設定6で行ったようにウェブサイトの全ページに設置しておくことで、計測データを収集する準備が整います。

<table>
<tr><td>初期設定
8</td><td>プレビューモードでテストする</td></tr>
</table>

ここからは、初期設定6 の手順 1 「タグマネージャーのタグをウェブサイトのすべてのページに設置する」が完了してから始めてください。

1 ここから、Googleタグマネージャーのタグがウェブサイト上で正常に動作するかを確認していきます。タグマネージャーのタグをウェブサイトのすべてのページに設置する作業が完了したことを確認したら、Googleタグマネージャー画面の右上にある**「プレビュー」ボタンをクリック**します。

図3-2-38 Googleタグマネージャーの設定を「プレビュー」する

2 Tag Assistant（タグアシスタント）という画面が表示されるので、サービスのURLを入力し、「Connect」ボタンをクリックします。

図3-2-39 Tag AssistantにサービスのURLを入力する

③「Connected!」と表示されて接続が確認できたら画面右下にある「Enable」ボタンをクリックし、中央にある「Continue」ボタンをクリックします。

図3-2-40 画面下部の「Enable」と中央の「Continue」をクリックする

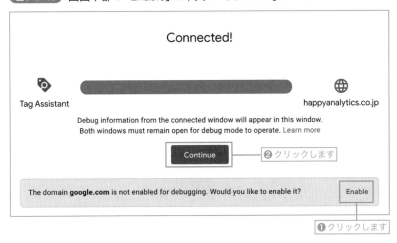

④ Tag Assistant画面の「Tags Fired（発火したタグという意味）」の中に設定したタグがあることを確認します。

図3-2-41 Tag Assistantを開き、Tags Firedの欄に設定したタグがあるか確認する

初期設定
9

公開設定を行う

設定したタグが正しく動作していることがプレビューできたら、Tag Assistant画面を閉じます。Googleタグマネージャー画面に戻り、右上の**「公開」ボタンをクリック**して「バージョン名」に「GA4設定」などと入力し、右上の「公開」ボタンをクリックします。

図3-2-42 「公開」ボタンをクリックする

図3-2-43 Googleタグマネージャーの設定を「公開」する

以上で、Googleタグマネージャー上のGoogleアナリティクス 4の計測設定が完了しました。

リアルタイムレポートで確認する

1 Googleアナリティクス 4画面に戻ります。Googleタグマネージャーの上部のコンテナ名をクリックし、Googleアナリティクス 4のアイコンをクリックします。

図3-2-44 タグマネージャーのロゴ部分

図3-2-45 アイコンをクリック

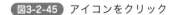

2 Googleアナリティクス 4画面で左のメニュー選択の上から2番目の「レポート」アイコンをクリックし、「リアルタイムレポート」を選択します。**リアルタイムレポートには、過去30分間のユーザー行動のデータをリアルタイムで閲覧することができます。**
正常にデータを取得し始めていることを確認したら、初期設定は終了です。
お疲れ様でした！

図3-2-46 Googleアナリティクス 4のリアルタイムレポートで確認する

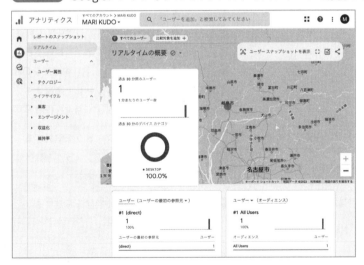

HINT ///

開発用として、過去30分よりも長い期間のユーザー行動データをテスト計測したい場合、DebugViewレポートが準備されています。設定画面から「デバッグモード」を有効にする必要があります。

●公式ヘルプ「DebugViewレポート」

URL ▶ https://support.google.com/analytics/answer/9333790

設定 その2：データを適切に収集する
追加設定〜最初にやって おきたい10の設定〜

最初に、設定すべき重要な10項目をまとめました

追加設定の全体像

ここから、設定作業の後半に入ります。まずは、追加設定の作業の全体像を眺めてみます。

図3-3-1 追加設定の全体像

目的	追加設定
多くのデータを収集するために…	追加設定❶ ☐ コンバージョン（目標）を設定する　**必須**
	追加設定❷ ☐ Google シグナルを ON にする
	追加設定❸ ☐ レポート用識別子を設定する
	追加設定❹ ☐（イベント）拡張計測機能を ON にする
	追加設定❺ ☐ サーチコンソールと連携する
	追加設定❻ ☐ クロスドメイン設定を行う
不要なデータを除外するために…	追加設定❼ ☐ 内部トラフィックを除外する
	追加設定❽ ☐ 開発者のトラフィックを除外する
	追加設定❾ ☐ 計測不要な参照元を外す
データを適切に管理するために…	追加設定❿ ☐ データ保持期間を設定する　**必須**

追加設定の3つの目的

追加設定は、主に3つの目的を持って進めていきます。具体的には、「多くのデータを収集して、本来は収集できるはずのデータを取りこぼさないようにする」「計測すべきではない不要なデータを除外する」「データの適切な管理」になります。

それでは、早速1つずつ見ていきましょう。

前ページの表は、公式サイト「[GA4] アナリティクスでより有用なデータを取得する」を
参照して作成しています。

URL ▶ https://support.google.com/analytics/answer/13126420?hl=ja

---

追加設定 1	コンバージョン（目標）を設定する【必須】

 どうして設定が必要なの？（設定のメリット）

ビジネスにとって最も重要なユーザー行動を測定して分析できます。Googleアナリ
ティクス 4が提供する有益なレポート群（第5章を参照）を活用することができます。

コンバージョン設定の作業は、まずカスタムイベントを作成し、次にそのイベントに「コ
ンバージョンの印」を付けるという2つの作業から成ります。

HINT ///

Googleアナリティクス 4ですでに収集されているイベントについては、Googleアナ
リティクス 4上で作成や変更ができます。例えば、Lesson 2-1の表2-1-1で紹介した
page_view（ページビュー）、scroll（スクロール）などの「自動収集イベント」区分のイベ
ント群を利用してカスタムイベントを作成する場合、Googleアナリティクス 4上での操
作のみで設定が完結します。それ以外の場合は、Googleタグマネージャー上でカスタム
イベントを作成します（第8章にて詳述）。

①Googleアナリティクス 4を開き、左下の「管理」アイコン⚙からプロパティの列にある「イベント」というメニューを開きます（図3-3-2）。
さらに「イベントを作成」という画面を開きます（図3-3-3）。

図3-3-2 Googleアナリティクス 4の管理画面からイベントを開く

⬇

図3-3-3 「イベントを作成」ボタンをクリック

2 イベント作成画面を開き、カスタムイベント名やパラメータを入力します。
ここで、第2章で作成した「設定用シート」(50ページ参照) を再確認してみましょう。

図3-3-4 「設定用シート」のコンバージョンの部分

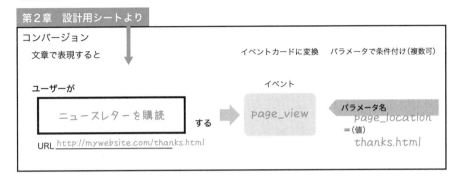

例えば、上記の設計用シートでは「ニュースレターを購読する」ユーザー行動をコンバージョンとするように設計していました。イベント名は「page_view」、条件付けをするパラメータ名は「page_location」、その値が「thanks.html」でした。
これらを設定すると、以下のようになります。

図3-3-5 「イベントの作成」画面

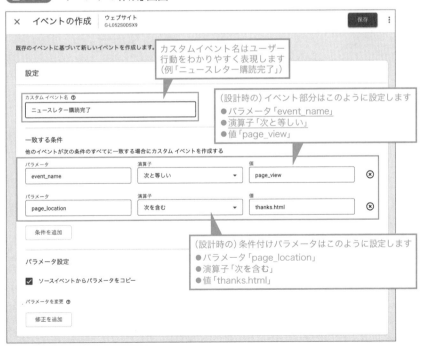

入力できたら、右上の「保存」ボタンをクリックします。**図3-3-6**のように、カスタムイベントが設定されました。左上の✕ボタンをクリックして、この画面を閉じます。

図3-3-6 設計を確認して画面を閉じる

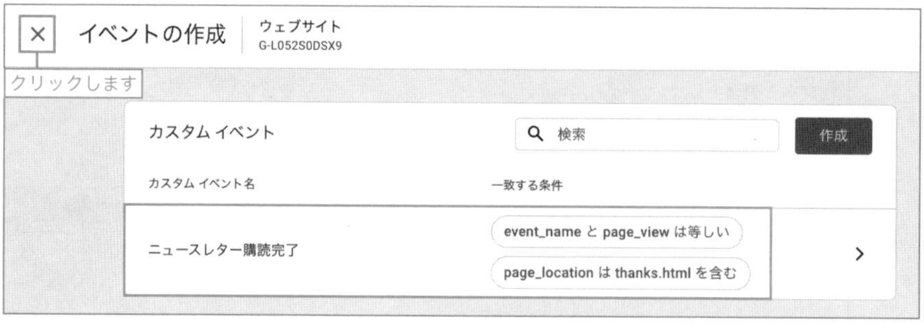

> **HINT** ///
> 過去に実行されたことがないイベントは、イベント一覧に出てこないので、事前にコンバージョンとしてカウントしたいイベントを行っておくようにしましょう。

3 このイベントを**コンバージョンとして測定する**ために、「**コンバージョンとしてマークを付ける**」という項目を**ON**にします。

図3-3-7 コンバージョンとしてマークを付ける

イベント名 ↑	件数	変化率	ユーザー数	変化率	コンバージョンとしてマークを付ける ⑦	
ニュースレター購読完了	6	0.0%	4	0.0%	⬤━	ONにします

以上で、コンバージョンの設定が完了しました。コンバージョンとして設定した項目は、管理内のコンバージョンの画面で確認することができます（**図3-3-8**）。

リアルタイムレポートでコンバージョンが発生しているか確認しておくと、より確実でしょう。

> **HINT** ///
> リアルタイムレポート以外の標準レポート（第4章を参照）に反映されるまでは、最大24時間かかることがあります。

図3-3-8 コンバージョン画面に設定したコンバージョンイベントが表示される

コンバージョン設定のポイント

- イベントにコンバージョンとしてマークを付けると、それ以降に作成されるレポートに反映されます。**過去のデータには影響しません。**
- **最大30個のイベントにコンバージョンとしてマーク**を付けることができます。
- **「purchase（購入した）」イベントには、コンバージョンのマークが自動的に付加**されています。
- **新しいイベントは、Googleアナリティクスに表示されるまでに時間がかかります。** イベント画面に新しいイベントが表示されていない場合は、「設定」>「コンバージョン」画面から「新しいコンバージョンイベント」をクリックして「新しいイベント名」の部分にイベント名を入力して保存しておくと、イベントの計測が開始された際にコンバージョンとして自動的に認識されるようになります。
- コンバージョンとしてマークを付けたコンバージョンに設定が適用されるまでには、数分から数時間かかることがあります。

最後に、コンバージョンのカウント方法について確認しておきましょう。

管理画面の「コンバージョン」メニューを開き、設定したコンバージョンの右側にある「その他メニュー」アイコン⋮をクリックし、「カウント方法を変更」を選択します。

図3-3-9 コンバージョンのカウント方法を確認

図3-3-10のような画面が開き、コンバージョンのカウント方法を確認できます。

基本的には「イベントごとに1回」のままでよいでしょう。「セッションごとに1回」を選択すると、例えば1つのセッション（ユーザーの一連の行動）の中で「2回お問い合わせしても、1回のお問い合わせとしてカウントする」という計測方法を選択することができます。

また「デフォルトのコンバージョン値を設定する」ボタンをクリックすると、1コンバージョンあたりの金額を設定することができます（**図3-3-11**）。

それぞれ、確認したら右上にある「保存」ボタンをクリックします。

図3-3-10 コンバージョンのカウント方法を確認

図3-3-11 デフォルトのコンバージョン値を設定する

HINT ///

設定を変更したタイミングからカウント形式が変わります。過去のデータにさかのぼって反映されるわけではありません。

●公式ヘルプ「コンバージョンのカウント方法について」

URL ▶ https://support.google.com/analytics/answer/13366706

追加設定 2	Googleシグナルを ONにする

どうして設定が必要なの？（設定のメリット）

> 1. Googleのログイン IDを利用してユーザーを識別することが可能になる
> 2. GA4内でデモグラフィックレポート（年代・性別・興味関心）を利用できる
> 3. GA4内で作成したオーディエンスリストを連携している Google広告で利用する

Googleシグナルとは、Googleにログインしているユーザーのデータです。複数のデバイスを併用しているユーザーを一意に紐づけることができるため、ユーザーの実態をより詳細に把握できます。Googleアナリティクス 4では、ユーザーがサービスを利用している国や市区町村、性別や年齢、言語、興味関心などの情報を確認できるレポートが準備されています。その中でも、**性別・年齢・興味関心についてのレポートを確認するためには、Googleシグナルを ONにする必要があります。**

① 画面左下の「管理」アイコン⚙をクリックし、プロパティの列から「データ設定」をクリックし、さらに「データ収集」をクリックします。
「Googleシグナルのデータ収集」の項目で「設定」ボタンをクリックします。

図3-3-12 管理画面＞「データ設定」＞「データ収集」

図3-3-13 「Googleシグナルのデータ収集」画面

2 設定画面を進めます。「Google シグナルを有効にする」画面で「続行」ボタン、次に「有効にする」ボタンをクリックします。

図3-3-14 Googleシグナルを有効にする

図3-3-15 「Googleシグナルを有効にする」画面

❷ クリックします

図3-3-16のように「Googleシグナルのデータ収集」がONになっていれば、Googleシグナルの設定は完了です。

図3-3-16 Googleシグナルの設定がONになる

追加設定 3 レポート用識別子を設定する

どうして設定が必要なの？

> デバイスやプラットフォームをまたいでユーザー単位の測定を行う仕組み（ユーザー識別子）を指定することができます。

　第1章で説明した通り、Googleアナリティクス 4は、ユーザーがスマートフォンやパソコンなど、1人で複数のデバイスを併用していることを前提として作られています。そのような行動を誤って2人の行動として把握するのではなく、単一のユーザー行動（ユーザージャーニー）として、できるだけ正確に把握する必要があります。

　Googleアナリティクス 4がレポート表示などのために利用するユーザー識別情報を、「ユーザー識別子」と呼びます。 ユーザーを識別する方法には、User-ID、Googleシグナル、デバイスID、モデリングの4つがあります（**表3-3-1**）。

表3-3-1 ユーザーの一連の行動を把握して紐づける4つの方法

①User-ID （ユーザーアイディー）	サービスの**ログインID**などを指します。サービスがログインしたユーザーに顧客IDなどを付与している場合、そのIDをGoogleアナリティクス 4に送信することができます（Lesson 8-4参照）。 **HINT** 利用するには、システム実装が必要です（公式サイト・ヘルプ） URL ▶ https://developers.google.com/analytics/devguides/collection/ga4/user-id?sjid=9170431962862764865-AP&hl=ja&client_type=gtag
②Googleシグナル	**Google**に**ログインしているユーザー**のデータです。 **HINT** 利用するには、設定時に「広告のカスタマイズ」機能をオンにします。
③デバイス ID	システムから自動的に送信されるデータです。 ・ウェブサイトの場合は、**ウェブブラウザを識別するためのCookie**というデータから生成した「クライアント ID」を取得します。 ・アプリの場合は、アプリをインストールしたときに付与される「**インスタンス ID**」を取得します。
④モデリング	モデリングは、**データを憶測する機能**です。 （例えば、Cookieなどの識別子をサービス側に送信することを承認しなかった場合、そのユーザーの行動データは利用できません。そのため、Cookieを承認した類似ユーザーのデータを使用して、識別子のないユーザーのデータを埋めます。）

　早速、設定画面を開いてみましょう。選択肢の内容は後述します。

1 画面左下の「管理」アイコン✿クリックし、プロパティの列から「レポート用識別子」を
クリックします。「ハイブリッド」「計測データ」「デバイスベース」からいずれかを選択
し、左下の「保存」ボタンをクリックします。
なお、デバイスベースは右下の「すべて表示」をクリックすると掲出されます。

図3-3-17 「レポート用識別子」をクリック

図3-3-18 レポート用識別子の設定を確認

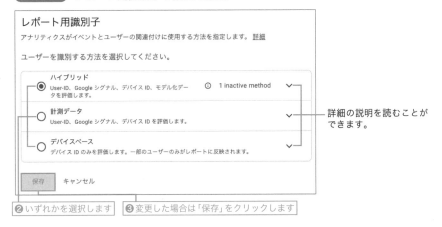

選択できるレポート用識別子

表3-3-2 レポート用識別子の選択肢

ハイブリッド	この順に評価されます。 User-ID（収集されている場合） ↓ Googleシグナル（ONになっている場合） ↓ デバイス ID（User-IDもGoogleシグナルも使用できない場合） **モデル化データ（利用できる識別子がない場合に使用されます）**
計測データ	この順に評価されます。 User-ID（収集されている場合）　　HINT 最も精度が高い情報です。 ↓ Googleシグナル（ONになっている場合） ↓ デバイス ID（User-IDもGoogleシグナルも使用できない場合）

　2つのレポート用識別子の違いは、「ハイブリッド」はモデル化データを使い、「計測データ」はモデル化データを使わないことです。モデル化データとは機械学習を使って、ユーザーの行動を予測することです。十分な識別子がない場合でも、より実態に近いデータを把握することができます。

　そのため、**レポート識別子は、モデリングの適用範囲となる場合は「ハイブリッド」を選択**しておくとよいでしょう。

> HINT ///
> レポート用識別子の機能を最大限に活用するには、Googleシグナルを有効にしてUser-IDを収集する実装を行なった上で、レポート用識別子は「ハイブリッド」を設定します。

> HINT ///
> モデリングは、主に「レポート」と探索の自由形式レポートに反映されます。自由形式以外の探索レポート、オーディンス、セグメント、データエクスポートなどには反映されません。

> HINT ///
> ●公式ヘルプ「レポート用識別子」
> URL ▶ https://support.google.com/analytics/answer/10976610

しきい値の適用（Lesson 4-2）によってデータが除外され、正確な数字が出てこないと感じたときに、「デバイスベース」を選択することで解消することがあります。レポート用識別子は、変更しても元に戻すことができ、データ収集には影響ありません

（イベント）拡張計測機能をONにする

 どうして設定が必要なの？

「ページビュー数、スクロール数、離脱クリック、サイト内検索、フォームの操作、動画エンゲージメント、ファイルのダウンロード」のイベント計測を開始します。

　拡張計測機能は、Googleアナリティクス 4のデータ収集の基本単位である「イベント」に関して、Google社があらかじめ準備してくれた「ページビュー数、スクロール数、離脱クリック、サイト内検索、フォームの操作、動画エンゲージメント、ファイルのダウンロード」のイベント計測を有効にするものです。

HINT //

デフォルトでONになっており、初期設定の手順11でも確認しているため、問題なければ読み飛ばしてください。

HINT //

収集しないイベントがある場合は、右下の歯車アイコン⚙をクリックして、不要なものをOFFにします。

1 画面左下の「管理」アイコン⚙をクリックし、プロパティの列から「データストリーム」をクリックします。開いた画面で該当のデータストリームを選択します。

　図3-3-19 管理画面から「データストリーム」メニューを開く

図3-3-20 該当のデータストリームを選択する

データストリームの設定画面で「拡張計測機能」をONにします。

図3-3-21 イベント項目の「拡張計測機能」をONにする

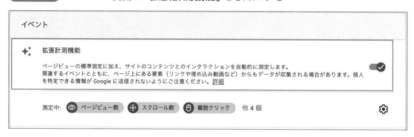

追加設定
5

Search Console（サーチコンソール）と連携する

どうして設定が必要なの？

検索エンジン経由でサービスを利用したユーザーの検索クエリと、サイト内の行動を
紐づけて詳細の分析ができます。

Search Console（サーチコンソール）とは、Google検索エンジンの分析ツールです。
　Google検索エンジン上でのウェブサイトの表示回数やサイトへの流入数を分析でき、他
にも検索エンジンに掲出する際のサイトの問題点などを指摘する機能を持っています。
　Search ConsoleとGoogleアナリティクス 4を連携することで、「どのような検索ワード
で流入したユーザーが、コンバージョンに至ったか？」「どのような検索ワードで流入したユ
ーザーが、サイト内でどんな行動をしたか？」などの詳細な分析ができるようになります。

HINT //

ウェブデータストリームは、1つのSearch Console プロパティにのみリンクできます。

1 画面の左下にある「管理」アイコン⚙をクリックし、プロパティの列から「Search Consoleのリンク」をクリックします。表示された画面の右上にある「リンク」ボタンをクリックし、画面の案内に沿って設定します。

図3-3-22 管理メニューから「Search Consoleのリンク」を設定する

図3-3-23 「リンクの設定」画面

2 サーチコンソールのプロパティをすでに作成した場合は、プロパティ名が表示されますので、該当するチェックボックスをクリックした後に、右上の「確認」ボタンをクリックします。プロパティを作っていない場合は、「プロパティを追加」というリンクをクリックすると、サーチコンソールの画面に移動します。

図3-3-24 「管理するプロパティにリンク」画面

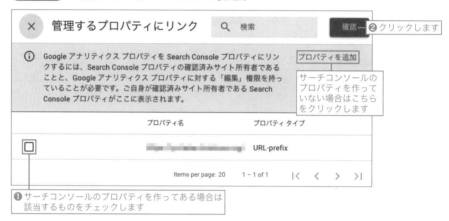

プロパティを新規作成する場合は、サーチコンソール画面の左上から「プロパティを追加」をクリックします。

図3-3-25 「プロパティを追加」

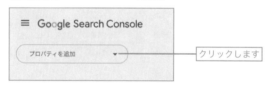

3 右図のような選択画面が表示されるので、いずれかにURLを入力します。
「ドメイン」を選択するとDNSというサーバー設定の確認が必要になるので、「URLプレフィックス」を選択する場合が多いと思います。

図3-3-26 「プロパティタイプの選択」画面

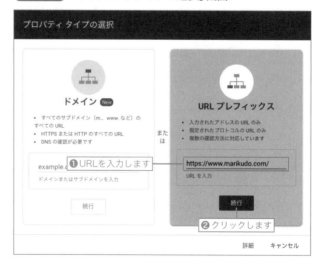

④ 以下の画面が表示されれば、サーチコンソールのプロパティが作成できました。すでに同じGoogleアカウントでGoogleアナリティクス 4プロパティを設定している場合は、アナリティクスを通じて所有権を確認するため、スムーズに設定が完了するでしょう。

図3-3-27 「所有権を自動確認しました」画面

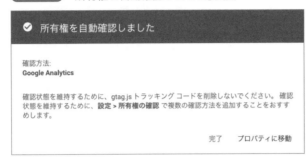

⑤ 再び手順②に戻って、Googleアナリティクス 4の画面から該当のプロパティを選択して「確認」ボタンをクリックするとリンクの設定画面が表示されるので、接続するGoogleアナリティクス 4のプロパティとウェブストリームを選択し、「送信」ボタンをクリックします。

図3-3-28 「Search Cosoleとのリンクを作成する」画面

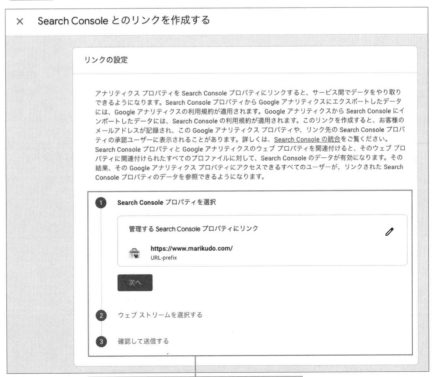

プロパティとウェブトリームを選択して、送信します

6 このような画面が表示されると、Googleアナリティクス 4とサーチコンソールの接続は完了です。

図3-3-29 「Search Cosoleとのリンクを作成する」画面

7 最後に、レポートページにサーチコンソールのレポート群を追加しましょう。「レポート」メニュー>「ライブラリ」をクリックするとコレクション画面に「Search Console」と表示されるので、右上にある ⋮ をクリックして「公開」をクリックします。

図3-3-30 サーチコンソールのレポート群を追加する

8 レポートメニューに「Search Console」のレポート群が追加されました。

図3-3-31 「Search Cosole」のレポート群が追加される

HINT ///

● Google Search Console のトップページ

URL ▶ https://search.google.com/search-console

● Search Console 公式ヘルプ「ウェブサイトプロパティを Search Console に追加する」

URL ▶ https://support.google.com/webmasters/answer/34592

HINT ///

Search Console のデータは、Search Console に収集されてから48時間後に Search Console とアナリティクスで利用できるようになります。

URL ▶ https://www.ga4.guide/admin/property/google-search-console/

追加設定
6

クロスドメイン設定を行う

どうして設定が必要なの？

> ユーザーが、サービス内の2つ以上のドメイン間を移動しても、1人のユーザーや1つのセッション（一連の行動）データとして計測されます。

　あるサービスにおいて、2つ以上の異なるドメインを使ってウェブサイトを展開するのは、よくあることです。例えば、商品紹介ページはaaa.com、決済機能を有する購入ページ群はaaa-shop.comなど、2つのドメインをユーザーが行き来する設計でサービスを展開することがあります。

　クロスドメイン測定を行っていない場合、ユーザーが別のドメインへ移動すると、別ドメインでの新しいCookieと新しいIDが設定され、双方のサイトを行き来する**1人のユーザーが別々に識別されてしまいます**。一方、**クロスドメイン測定を行っている場合、ユーザーが2つ以上のドメイン間を同じ訪問内で移動した際に1人のデータとして計測されます**。

　このように、2つ以上のドメインを使ってサービスを展開している場合は、クロスドメイン設定を行わないと、ユーザーのデータを正確に把握することができなくなります。複数のドメインがある場合は、必ずクロスドメイン設定を行いましょう。

① 画面左下の「管理」アイコン ⚙ をクリックし、プロパティの列から「データストリーム」をクリックします。開いた画面で該当のデータストリームを選択します。

図3-3-32 管理画面から「データストリーム」メニューを開く

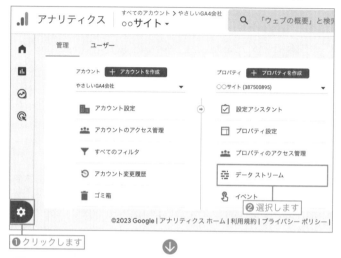

図3-3-33 該当のデータストリームを選択する

② データストリーム画面で「タグ設定を行う」をクリックします。

図3-3-34 「タグ設定を行う」を選択

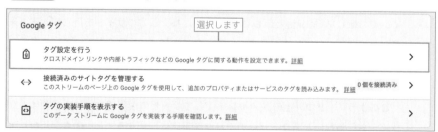

3 Googleタグの設定画面で「ドメインの設定」をクリックし、次の画面で「条件を追加」
ボタンをクリックします。

図3-3-35 クロスドメインを設定する

4 「ドメインの設定」画面では、計測対象に含めるすべてのドメインの識別子（example.comなど）を入力します。入力項目を増やすには、「条件を追加」ボタンをクリックします。入力を終えたら、右上の「保存」ボタンをクリックします。

図3-3-36 「ドメインの設定」画面

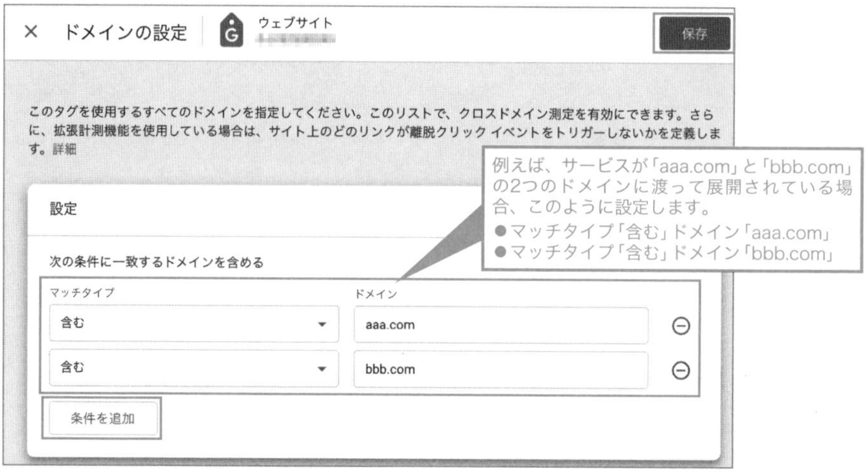

HINT

双方のドメインの計測が必要なページにタグが設置されていることが前提となります。

HINT

サブドメインの場合、クロスドメインの設定は不要です。ドメイン自体が変わるときだけ、クロスドメインの設定を行ってください（例えば、aaa.example.com と bbb.example.comなどのように「example.com」の前に「aaa.」または「bbb.」と置いて区別する方法をサブドメインと呼びます）。

5 クロスドメイン測定の動作を確認します。あなたのサービスのウェブサイトにアクセスして、クロスドメイン測定の対象に設定した1つめのドメインのページ（例：aaa.com）を開きます。
リンクをクリックするなどして、2つめのドメインのページ（例：bbb.com）に遷移します。URLに「_gl」というパラメータが含まれていることを確認します（例：https://bbb.com/?_gl=XXXXXXX）。

HINT

クロスドメインの仕組みを簡単に説明します。1つめのドメインから2つめのドメインにユーザーが遷移する場合、URLの末尾に「_gl」というパラメータを付与します。
このパラメータの値（_gl=XXXXXXX の X 部分）が同一であれば、1人のユーザーの一連のセッションであると解釈します。

<table>
<tr><td>追加設定
7</td><td></td></tr>
</table>

内部トラフィックを除外する

 どうして設定が必要なの？

運営スタッフの行動データを除外します。

自社サービスを運営するスタッフや関連会社は、ウェブサイトを最も頻繁に開きます。

また、作業の目的に応じて、本来のユーザー行動と異なる画面遷移を行います。そのため、**ユーザーの行動を正しく把握するには、このような関係者のユーザー行動を計測から除外する必要があります。**「内部トラフィックを除外する」とは、そのような操作を表しています。

❶ 画面左下の「管理」アイコン⚙をクリックし、プロパティの列から「データストリーム」をクリックします。開いた画面で該当のデータストリームを選択します。

図3-3-37 管理画面から「データストリーム」メニューを開く

図3-3-38 該当のデータストリームを選択する

2 データストリーム画面で「タグ設定を行う」をクリックします。

図3-3-39 「タグ設定を行う」を選択

3 「内部トラフィックの定義」をクリックし、「内部トラフィックルール」の「作成」ボタン
をクリックします。

図3-3-40 内部トラフィックの定義

図3-3-41 「内部トラフィックの定義」画面

4 内部トラフィックの設定画面で、以下のように入力していきます。
入力を終えたら、「作成」ボタンをクリックします。

図3-3-42 「内部トラフィック ルールの作成」画面

HINT

IPアドレス設定などの詳細は、公式ヘルプをご確認ください。

HINT ///

●公式サイト「内部トラフィックの除外」

URL ▶ https://support.google.com/analytics/answer/10104470

> ただし、**この設定を行ったからといって計測除外がされるわけではありません。** ここでは、このIPアドレスからのアクセスはパラメータ**「traffic_type=internal」という印が付いた**ということです

続いて、このデータをトラフィックから除外します。

5 **データフィルタを設定します。** 画面左下の「管理」アイコン ⚙ をクリックし、プロパティの列から「データ設定」>「データフィルタ」を選択します。
表示された画面で「フィルタを作成」ボタンをクリックします。

図3-3-43 「データフィルタ」画面を表示する

6 「データフィルタの編集」画面で以下のように入力したら、右上にある「保存」ボタンを
クリックします。

図3-3-44 「データフィルタの編集」画面で内部トラフィック除外を「有効」にする

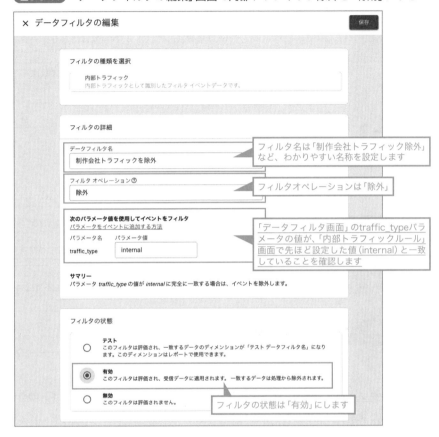

HINT //

・本フィルタを「有効」にしていても、Debug Viewではデータを確認できます。開発環
　境での計測テストなどを行う際に便利です。
・データフィルタは、プロパティごとに10個まで作成できます。
・データフィルタの適用には、24〜36時間かかることがあります。値が割り当てられて
　いない場合は、しばらくしてからもう一度ご確認ください。
・テストは、条件に合致するIPアドレスからのアクセスが一度もない場合は選択できませ
　ん。

テスト・有効・無効とはどんな意味ですか？

以下の表にまとめました。「データを除外できる」、つまり**「計測が
行われない」**のは、**「有効」**にしたときだけなので注意しましょう

表3-3-3 データフィルタの状態

	計測されているか？	内容
テスト	○される	データフィルタで設定したパラメータ（例：internal）をレポート上で確認できます。
有効	**×されない（除外できている）**	データフィルタが適用され、永続的に変更が行われます。レポート上で除外したパラメータを確認することはできません。
無効	○される	データは計測され、パラメータはレポート等に含まれます。データフィルタは機能していません。

図3-3-45 データフィルタの状態（図示）

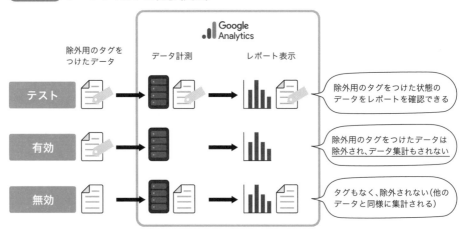

　データフィルタの適用によってデータが受ける影響は恒久的なものです。除外フィルタを適用した場合、除外されたデータは処理対象から外れ、レポートで確認することができなくなります。データを完全に除外するのではなく、特定のレポートでのみ非表示にするには、「レポートフィルタ」（第4章）を使用します。

HINT //

●公式サイト「レポートフィルタ」

URL ▶ https://support.google.com/analytics/answer/11377859

追加設定 8	**開発者のトラフィック（デベロッパートラフィック）を除外する**

 どうして設定が必要なの？

> デバッグモードのトラフィック（開発者の行動データ）を除外します。

　Googleアナリティクスでデータフィルタを適用すると、開発者がデバッグモードを用いて発生したトラフィックデータを除外することができます。これによって、レポートのデータに影響を与えずに、プロパティでテストを行うことができます。

❶ **データフィルタを設定します。** 画面左下の「管理」アイコン⚙をクリックし、プロパティの列から「データ設定」＞「データフィルタ」を選択します。表示された画面で「フィルタを作成」ボタンをクリックします。

図3-3-46 「データフィルタ」画面を表示する

❷ 「データフィルタの設定」画面で「デベロッパートラフィック」を選択します。

図3-3-47 「デベロッパートラフィック」を選択する

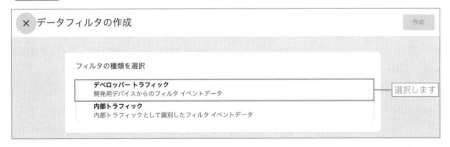

③「データフィルタの設定」画面の「フィルタの詳細」で「データフィルタ名」を付けて、「フィルタオペレーション」で「除外」を選択します。

図3-3-48 デベロッパートラフィックの除外を有効にする

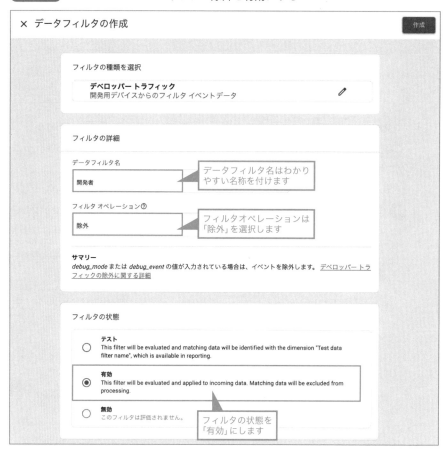

× データフィルタの作成   作成

フィルタの種類を選択

デベロッパー トラフィック
開発用デバイスからのフィルタ イベントデータ   ✎

フィルタの詳細

データフィルタ名   データフィルタ名はわかり
                                やすい名称を付けます
開発者

フィルタ オペレーション⑦   フィルタオペレーションは
                                「除外」を選択します
除外

サマリー
debug_mode または debug_event の値が入力されている場合は、イベントを除外します。デベロッパートラフィックの除外に関する詳細

フィルタの状態

○ テスト
    This filter will be evaluated and matching data will be identified with the dimension "Test data
    filter name", which is available in reporting.

◉ 有効
    This filter will be evaluated and applied to incoming data. Matching data will be excluded from
    processing.

○ 無効   フィルタの状態を
    このフィルタは評価されません。   「有効」にします

HINT //

サイトをアクセスした際に、URLパラメータにdebug_mode=1またはdebug_event=1が含まれている場合は、このフィルタに含まれます（例：https://ga4.guide/test.html?debug_mode=1）。

HINT //

Googleアナリティクス 4では、**botおよびスパイダーのトラフィックは自動的に除外されます**。除外ロジックは、Googleの調査とIAB（Interactive Advertising Bureau）が管理するInternational Spiders and Bots Listの組み合わせによって行われています。

追加設定 9	計測不要な参照元を外す（参照元除外）

 どうして設定が必要なの？

参照元から除外したいドメインを指定する設定ができ、集客が分析しやすくなります。

 小川先生、「参照元」ってなんですか？

 メイさんは、あるウェブサービスを利用するときに、検索エンジンを使ったり、他のウェブサイトから訪問したりとかしますよね？

 はい。SNSや検索エンジンからウェブサイトに遷移することが多いと思います

 そのように、ユーザーがウェブサイトに訪れる前に滞在したサービスを自動的に検出する機能が「参照元」です。参照元レポートを分析することで、ユーザーを増やす施策を検討することができます。
しかし、例えば外部の決済代行業者を利用している場合などには、それが参照元に表示されてしまい、分析しづらくなります（図3-3-49）。

図3-3-49 集客分析のための「参照元」に決済用サイトなどが混入してしまう場合がある

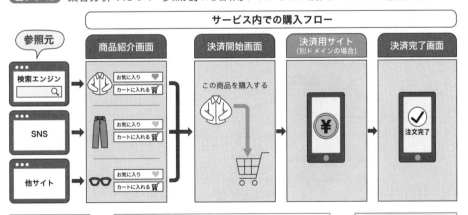

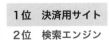

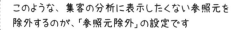

このような、集客の分析に表示したくない参照元を除外するのが、「参照元除外」の設定です

1 画面左下の「管理」アイコン⚙をクリックし、プロパティの列から「データストリーム」をクリックします。開いた画面で該当のデータストリームを選択します。

図3-3-50 管理画面から「データストリーム」メニューを開く

図3-3-51 該当のデータストリームを選択する

2 データストリーム画面で「タグ設定を行う」をクリックします。

図3-3-52 データストリーム画面から「タグ設定を行う」を選択する

3 「除外する参照のリスト」をクリックします。

図3-3-53 除外する参照のリストを設定する

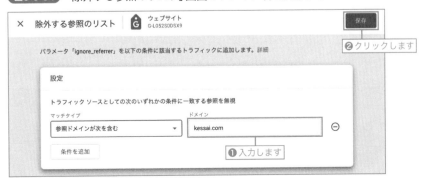

4 「除外する参照のリスト」画面でドメイン名を入力したら、「保存」ボタンをクリックしてください。

図3-3-54 「除外する参照のリスト」画面でドメイン名を入力する

| 追加設定 10 | データ保持期間を設定する【必須】 |

どうして設定が必要なの？

「探索レポート」で利用できるデータの期間を、初期設定の2ヶ月から14ヶ月に変更できます。

　ここで設定できる「データの保持期間」は、この後の章で述べる**「探索レポート」で利用できるデータ**の期間です。標準レポート（第4章）は、ここで設定した期間を超えても見ることができます。また、Looker Studio（第9章）やBigQuery（第8章）等で表示できる期間も永続的に保持されます。

　これは「探索レポート」の性質に関連するのですが、探索レポートは必要に応じてローデータにアクセスしてレポートを作成するため、ローデータを保持する必要があります。

　ローデータの容量が大きいため、デフォルトでは短く（2ヶ月間）設定されています。2ヶ月のデータでは分析作業にとって不十分な場合が多いため、14ヶ月に設定することを推奨します。

HINT //
ユーザー属性の「年代・性別・興味関心」は、この設定に関係なく、**2ヶ月の保持期間**が適用されます。

HINT //
データの削除は保持期間が終了すると、**月単位で自動的に削除**されます。削除作業は月1回しか行われないため、期間を短くした場合は翌月のタイミングで実行されます。

1 管理画面を表示してプロパティの列から「データ設定」をクリックし、さらに「データ保持」をクリックします。

「イベントデータの保持」で「14か月」を選択し、「保存」ボタンをクリックします。

図3-3-55 管理画面＞「データ設定」＞「データ保持」

図3-3-56 「ユーザーデータとイベントデータの保持」画面

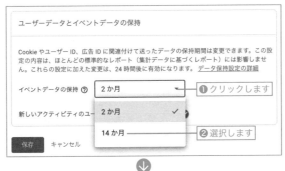

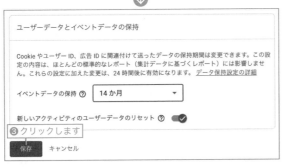

さらに高度な追加設定

追加設定の具体的な作業を順に見てきました。ここまでの追加設定は、ほとんどのサービスに当てはまる基礎的な追加設定でした。しかし、実際には**この他にも多くのデータを収集するための追加設定やデータを適切に管理するための高度な追加設定が存在します。**

図3-3-57は高度な追加設定を書き加えたものです。これらは応用的な設定作業になるため、第6章や第8章などで紹介します。ここでは、Googleアナリティクス 4を使うとどんなデータ収集ができるのかを確認する意味で、ざっと見ておきましょう。

図3-3-57 Googleアナリティクス 4の高度な追加設定

目的	追加設定	高度な追加設定
多くのデータを収集するために…	追加設定❶ □ コンバージョン（目標）を設定する 必須 追加設定❷ □ GoogleシグナルをONにする 追加設定❸ □ レポート用識別子を設定する 追加設定❹ □ （イベント）拡張計測機能をONにする 追加設定❺ □ サーチコンソールと連携する 追加設定❻ □ クロスドメイン設定を行う	□ **ECサイトを計測する場合** ➡eコマースを設定する（第8章） □ **他のデータソースがある場合** ➡他のデータソースと連携する （Google広告、アドマネージャー、BigQueryなど）（第8章） □ **キャンペーンを行う場合** ➡キャンペーンデータを収集する（第6章） □ **独自のイベントを計測する場合** ➡カスタムイベントを追加する（第8章） □ **独自の計測軸を追加する場合** ➡カスタムディメンションを追加する（第8章） □ **ウェブサイト上でログインIDなどを管理している場合** ➡User-IDを使ってより精度高くユーザーを捕捉する（第8章） □ **商品データなどの追加情報を統合する場合** ➡データインポートを行う（第8章） □ **POS端末などの通信可能な端末のデータを送信したい場合** ➡Measurement Protocolでデータを送信する（第8章）
不要なデータを除外するために…	追加設定❼ □ 内部トラフィックを除外する 追加設定❽ □ 開発者のトラフィックを除外する 追加設定❾ □ 計測不要な参照元を外す	
データを適切に管理するために…	追加設定❿ □ データ保持期間を設定する 必須	□ **目標計測パターンを変更したい場合** ➡アトリビューションを設定する（第6章） □ **デフォルトの流入設定でうまく分類できない場合** ➡カスタムチャネルグループを設定する（第6章）

eコマースサイトでは、購買した商品の詳細データをGoogleアナリティクス 4を送信するような特別な設定「**eコマース設定**」を行うことができます。広告収益のために、**Google広告やアドマネージャーを使用している場合は連携**しておきましょう。

また、カスタムイベント・カスタムディメンション（後述）など、Googleアナリティクス 4の基本的な機能では補足できないデータを収集したい場合は、自分自身でカスタム設定を追加していくことができます。Measurement Protocol（Lesson 8-9参照）やデータインポートは、多くのサイトが使用しているわけではありませんが、ウェブサイトのトラフィックデータ以外のデータをGoogleアナリティクス 4に投入して、統合的にユーザー行動を分析していくための高度な機能です。これらは第8章（応用機能）にて紹介します。

Lesson 3-4

利用者のアクセス管理を行う

Googleアナリティクス 4 の利用者を招待しよう

Googleアナリティクス 4の設定の最後に、他の利用者を招待しましょう

アカウントのアクセス管理

Lesson 2-5（55ページ参照）で設計した利用者権限に沿って、設定を進めます。

❶ 左下の「管理」アイコン ⚙ をクリックします。アカウントの利用者を追加する場合はアカウントの列にある**「アカウントのアクセス管理」**、プロパティの利用者を追加する場合はプロパティの列にある**「プロパティのアクセス管理」**をクリックします。

図3-4-1 管理画面からアクセス管理を選択する

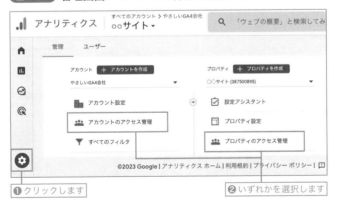

❷ 右上の ⊕ ボタンをクリックして、「ユーザーを追加」を選択します。

図3-4-2 「アカウントのアクセス管理」画面で「ユーザーを追加」を選択する

125

3 「役割とデータ制限の追加」画面で以下のように入力します。
入力が終了したら、右上の「追加」ボタンをクリックします。

図3-4-3 役割とデータ制限の追加

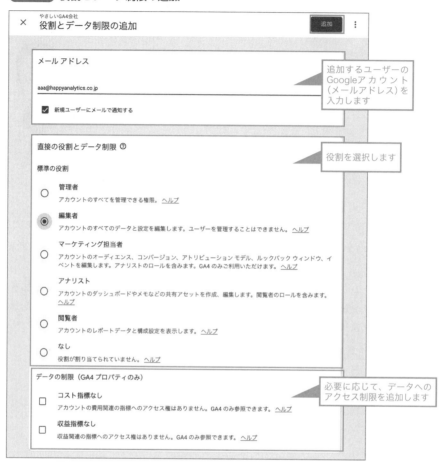

HINT //

●公式ヘルプ「アクセス権とデータ制限の管理」

URL ▶ https://support.google.com/analytics/answer/9305587?hl=ja

ユーザーグループを作成することも可能です。

URL ▶ https://support.google.com/analytics/answer/9305788?hl=ja

利用者の権限を設定したら、利用者にお知らせしましょう。以上で初期設定は終了です。
お疲れ様でした！

図3-4-4 「Googleアナリティクス 4」設定作業の一覧表

1. 前提となる設定

☐ Google アカウントを作る 初期設定①

2. 初期設定（データの収集を開始するために）

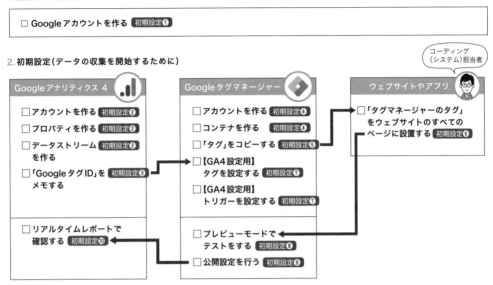

コーディング（システム）担当者

Google アナリティクス 4	Google タグマネージャー	ウェブサイトやアプリ
☐ アカウントを作る 初期設定②	☐ アカウントを作る 初期設定④	☐ 「タグマネージャーのタグ」をウェブサイトのすべてのページに設置する 初期設定⑥
☐ プロパティを作る 初期設定②	☐ コンテナを作る 初期設定④	
☐ データストリーム 初期設定② を作る	☐ 「タグ」をコピーする 初期設定⑤	
☐ 「Google タグID」を 初期設定③ メモする	☐【GA4設定用】タグを設定する 初期設定⑦	
	☐【GA4設定用】トリガーを設定する 初期設定⑦	
☐ リアルタイムレポートで確認する 初期設定⑩	☐ プレビューモードでテストをする 初期設定⑧	
	☐ 公開設定を行う 初期設定⑨	

3. 追加設定（適切にデータを取るために）

目的	追加設定	高度な追加設定
多くのデータを収集するために…	追加設定① ☐ コンバージョン（目標）を設定する 必須 追加設定② ☐ Google シグナルをONにする 追加設定③ ☐ レポート用識別子を設定する 追加設定④ ☐（イベント）拡張計測機能をONにする 追加設定⑤ ☐ サーチコンソールと連携する 追加設定⑥ ☐ クロスドメイン設定を行う	☐ ECサイトを計測する場合 →eコマースを設定する（第8章） ☐ 他のデータソースがある場合 →他のデータソースと連携する （Google広告、アドマネージャー、BigQuery など）（第8章） ☐ キャンペーンを行う場合 →キャンペーンデータを収集する（第6章） ☐ 独自のイベントを計測する場合 →カスタムイベントを追加する（第8章） ☐ 独自の計測軸を追加する場合 →カスタムディメンションを追加する（第8章） ☐ ウェブサイト上でログインIDなどを管理している場合 →User-IDを使ってより精度高くユーザーを捕捉する（第8章） ☐ 商品データなどの追加情報を統合する場合 →データインポートを行う（第8章） ☐ POS端末などの通信可能な端末のデータを送信したい場合 →Measurement Protocolでデータを送信する（第8章）
不要なデータを除外するために…	追加設定⑦ ☐ 内部トラフィックを除外する 追加設定⑧ ☐ 開発者のトラフィックを除外する 追加設定⑨ ☐ 計測不要な参照元を外す	
データを適切に管理するために…	追加設定⑩ ☐ データ保持期間を設定する 必須	☐ 目標計測パターンを変更したい場合 →アトリビューションを設定する（第6章） ☐ デフォルトの流入設定でうまく分類できない場合 →カスタムチャネルグループを設定する（第6章）

4. 利用者を招待する

☐ アカウントの利用者のアクセス権限を設定する

☐ プロパティの利用者のアクセス権限を設定する

Chapter 4

Googleアナリティクス 4 の
レポートを使いこなそう

Googleアナリティクス 4 のレポートを
開いてみましょう。はじめに画面配置と機
能を把握します (Lesson 4-1, 4-2)。
さらに分析におけるキーワードを学習し
(Lesson 4-3)、探索レポートを自作する
方法を学びます (Lesson 4-4)。 最後に、
分析に最適なレポートを選択または作成す
るワークを行います (Lesson 4-5)。

Lesson 4-1

レポートの画面配置と機能を把握しよう

Googleアナリティクス 4 を開いてみよう

ふー、やっと設定が終わりました。大変ですね…

設定をしっかり行うことで、安心してレポートを見ることができます。それでは、レポートを開いてみましょう。レポートの見方をお教えします。

ブラウザで表示する

ブラウザからGoogle アナリティクス 4のウェブサイトを開きましょう。

URL ▶ https://analytics.google.com/analytics/web/

画面上部の共通メニュー

画面上部の共通メニューは、レポートの全画面に共通して表示されています。

画面上部には、プロパティの切り替え・検索・Googleの関連サービスへのリンク・ヘルプ・Googleアカウントの切り替えなどの機能があります。

図4-1-1 画面上部の共通メニュー

検索ボックスに調べたい言葉を入力すると、以下のように表示されます（画面例は、「ユーザー」と入力しています）。

図4-1-2 上部メニューの「検索ボックス」をクリックした際のメニュー表示

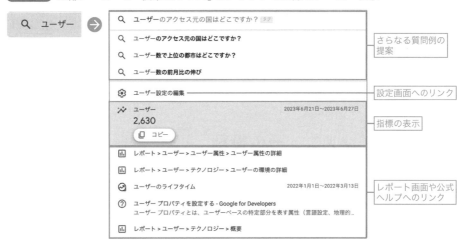

画面の切り替えをしなくても、クリックするだけで
いろんな情報に接続できるのですね

はい。**利用者のニーズを汲んで、指標の値を表示したり、
表示できるレポートを提案**したりするなどして、最小限の
動作で効率よく情報が得られるように工夫されています

プロパティの選択

画面左上のアカウント名とプロパティ名が表示されている部分をクリックすると、アカウントとプロパティの一覧が表示されます。

分析したいアカウントとプロパティを選択してから、画面の操作を始めましょう。

図4-1-3 左上のプロパティ名をクリックし、分析したいプロパティを選択する

異なるデータを分析することがないように、普段から**分析したいプロパティを選択しているか確認する**習慣を付けましょう。
また、**よく利用するプロパティは☆を押してお気に入りに登録**すれば、「お気に入り」から簡単にアクセスできますよ。

4つのメインメニューの役割

Googleアナリティクス 4を開くと、画面左には「ホーム、レポート、探索、広告」という4つのメインメニューがあります。4つのメニューの役割を大まかに把握しましょう。

図4-1-4 画面左に表示されるメインメニュー

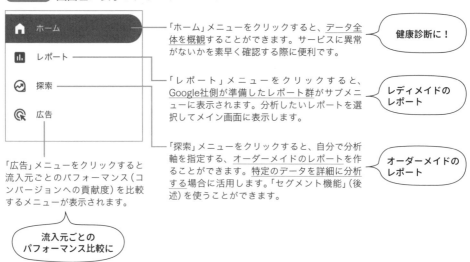

🏠 ホーム　──「ホーム」メニューをクリックすると、データ全体を概観することができます。サービスに異常がないかを素早く確認する際に便利です。　**健康診断に！**

📊 レポート　──「レポート」メニューをクリックすると、Google社側が準備したレポート群がサブメニューに表示されます。分析したいレポートを選択してメイン画面に表示します。　**レディメイドのレポート**

📈 探索　──「探索」メニューをクリックすると、自分で分析軸を指定する、オーダーメイドのレポートを作ることができます。特定のデータを詳細に分析する場合に活用します。「セグメント機能」（後述）を使うことができます。　**オーダーメイドのレポート**

📡 広告

「広告」メニューをクリックすると流入元ごとのパフォーマンス（コンバージョンへの貢献度）を比較するメニューが表示されます。

流入元ごとのパフォーマンス比較に

小川先生、一番よく使うのはどのメニューなのですか？

Googleアナリティクス 4を使い始めたメイさんにとっては、**最もよく使うメニューは「レポート」メニュー**になるでしょう。「レポート」メニューでは、Google社があらかじめ準備したレポートを選択して、表示することができるためです。

探索メニューはどんな役割なのですか？

Chapter 4

Google アナリティクス 4 のレポートを使いこなそう

「レポート」メニューが "レディメイド（既製の）レポート" を表示するメニューならば、探索レポートは "オーダーメイドのレポート" を作るメニューです。そのため、メニューを開いても空っぽで、自分でレポートを作成することを求められます。Googleアナリティクス 4を使い始めた方にとっては高度な機能になりますが、深く分析する際に重宝します

ホームメニューと広告メニューはどうですか？

ホームメニューを選択すると、ホーム画面が表示されます。一つの画面で複数の指標の変化を概観できるので、サイトに異常がないかの健康診断として使うとよいでしょう。
「広告」メニューを開くと、流入元ごとのパフォーマンスを比較する機能を使うことができます（第6章で解説します）

ホーム画面の役割

ホーム画面の役割について説明します。「ホーム画面」を開いてみましょう。左のメニューから「ホーム」を選択すると、メインエリアにホーム画面が表示されます。

ホーム画面には、**数値やグラフの形で表現されたデータ**が、**カード状に画面上に配置**されています。これらの情報は、それぞれの**レポートを抜粋したサマリー（概要）** を示します。カードの左下には、それぞれ**詳細レポートに遷移できるリンク**がついています。

図4-1-5 ホーム画面（上部）

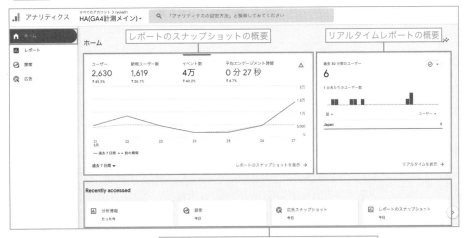

利用者が最近使用したGoogleアナリティクス 4の画面

図4-1-6 ホーム画面内「レポートのスナップショット」サマリーの機能

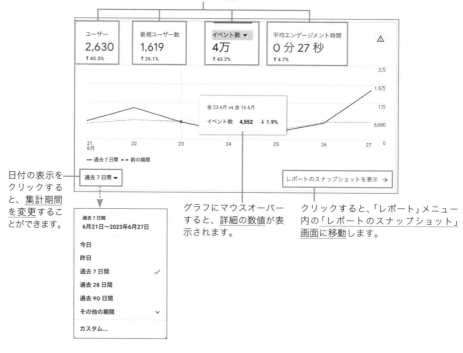

4つの指標の数字が書かれたパネルをクリックすると、
グラフに表示する指標を切り替えることができます。

日付の表示を
クリックする
と、集計期間
を変更するこ
とができます。

グラフにマウスオーバー
すると、詳細の数値が表
示されます。

クリックすると、「レポート」メニュー
内の「レポートのスナップショット」
画面に移動します。

1つのカードの中で、表示を切り替えながらデータを
見ていくことができるのは便利ですね

はい。続けて、ホーム画面の下半分も見てみます

図4-1-7 ホーム画面（下部）

おすすめのカードが表示されます。画面左右のボタンを
クリックすると、より多くのカードを表示します。

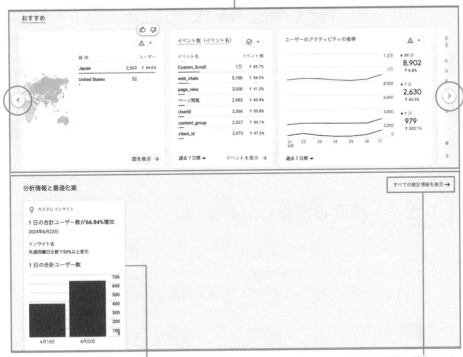

「インサイト」レポートのカードが表示されます。インサイトは、データ
から異常を検出したり、最適化案を提案したりするカードです。自分で
作る「カスタムインサイト」と、Googleアナリティクス 4の機械学習機
能が自動生成する「自動インサイト」があります（第8章にて説明）。

インサイト画面に遷移します。

インサイト（英：insight）は、「洞察」や「気付き」という意味があります。
「前週同日比でユーザー数が2倍増加しました」というように、データか
ら異常値や最適化案を文章で表現して、提案してくれます。「自動インサ
イト」は、AIが機械学習によって自動で提案してくれるものです。自分で
作る「カスタムインサイト」機能もあります。
いずれも、Googleアナリティクス 4で新たに搭載された機能です

Lesson
4-2

あらかじめ準備されたレポートを便利に使おう

「レポート」メニューを使いこなそう

レポートの操作方法について学びましょう。「レポート」メニューには、あらかじめ準備されたたくさんのレポートがあります。便利な「リアルタイムレポート」も紹介しますね

どんなレポートが見られるのか、楽しみです!

レポート画面を操作してみよう

「レポート」メニューでは、Google アナリティクス 4 側があらかじめ準備したレポートを見ることができます。全体を概観する「概要レポート」と、詳しく調べるための「詳細レポート」があります。左のメニューから「レポート」を選択してみましょう。

図4-2-1 左のメニューから「レポート」をクリックしてサブメニューを選択

「レポート」メニューをクリックすると、Google社が準備したレポートがサブメニューに表示されます（分析したいレポートを選択してメイン画面に表示します）。

HINT //////////////////////////////////

利用者の設定によって、サブメニューの表示は異なります。

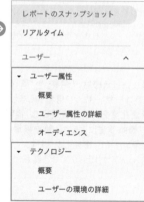

「ユーザー属性」「テクノロジー」「集客」「エンゲージメント」「収益化」項目には、「概要レポート」と、その他の「詳細レポート」の2種類があります。

レポートがた〜くさんありますね!

「レポート」メニューのサブメニューを開くと、それぞれどんなレポートが表示されるのかをまとめました。

表4-2-1 レポート内サブメニューの分類

大分類	小分類	どんな区分か	レポート例
ユーザー	ユーザー属性	「ユーザー属性の詳細」では、どんなユーザーがサービスを使っているかがわかります。また、「オーディエンス」レポートでは、特定のイベント名やイベントパラメータ等を使って条件を設定し、その条件を満たすユーザーをグループ化（セグメント化）して観察することができます	国、市区町村、言語、年齢、性別、興味関心、オーディエンス（特定の行動を行なったグループごと） HINT 年齢、性別、興味関心、GoogleシグナルをONにした場合のみ表示されます（第3章の追加設定②）。
	テクノロジー	**ユーザーの接続環境を把握**できます	デバイス（デスクトップ・モバイル・タブレット）、OS、ブラウザ、画面の解像度 HINT アプリの場合はバージョン情報など。
ライフサイクル	集客	ユーザーが**どんな方法でサービスにアクセスしたか**がわかります	新規ユーザ数、流入元、広告キャンペーンからの流入数
	エンゲージメント	**サイト内でのユーザー行動**の様子がわかります	（イベントごとの）イベント発生数、コンバージョン数、ランディングページ、ページごとの表示回数、エンゲージメント数、ロイヤリティ
	収益化	発生した**収益を分析**できます	合計収益、購入者数、商品ごとの収益、購入経路 HINT eコマース設定をしたECサイトまたは、コンバージョンに単価背徹底を行ったサイトにおいて、データが表示されます。
	維持率	**新規に訪問したユーザーの定着率**を確認できます	コホート分析、新規ユーザーとリピーターの割合

HINT //
上記の表で説明しなかった「レポートのスナップショット」と「リアルタイムレポート」は、本節（Lesson 4-2）の最後に説明します。

このように、レポートメニューのサブメニューは大きく分けて6種類あり、それぞれ「概要レポート」と「詳細レポート」があります。続いて、「概要レポート」を詳しく見ていきましょう

「概要レポート」を使ってみよう

　前ページでまとめたように、「レポート」メニューは「ユーザー属性・テクノロジー・集客・エンゲージメント・収益化・維持率」の6つの区分で構成されています（**表4-2-1**）。各区分のダッシュボードの役割を果たすのが「**概要レポート**」です。

　「概要レポート」はホーム画面と同様に、複数のカードが一画面に表示されています。期間指定や比較条件の指定、カードの編集ができます。例えばテクノロジーの「概要」を選択すると、**図4-2-2**のような画面が表示されます。

図4-2-2 レポートの概要画面の例（テクノロジーの概要）

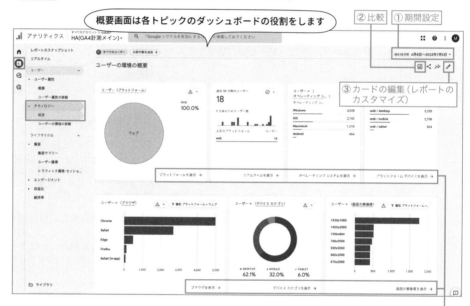

各カードの右下のリンクから詳細レポートに遷移できます。

カードが並んでいる点は、ホーム画面と似ていますね

はい、ただしホーム画面と異なる点があります。「概要レポート」では利用者が2つの操作を加えることができます。それは、**集計期間を設定できること**と、**異なる条件下におけるデータの比較**です。
また、**レポートのカスタマイズ機能**を使えば、**表示するカードを編集**することができます（第8章の応用機能として説明します）

レポートの追加操作：集計期間を設定しよう

　レポート画面では、期間の変更を行うことができます。右上に表示されている**日付をクリック**すると、集計期間を変更するカレンダー画面が表示されます。日付はカレンダーで指定することもできますし、上部の日付の数字部分を書き換えることによって選択することもできます。**任意の期間を選択し、「適用」ボタンをクリック**すると、集計期間が変更されます。

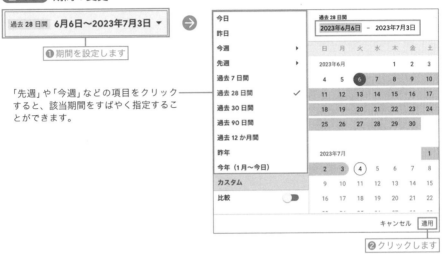

図4-2-3 期間の変更

さらに、2つの期間を比較する機能があります。集計期間変更画面の左側にある「比較」をONにして、比較対象の期間を選択します。

　比較する期間を決定したら、**「適用」ボタンをクリック**すると、2つの期間のデータを比較することができます。

図4-2-4 2つの期間のデータを比較する

HINT ////////////////////////////////////
他のレポートに遷移しても、集計期間や
比較の設定が引き継がれます。

レポートの追加操作：データを比較しよう

（5つまでの）異なる条件を設定してデータを比較できます。レポート画面の上部にある**「比較対象を追加＋」ボタン**または**「比較データを編集」という四角いアイコン**📐をクリックします。

図4-2-5 比較対象を追加する

　比較の作成画面が画面の右サイドに表示されます。例えば「ディメンション」（Lesson 4-3参照）を「デバイス カテゴリ」と指定します。「ディメンション」の値は、「desktop」を指定しました。

　さらに、新しい2つめの条件「**ディメンション：デバイス カテゴリ**」「**ディメンションの値：mobile または tablet**」と設定しました。

　条件を設定したら、「OK」ボタンをクリックします。

> **HINT** //
> 本節（Lesson 4-2）に出てくる「ディメンション」や「指標」はLesson 4-3で説明しますので、現時点ではわからなくて大丈夫です。

図4-2-6 「比較の作成」画面

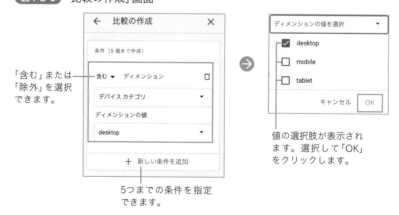

図4-2-7 比較を設定した画面の例

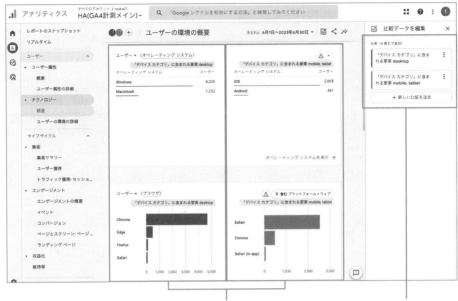

2つの比較条件下のデータが、青とオレンジ
でわかりやすく表示されています。

比較条件は、画面の右サイド
に表示されます。

詳細レポートを使ってみよう

　全体を概観することを重視した概要レポートと異なり、詳細レポートは特定のテーマを掘り下げて分析するためのレポートです。追加操作としては、期間指定・比較に加え、フィルタの追加・表の操作（ディメンションと指標の変更や追加、データの並べ替え、表示件数の変更）など多様な操作ができます（これらの操作による条件は保存されません）。

> **HINT**
>
> 「詳細レポート」という名前のレポートはありません。本書では、「概要」の下に表示される個別名称のレポート（例：ユーザー属性の評価、イベントなど）を便宜上「詳細レポート」と呼んでいます。

図4-2-8 詳細レポートの表示例「ユーザーの環境の詳細」

1つのトピックのデータを詳細に分析できます

表操作に連動して、グラフが切り替わります。

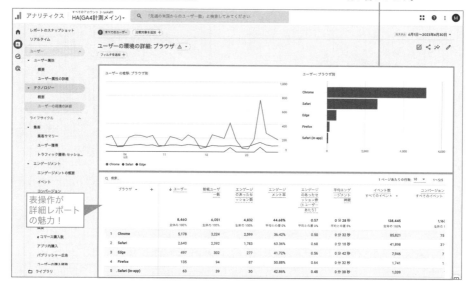

表操作が詳細レポートの魅力！

ホーム画面や概要画面と少し違います。上部にはグラフがありますが、下部には表があります

はい。全体像を見るための「概要レポート」と異なり、**表によって具体的な数値を把握できる点が詳細レポートの魅力**です

表は数字がたくさん並んでいて、難しそうです

データを見る際、グラフはデータの傾向を視覚的に表現してくれるため、**データの量の多寡や、劇的な変化に素早く気付く**ことができます。一方で表形式は、即座に情報を把握することは難しいですが、**各指標の数字を観察することで考察を行う**ことができるのですよ

わかりました。じっくり分析することに向いているのですね

さらに、詳細レポートは「概要レポート」より多くの操作ができます。期間設定、比較、レポートのカスタマイズのほかに、**フィルタの追加**と**表の操作**ができます。それぞれについて説明しますね

レポートの追加操作：フィルタを追加してみよう

フィルタは、絞り込み機能です。例えば「スマートフォンユーザーのみ」という条件でデータを観察したい時にフィルタを用います。

フィルタを設定するには、まずレポート画面上部の**「フィルタを追加＋」ボタン**をクリックします。右サイド画面に「フィルタの作成」画面が表示されるので、例えばディメンションに「デバイス カテゴリ」、ディメンションの値に「mobile」（スマートフォンのことです）を設定し、右下の「適用」ボタンをクリックします。

図4-2-9 フィルタの設定画面

図4-2-10 フィルタを適用した詳細レポート

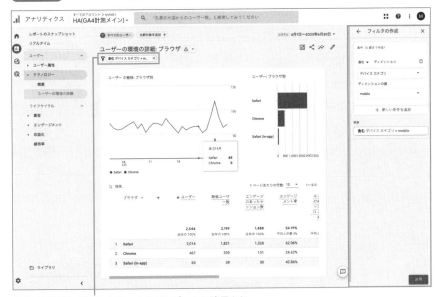

右サイド画面で設定したフィルタがレポートに適用されました。「×」ボタンで設定したフィルタを解除します。

レポートの追加操作：表を操作してみよう

　詳細レポートの表部分には、さまざまな操作を加えることができます。「ディメンション」と「指標」の変更や追加、データの並べ替え、表示件数の変更ができます。

　例として、ユーザー属性についてのレポートを操作してみましょう。はじめにユーザー属性の概要レポートから国別レポートのカードを探し、右下のリンクから詳細レポートに遷移します。

図4-2-11 詳細画面「ユーザー属性：国」を開く

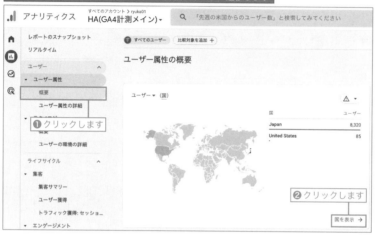

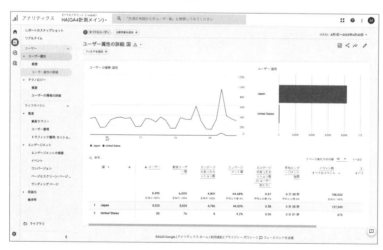

この画面の表部分を操作してみます。はじめに表の左端にある「国」をクリックすると、「言語」「年齢」「性別」など**別の集計軸（ディメンション）に切り替える**ことができます（**図4-2-12**）。

図4-2-12 ディメンションの切り替え

さらに「国」の右横にある＋ボタンをクリックすると、**2つめの集計軸（セカンダリディメンション）を追加する**ことができます。例では、「市区町村」を選択しました（**図4-2-13**）。

図4-2-13 セカンダリディメンションの切り替え

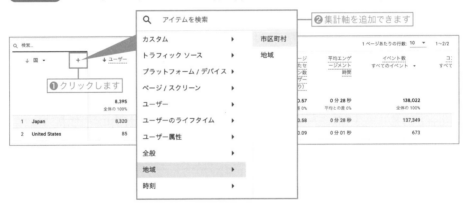

表の右側には、「1ページあたりの行数10 ▼」という項目があります。▼をクリックすると、**表の表示件数（行数）を切り替える**ことができます。

図4-2-14 表示する行数の変更の切り替え

表の各数値の上には「ユーザー」「新規ユーザー」などの名称があります。これらは**「指標」**と呼ばれており、ユーザー数や新規ユーザーなどの数量を表しています。名称にマウスオーバーすると下向きの矢印 ↓ が表示され、さらにクリックすると**数量が大きい順（降順）に並び変える**ことができます。**もう一度クリックすると、小さい順（昇順）に並びます。**

(図4-2-15) 指標の並べ替え

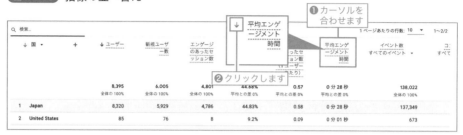

このような操作を加えると、**図4-2-16**の表になります。

(図4-2-16) 操作した表の例

	国 ▾	市区町村 ▾ ✕	ユーザー	新規ユーザー数	エンゲージのあったセッション数	エンゲージメント率	エンゲージのあったセッション数(1ユーザーあたり)	平均エンゲージメント時間
			6,807 全体の100%	5,014 全体の100%	3,938 全体の100%	46.86% 平均との差0%	0.58 平均との差0%	0分27秒 平均との差0%
1	Japan	Ota City	74	40	41	45.05%	0.55	1分04秒
2	Japan	Adachi City	37	21	21	44.68%	0.57	0分48秒
3	Japan	Setagaya City	143	83	79	34.8%	0.55	0分44秒
4	Japan	Nerima City	70	33	37	36.63%	0.53	0分41秒
5	Japan	Shinagawa City	104	55	47	33.57%	0.45	0分40秒
6	Japan	Nakano City	44	24	22	34.38%	0.50	0分38秒
7	Japan	Yokohama	203	118	102	40.64%	0.50	0分38秒
8	Japan	Nagoya	136	82	62	37.35%	0.46	0分37秒
9	Japan	Itabashi City	58	30	31	39.24%	0.53	0分37秒
10	Japan	Fukuoka	150	68	64	35.36%	0.43	0分34秒
11	Japan	Minato City	494	257	228	35.63%	0.46	0分33秒
12	Japan	Shinjuku City	422	305	266	52.36%	0.63	0分32秒
13	Japan	Bunkyo City	47	23	21	36.21%	0.45	0分31秒

気になる指標で並べ替えるだけでも、面白いですね。いろんな発見があります

レポートの表の切り替えは、短い時間で気軽に操作できるので、気になる数字を並べ替えたり、集計軸を追加したりといろんな方法で数字を眺めてみてください

●公式ヘルプ「詳細レポートをカスタマイズする」

URL ▶ https://support.google.com/analytics/answer/10445879?hl=ja

レポートを共有しよう

　レポート画面の右上には、概要レポート・詳細レポートともに、**図4-2-17**のようなメニューが表示されます。これらは、それぞれ「比較」「レポートの共有」「インサイト」「レポートのカスタマイズ」のボタンです。

図4-2-17 右上のレポート共通機能

　ここでは、「レポートの共有」機能について簡単に説明します。

HINT //

インサイトとレポートのカスタマイズは、第8章で説明します。

「リンクを共有」と「ファイルをダウンロード」

　「レポートの共有」アイコンをクリックすると、「リンクを共有」メニューと「ファイルをダウンロード」機能のボタンが表示されます。「リンクを共有」ボタンをクリックすると、この**レポートを表示するためのURLをコピー**することができます。「ファイルをダウンロード」をクリックすると、表示している**レポートをPDFまたはCSV形式でダウンロード**することができます。

HINT //

「リンクを共有」機能で共有されたURLは、Googleアナリティクス 4の対象プロパティの閲覧権限があるユーザーのみが閲覧できます（誰でも閲覧できるわけではありません）。CSV形式とはcomma separated valuesの略称で、表形式の各列をカンマ (,) で区切った形式のテキストファイルです。

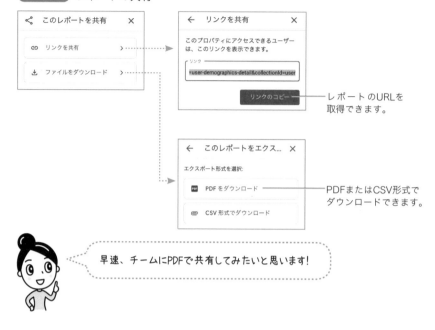

図4-2-18 レポートの共有

早速、チームにPDFで共有してみたいと思います!

レポートのスナップショットを開いてみよう

　レポートのスナップショット画面は、ホーム画面と同様にデータ全体を概観することができます。ホーム画面との違いは、期間指定や比較のほかに、表示するカードを入れ替えられる点です。サービスにとって重要なカードを設定することにより、ダッシュボードとしての機能を果たす便利な画面です。

> HINT //
> カードの入れ替えは「レポートのカスタマイズ」機能から行います。第8章で説明します。

図4-2-19 「レポートのスナップショット」画面

期間指定や比較が適用できます。

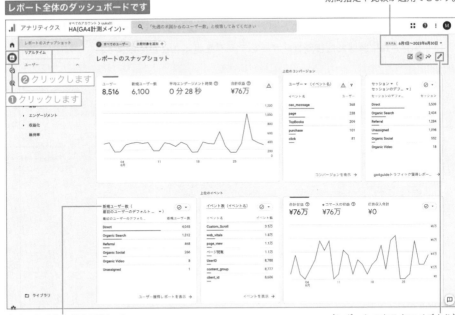

レポート全体のダッシュボードです

❷クリックします

❶クリックします

各カードは入れ替え可能です。

（レポートのカスタマイズより）
カードの入れ替えができます。

カードを組み合わせれば、完璧なダッシュボード
が作れそうですね

はい。レポートのスナップショットは便利ではありますが、
比較や期間指定が保存できないので、もし、**完璧なダッシュボードを目指すなら、第9章で説明する「Looker Studio」**
を設定するとよいでしょう

Lesson 4-2

「レポート」メニューを使いこなそう

リアルタイムレポートを見てみよう

リアルタイムレポートは、ウェブサイト上で過去30分間に発生したユーザー行動を表示します。比較機能を使うことができるほか、**「ユーザースナップショットを表示」**機能では、ランダムに選ばれた個別ユーザーのデータを見ることができます。

図4-2-20 リアルタイムレポート

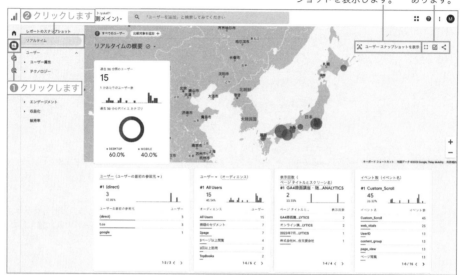

ユーザーのスナップ
ショットを表示します。

比較機能が
あります。

リアルタイムレポートは、ユーザーが動いている
感じが伝わってきて、楽しいレポートですね!

はい。動きがあるので楽しいですね。楽しいだけでなく、サービスで
新しい機能をリリースした日の状況を確認したり、**1日限りのキャンペーンの状況を確認**したりできる、便利な機能です

確かに、1日限りのキャンペーンでアクセスできない
などのミスが発生していないかがわかりますね

さらに、画面右上の**「ユーザースナップショットを表示」**をクリックしてみましょう。

ユーザースナップショット画面は、1人のユーザーの連続的な行動を観察することができます。ユーザーが使用しているデバイス、所在地域、イベントなどがわかります。

Chapter 4

Google アナリティクス 4 のレポートを使いこなそう

図4-2-21 ユーザースナップショットを表示

 ユーザー スナップショットを表示 ── クリックします

⬇

アクセスされた都市を表示します。
前後ボタンで、次のユーザーに表示を切り替えます。

どのイベントがどんな順番で
発生したかがわかります。

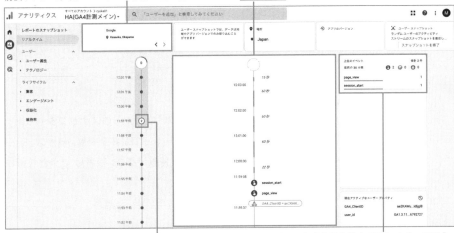

滞在時間と発生したイベントの
数を表示します。

イベント名と発生数を表示します。青が「一
般的なイベント」、緑が「コンバージョンイベ
ント」、オレンジが「エラーイベント」です。

Lesson 4-2

「レポート」メニューを使いこなそう

「ユーザーのスナップショット」は、
どんな機能なのですか?

このレポートでは、**1人のユーザーに着目し、行動を連続的
に表示**します。例えばこのユーザーは、「岡山県に住んでい
て、午前11時59分から滞在している」ことがわかります

なんかリアルな感じがしますね。1人の行動を
観察するとどんな良いことがあるのですか?

Googleアナリティクス 4のレポートは、多くの場合、**ユーザーの特定の行動を切り出して集合化**して作られています。つまり、1人のユーザーの行動はバラバラのレポートに表示されます

確かにそうですね

データを集合として見る方法は、大量のデータの傾向を把握するときに便利です。一方で、実際にはサービス上で行動しているのはユーザー1人1人です。**あるユーザーの連続的な動きを観察して、心情（サービスの使い勝手や満足度）を憶測する**ことが、サービスの改善に役立ちます

　1人1人のユーザーを見るためのレポートは、この「ユーザーのスナップショット」レポートのほか、「探索」レポート＞「ユーザーエクスプローラー」があります。前者は、現在サイトにアクセスしている人がランダムで選ばれるという特徴があり、後者は、「条件を付けて特定の行動をしたユーザー」を選択することができます。

データの更新頻度について

ところで、リアルタイムレポートは、ユーザーがサイト上で行動すると、同時に表示してくれるのですか？

リアルタイムレポートは、ユーザーが行動したデータを1分未満で処理して表示します

約1分後に表示されるというのは、すごいですね。そう考えると、リアルタイム以外の標準のレポートは、どのくらい前のユーザー情報を掲載しているのですか？

それぞれのレポートの処理時間によって異なりますが、**標準レポートは約12時間**と考えるとよいでしょう。つまり、前日の正確なデータを確認するには、お昼の12時以降に見る必要があります。
ただし、**処理が遅れることもあります**ので、明らかに数値が少ない場合などは、もう少し時間が経ってから確認してみましょう

HINT //

●公式ヘルプ「データの更新頻度」

URL ▶ https://support.google.com/analytics/answer/11198161?hl=ja

「しきい値」の適用によるデータの除外

> ちょっと気になっていることがあるのですが…

> どうしましたか？

> **カードの右上に「!」やチェックの印が付いているの**はなんでしょうか？

> よいところに気が付きました。「!」の記号は集計されたデータに「しきい値」が適用され、一部のデータが表示されていないことを示します。反対にチェックマークは、100%のデータを表示しています

図4-2-22 しきい値のアイコンをクリックして表示される画面

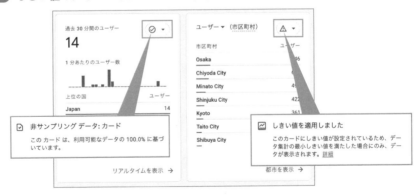

> どうしてデータが除外されてしまったのですか？

> Googleアナリティクス 4が「データのしきい値」を適用しているためです。データのしきい値は、レポートを表示する際にユーザーの属性や興味関心などによって、**個別ユーザーの身元を推測できてしまわないように**するために設けられています

Lesson 4-2

「レポート」メニューを使いこなそう

プライバシーに配慮した機能なのですね。でも、勝手に
データが除外されると不便ではないですか？

しきい値の適用を回避するには、**集計期間を広げてデータ量を増
やす**ことが解決策の1つです。一人一人のユーザーの身元を推測
する可能性が減るためです。他にも**ユーザー識別子を「デバイス」
に変える**ことでも、しきい値の適用がされにくくなります

HINT //

データのしきい値はシステムによって自動的に定義されており、調整はできません。

Lesson 4-3

「ディメンション×指標」を意識しよう！

分析のキーワード

Googleアナリティクス 4において、**設計時のキーワードは「ユーザーが×イベントする」**でした。
それに対して、**分析時のキーワードは「ディメンション×指標」**です

分析におけるキーワードは「ディメンション×指標」

「ディメンション×指標」って何ですか？

まず、図4-3-1のような表をイメージしてみましょう。例えばあるグループで好きな動物のアンケートを取ったら、犬が好きな人が8人、猫が好きな人が7人、ウサギが好きな人が2人でした

よくある表ですね。小学校で勉強しました

はい、表の状態でデータを整理するイメージを持ってください。
この場合の「好きな動物」という**集計軸、集計の切り口を「ディメンション」**と言います。また、8人、7人といった**数値によって表現される単位を「指標」**と言います

この表では、好きな動物が「ディメンション」で、
人数が「指標」ですね

155

図4-3-1 ディメンション×指標のイメージ その1

好きな動物	(単位)人数
犬	8人
猫	7人
うさぎ	2人

集計軸、集計の切り口が
「ディメンション」

数値によって表現される単位が
「指標」

はい。実際には、「流入元ごとの×ユーザー数」のような
組み合わせになります（図4-3-2）。
このように、**Googleアナリティクス 4ではディメンションと
指標の掛け合わせで調査することが分析の基本です**

図4-3-2 ディメンション×指標のイメージ その2

集計の切り口
ディメンション
「○○ごとの」

 ×

集計単位
指標
「○○数」

デバイスカテゴリごとの　OSごとの

国別の　流入元ごとの　性別ごとの

市区町村ごとの　年齢ごとの

検索クエリごとの　興味関心ごとの

ランディングページごとの

ユーザー数　コンバージョン数

セッション数　クリック数

収益額　滞在時間　イベント数

実際のレポートを見てみましょう。図4-3-3では、「国」と「市
区町村」という2つのディメンションが設定されています。
**1つめのディメンションを「プライマリディメンション」、2つめ
のディメンションを「セカンダリディメンション」と呼びます。**
表の右側には6つの指標があります

Google アナリティクス 4のレポートを使いこなそう

図4-3-3 詳細レポート画面の構成例

			ユーザー	新規ユーザ一数	エンゲージのあったセッション数	エンゲージメント率	エンゲージのあったセッション数(1ユーザーあたり)	平均エンゲージメント時間
	ディメンション							
	国 ▾	市区町村 ▾ ×						
			6,807	5,014	3,938	46.86%	0.58	0 分 27 秒
			全体の 100%	全体の 100%	全体の 100%	平均との差 0%	平均との差 0%	平均との差 0%
1	Japan	Ota City	74	40	41	45.05%	0.55	1 分 04 秒
2	Japan	Adachi City	37	21	21	44.68%	0.57	0 分 48 秒
3	Japan	Setagaya City	143	83	79	34.8%	0.55	0 分 44 秒
4	Japan	Nerima City	70	33	37	36.63%	0.53	0 分 41 秒
5	Japan	Shinagawa City	104	55	47	33.57%	0.45	0 分 40 秒
6	Japan	Nakano City	44	24	22	34.38%	0.50	0 分 38 秒
7	Japan	Yokohama	203	118	102	40.64%	0.50	0 分 38 秒
8	Japan	Nagoya	136	82	62	37.35%	0.46	0 分 37 秒
9	Japan	Itabashi City	58	30	31	39.24%	0.53	0 分 37 秒
10	Japan	Fukuoka	150	68	64	35.36%	0.43	0 分 34 秒
11	Japan	Minato City	494	257	228	35.63%	0.46	0 分 33 秒
12	Japan	Shinjuku City	422	305	266	52.36%	0.63	0 分 32 秒
13	Japan	Bunkyo City	47	23	21	36.21%	0.45	0 分 31 秒

（検索... / 1ページあたりの行数 25 ▾ / 移動: 1 / ‹ 1～25/36 › / **指標**）

エクセルの行と列みたいですね。
行がディメンションで、列が指標のようです

はい。そのようなイメージで問題ありません。
次の「探索レポート」のパートでは、自分自身で
ディメンションと指標を設定していきます

えー、自分でですか？ どんなディメンションと指標
があるのかわからないですし…。自信がないです

メイさんはすでにいくつかのディメンションと指標に触れています。
設計時のキーワードであった「ユーザーが×イベントする」と「ディメンション×指標」は、図4-3-4のような関係です。つまり、**パラメータがディメンションになり、イベント名が指標になります。**
例外はありますが、大まかに言えばこのように考えて大丈夫です

Lesson **4-3**

分析のキーワード

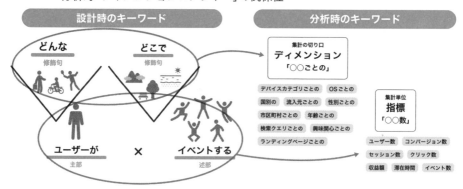

図4-3-4 設計時の「ユーザーが×イベントする」と
分析時「ディメンション×メジャー」の関係性

例外はあるものの、このように対応しています

パラメータはいくつか覚えていますよ!「page_location(ページURL)」「page_title(ページタイトル)」とか「file_name(ファイル名)」などがありました。イベント名は「scroll(スクロールした)」「page_view(ページビュー)」などがあります

よく記憶していますね! それがディメンション名や指標名にほとんどそのまま当てはまります。ただし、**「ページロケーション」や「click」など、英語のままの表記や中途半端な日本語訳が混在している点**が、日本語ユーザーにとっては大変なところです

　このように、**Googleアナリティクス 4における分析の基本は「ディメンション×指標」を設定**することから始まります。

　Lesson 4-5、および5〜7章では、実際の分析の場面で具体的にどのディメンションと指標を選択するかをお教えします。本書を通して、主要なディメンションと指標を把握することで、**どのような場面で、どのディメンションと指標を設定する**か選択できるようになるでしょう。

HINT //
指標は「メジャー(英: measure)」と英語のまま呼ばれることもあります。

158

Lesson
4-4

レポートを自作してみよう！
探索レポートを作ろう

ディメンションと指標を学んだならば、2つを掛け合わせて
レポートを自作してみましょう。
それが、「探索レポート」を作る際の考え方です

私にできるかな〜。挑戦してみます！

探索レポートを新規に作成する

　Lesson 4-4では「探索レポート」の機能を紹介します。探索レポートは、Googleアナリ
ティクス 4の利用者が**自分自身でディメンションと指標を設定して作り上げるレポート**で
す。

　左のメニューから「探索」を選択します。**メインエリアの「空白＋」**と表示されている部分
をクリックすると、「自由形式」の探索レポートを新規に作成します。

図4-4-1 探索レポート画面の構成例

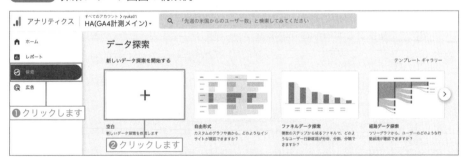

　探索レポートで「日別のページビュー数」のレポートを作ってみましょう。完成イメージ
は**図4-4-2**の通りです。

探索画面は大きく3つのエリアに分かれて構成されています。左側の変数エリア、中央のタブ設定エリア、右側の大きなエリアにデータが表示されます。

図4-4-2 探索レポート「日別のページビュー数」の画面構成と操作順

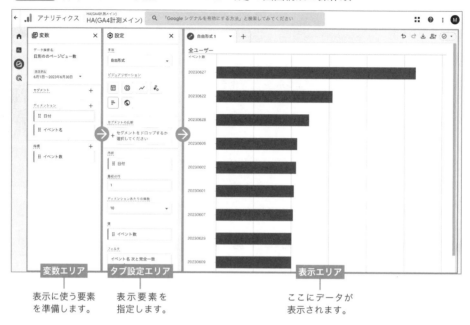

変数エリア　　　　タブ設定エリア　　　　　　　　　　表示エリア

表示に使う要素　　表示要素を　　　　　　　　　　ここにデータが
を準備します。　　指定します。　　　　　　　　　表示されます。

変数エリアの設定

探索レポートを開くと、空白のレポートが表示されます。変数エリアで「データ探索名」「期間設定」「ディメンション」「指標」の4箇所を設定します。

図4-4-3 探索レポートの初期表示

「ディメンション」や「指標」は項目が多く探しづらいので、適宜検索ボックスを使いましょう（**図4-4-4**）。選択したら、右上の「インポート」ボタンをクリックします。

図4-4-4 探索レポートの変数エリア「ディメンション選択」画面

同様に、以下の項目を選択しました。

- ディメンション：「日付」、「イベント名」
- 指標：「イベント数」

タブ設定エリアの設定

タブ設定エリアには、変数エリアの「ディメンション」の「日付」を「内訳」に、「指標」の「イベント数」を「値」にドラッグ（またはダブルクリック）します（**図4-4-5**）。

図4-4-5 探索レポートのタブ設定エリア

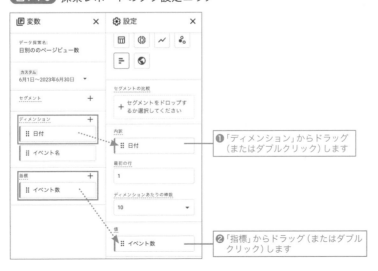

さらに、変数エリアにある「ディメンション」の「イベント名」をタブ設定エリアの「フィルタ」にドラッグします（**図4-4-6**）。

図4-4-6 探索レポートのタブ設定エリア（続き）

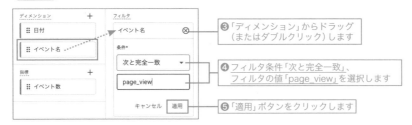

③「ディメンション」からドラッグ（またはダブルクリック）します

④フィルタ条件「次と完全一致」、フィルタの値「page_view」を選択します

⑤「適用」ボタンをクリックします

このように操作すると、探索レポートを表示することができます。

HINT //
「表示回数」という指標を使うと、フィルターなしで「page_view」イベント数を表示することもできます。

HINT //
●公式ヘルプ「データ探索ツールを使ってみる」
URL ▶ https://support.google.com/analytics/answer/7579450?hl=ja

探索レポートは難しかったですか？

操作がわかれば、難しくないような気がしてきました。ディメンションと指標を掛け合わせればレポートを表示できるんですね！

はい。そういう理解で大丈夫です。Lesson 4-5から第7章にかけて、**場面に応じた適切なディメンションと指標の設定**を学んでいきましょう

Lesson 4-5

レポートを使いこなすための実践練習

サイトに訪れているユーザーを分析しよう

第4章のまとめとして、サイトに訪れているユーザーを分析してみましょう。レポートメニューや探索メニューの中から最適なレポートを選び（または自作し）、ディメンションや指標も自分で考えてみます

ひぇ〜。私にできるかなぁ…

本章のまとめとして、ユーザーに関するレポートを表示しながら、実践練習をしてみましょう。3つの例題を設けますので、実際にGoogleアナリティクス 4を開いて、レポートを表示してみてください。

例題1 先月の「年齢×性別」ごとのユーザー数を教えてください

WORK ① Q1 ディメンションと指標は何がよいでしょうか？

ディメンション	
指標	

WORK ① Q2 どのレポートを選択しますか？

A. レポートの概要画面
B. レポートの詳細画面
C. 探索レポートを作成する

WORK ① Q3 Googleアナリティクス 4画面を開いて、
レポートを表示してみましょう！

それでは、どんな操作が良いか、
考えてみてください

··· Thinking Time ···

WORK 1 A1 ディメンションと指標は何がよいでしょうか？

ディメンション	年齢、性別
指標	ユーザー数

　質問が「年齢×性別」ごとのユーザー数なので、**「〇〇ごと」の部分がディメンション**になります。「年齢」と「性別」がいずれもディメンションになります。
　「〇〇数」が指標になりますので、指標は「ユーザー数」です。

WORK 1 A2 どのレポートを選択しますか？

A. レポートの概要画面
B. レポートの詳細画面
C. 探索レポートを作成する

　レポートは何を選択しましょうか。ディメンションを2つ設定する必要があるので、レポートの詳細画面の表の操作にて、**「セカンダリディメンション」（2つめのディメンション）を設定**すればよいでしょう。探索レポートで作ることもできますが、今回はレポートの詳細画面で表示できそうなので、こちらを使ってみます。
　概要画面は「年齢」と「性別」のそれぞれのレポートは確認できますが、掛け合わせることができないので、この場合は要望を満たしません。

WORK 1 A3 Googleアナリティクス 4画面を開いて、
レポートを表示してみましょう！

　例えば、次ページのような画面を表示します（解答例）。

図4-5-1 例題1の解答例「先月の『年齢×性別』ごとのユーザー数」

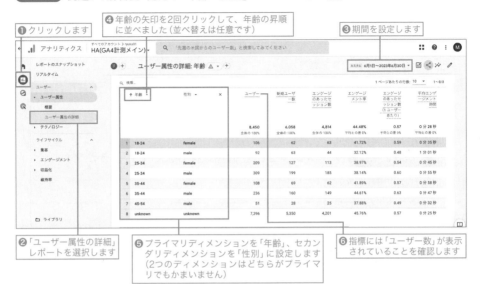

❶ クリックします

❹ 年齢の矢印を2回クリックして、年齢の昇順に並べました（並べ替えは任意です）

❸ 期間を設定します

❷「ユーザー属性の詳細」レポートを選択します

❺ プライマリディメンションを「年齢」、セカンダリディメンションを「性別」に設定します（2つのディメンションはどちらがプライマリでもかまいません）

❻ 指標には「ユーザー数」が表示されていることを確認します

例題 2

先月のスマートフォンユーザーの画面解像度を教えてください

WORK❷ Q1 ディメンションと指標は何がよいでしょうか？

ディメンション	
指標	

WORK❷ Q2 どのレポートを選択しますか？

A. レポートの概要画面
B. レポートの詳細画面
C. 探索レポートを作成する

WORK❷ Q3 Googleアナリティクス 4画面を開いて、レポートを表示してみましょう！

それでは、どんな操作が良いか、
考えてみてください

··· Thinking Time ···

WORK ❷ A1 ディメンションと指標は何がよいでしょうか？

ディメンション	画面解像度
指標	ユーザー数

　質問は「先月のスマートフォンユーザーの画面解像度」です。画面解像度がディメンションで、スマートフォンでフィルタを適用した（絞り込んだ）レポートを表示すればよいかな、と考えます。指標は明言されていませんが、ユーザーについての質問なので、「ユーザー数」でよいでしょう。

WORK ❷ A2 どのレポートを選択しますか？

A. レポートの概要画面
B. レポートの詳細画面
C. 探索レポートを作成する

　レポートは何を選択しましょうか。例題1と同様に探索レポートで作ることもできますが、レポートの詳細画面で表示できそうです。概要画面は「フィルタ」設定ができないので、この場合は要望を満たしません。

WORK ❷ A3 Googleアナリティクス 4画面を開いて、
レポートを表示してみましょう

　例えば、次ページのような画面を表示します（解答例）。

Chapter 4

Google アナリティクス 4 のレポートを使いこなそう

図4-5-2 例題2の解答例「先月のスマートフォンユーザーの画面解像度」

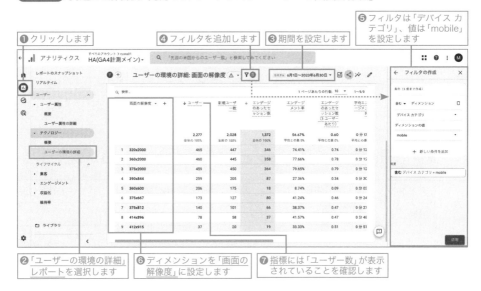

❶ クリックします
❹ フィルタを追加します
❸ 期間を設定します
❺ フィルタは「デバイス カテゴリ」、値は「mobile」を設定します

❷「ユーザーの環境の詳細」レポートを選択します
❻ ディメンションを「画面の解像度」に設定します
❼ 指標には「ユーザー数」が表示されていることを確認します

例題 3

先月アクセスしたユーザーを地図で表示してください

WORK ❸ Q1 ディメンションと指標は何がよいでしょうか？

ディメンション	
指標	

WORK ❸ Q2 どのレポートを選択しますか？

A. レポートの概要画面
B. レポートの詳細画面
C. 探索レポートを作成する

WORK ❸ Q3 Googleアナリティクス 4画面を開いて、
レポートを表示してみましょう！

それでは、どんな操作が良いか、考えてみてください

… Thinking Time …

WORK ❸ A1 ディメンションと指標は何がよいでしょうか？

ディメンション	市区町村または「国」や「地域」（都道府県のことです）でもOK
指標	ユーザー数（アクティブユーザー数でもOK）

　質問が「先月アクセスしたユーザーを地図で表示してください」なので、まず指標は「ユーザー数」でよいでしょう。ただし、探索レポート内では「ユーザー数」という指標が指定できず「アクティブユーザー数」が指定できるため、「アクティブユーザー数」という回答も正解です。

　ディメンションは、地域を示すディメンションが複数あるため、迷われた方もいるかもしれませんが、「国」や「市区町村」など、地域を示すディメンションならどれでも大丈夫です。

WORK ❸ A2 どのレポートを選択しますか？

A. レポートの概要画面
B. レポートの詳細画面
C. 探索レポートを作成する

　レポートは、**探索レポートを作って地図表示を選択する**のが良さそうです。やってみましょう。

WORK ❸ A3 Googleアナリティクス 4画面を開いて、
レポートを表示してみましょう

　例えば、次ページのような画面を表示します（解答例）。

Google アナリティクス 4のレポートを使いこなそう

図4-5-3 例題3の解答例「先月アクセスしたユーザーを地図で表示」

❶ 探索レポートを選択します
データ探索名は任意です。

❻ タブ設定の上部の「ビジュアリゼーション」の項目で地図 ◉ を選択します

❷ 期間を設定します

❺ 値に「アクティブユーザー」指標をドラッグします

❹ 地域の内訳を「市区町村」(国や地域もOK)、「ディメンションあたりのポイント」を最大(50)にします。

❸ 指標は「アクティブユーザー」を選択します

地図を選択すると、変数エリアでは、自動的に市区町村などのディメンションが準備された状態になります。

拡大／縮小して見た目を調整できます。

HINT //

探索レポートでは「ユーザー」指標は選択できないため、「アクティブユーザー」を選択します。

地図表示の挙動などについては説明していなかったため、難しかったと思います。
是非、いろいろなレポートの表示にチャレンジしてみてください。

Lesson 4-5　サイトに訪れているユーザーを分析しよう

ユーザー分析におけるディメンションを把握しよう

Lesson 4-5では、ユーザーに関する分析を行いました。そこで、ユーザーに関するディメンション（「ユーザープロパティ」とも呼ばれます）を一覧でまとめておきます。

第2章で行った設計を思い出してみましょう。設計の際には、「ユーザーが×イベントする」がキーワードであり、パラメータが修飾語のような役割を果たすと説明しました。

「ユーザー」にかかる修飾語はなんでしょうか？　例えば「何歳の」ユーザー、「男性の」ユーザー、「スマートフォンを使っている」ユーザー、「大阪府からアクセスしている」ユーザー、「初めて」訪問したユーザー、などと表現することができます。

ユーザー分析においては、これらのパラメータがディメンションとなり、「ユーザー数」が主な指標となります。このように、ユーザー分析に関するディメンションを頭に入れておくと、分析がしやすくなります。

表4-5-1 ユーザーに付くパラメータはそのままディメンションに

ユーザーに付くパラメータ	ディメンション名	説明
age gender interest	年齢 性別 インタレストカテゴリ	サイトを訪れたユーザーの年齢層・性別・興味関心 HINT Googleシグナルをオンにすると計測できます。
browser	ブラウザ	サイトを訪れたユーザーのブラウザの種別
city	大陸・亜大陸・国・地域・市区町村	サイトを訪れたユーザーの在住エリア HINT IPアドレスから判断しています。
device_category	デバイス カテゴリ	サイトを訪れたユーザーのデバイスのカテゴリ （PC・モバイル・タブレット）
os	OS	サイトを訪れたユーザーが利用しているオペレーティング・システム

続いて、第5章ではサイト上の重要なユーザー行動である「コンバージョン」レポートを開いて、分析していきましょう。

売上アップのための
コンバージョン率改善分析

第5章から第7章では、サイト改善のための分析手法を学びましょう。
Lesson 5-1とLesson 5-2では、改善のための分析を行うための基本
的な考え方と手法をまとめました。Lesson 5-3では、コンバージョ
ン改善のための5つの分析手法をお教えします。

図 第5章から第7章では、改善方法について学びます

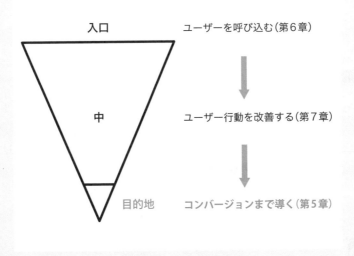

Lesson 5-1

データを眺めるだけでは意味がない

"改善のための分析" の基本

第4章では、Googleアナリティクス 4の操作方法を知るために、レポートを開いてデータを見たり、実際にレポートを作ってみたりしました。メイさん、レポートの操作は理解できましたか？

新しいことだらけで、まだまだわからないことがたくさんありますが、忘れても**検索機能があるので、なんとかなるかな**と思いました

そうです。検索窓にキーワードを入力すれば、必要なレポートを表示してくれたり、ヘルプページを案内してくれたりするので、ぜひ有益に活用してください

レポートは、サービスを使ってくれるユーザーの属性がわかったり、地図上にも表示できたり、**面白い機能がたくさん**ありました

そうですね。Googleアナリティクス 4は見ていて面白いものです。しかし、**ただレポートを眺めているだけでは、よくない**んですよ

図5-1-1 レポートを眺めるだけでは意味がない

ふむふむ、なるほど…

担当者

Google アナリティクス 4のデータを眺めているだけでは意味がない

え、どうしてですか？

Googleアナリティクス 4は、Webサイトの分析および改善のための道具であることを忘れてはなりません（図5-1-2）

図5-1-2 改善のための分析をしよう

❶分析する➡改善案を考案する	❷サービスを改善する	❸ユーザーの行動が変わる	❹事業の成功
担当者	より使いやすく、魅力的に	利便性・満足度の向上 ユーザー	

分析を起点に、ユーザーに働きかけ、事業を成功に導く

レポートをただ眺めるのと、改善のために見るのはどう違うのですか？

それでは、**改善のためのレポートの見方**をお教えしましょう

はい！

データから気付きを得るためのキーワードは 「トレンド」と「セグメント」

データから気付きを得るためのキーワードは**「トレンド」と「セグメント」**です。

トレンド（英：trend）は英語で「傾向」という意味合いです。例えば、**データを時系列に並べてデータの変化を確認すること**を指します。もう一方のセグメント（英：segment）は「区分」や「部分」の意味があります。すべてのデータをひとまとめに見るのではなく、**特定の集団に分けてそれぞれを比較すること**を指します。

図5-1-3 分析の基本はトレンドとセグメント

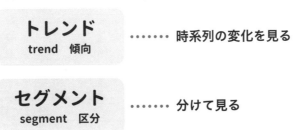

トレンド
trend　傾向 ⋯⋯⋯ 時系列の変化を見る

セグメント
segment　区分 ⋯⋯⋯ 分けて見る

Googleアナリティクス 4を開くと、レポートには「すべてのユーザー」のデータが表示されています。その状態のレポートを見ると「ふーん」という感想で終わってしまいます。時系列の変化を見る(トレンド)ことや、分けて見る(セグメント)を意識してみることが重要です

「トレンド」はなんとなく理解できます。**いくつかのグラフは、時間に沿った折れ線グラフなどで描画**されていますね。「セグメント」の方は、第4章で勉強した「比較」機能を使うのですか?

比較機能でもよいですが、**探索レポートの中で使える「セグメント」という機能**があります。セグメント機能は、細かく条件を絞り込めるため便利で頻繁に使います。他にも、これまで出てきた機能で、「分けて見る」分析を実践しているものがありますよ。なんでしょうか?

うーん、見当がつかないです。

ディメンション(集計の切り口)もある種の「分けて見る」機能と言えますね。ディメンションを選択することは、例えば、「流入元ごとに分けてみる」「ランディングページごとに分けて見る」「デバイスごとに分けてみる」などの操作を選択しているわけです。そのように、**ディメンションやセグメントを適切に選択して「分けて見る」ことが改善のコツ**です。具体例は、この後の分析のパートでお教えしますね

図5-1-4 データから気付きを得るには、トレンドとセグメントを意識する

すべてのデータをなんとなく眺めるのではなく、

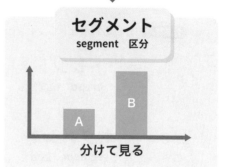

Lesson 5-2 小川先生直伝！

8ステップで学ぶ "改善のための分析"

改善のための分析の考えを学んだところで、サイト分析全体の流れをお教えしましょう。

サイト全体を分析する8つの手順

データから個別の気付きを得るだけでなく、**サービス全体を分析して改善する**際には、以下の8つの手順で分析します。これは、私がいつも使っている方法になります

図5-2-1 サイト全体を分析する手順

Step 1
「何のために分析をするのか？」
分析の目的と範囲を整理する

Step 2
「何を分析をするのか？」
仮説を出す

Step 3
仮説・検証・改善を一覧に記載する

Step 4
Googleアナリティクス4で分析する

Step 5
「分析結果から何ができるか」
改善施策を考える

Step 6
「何を優先して評価するか」
評価軸を決める

Step 7
サービスの改修や集客施策の実施
施策を実施する

Step 8
施策を評価する

Googleアナリティクス 4で分析するだけではないのですね？

「Googleアナリティクス 4で分析する」はステップの4番目ですね。その前に、分析の目的を整理し、仮説を出し、記録するという3つのステップがあります。この段階をしっかり踏まないと、**分析しても途中で目的を見失って、迷子になってしまう**のですよ。各ステップについて順に説明しますね

分析の目的と範囲を整理する

まず、**「何のために分析を行うのか」を改めて言語化**しましょう。**多くの分析の目的は「サイトを改善すること（＝コンバージョンを増やすこと）」**になります。そのためサイトのどの部分を分析するのかをまず整理します。また、このときに大切なのが、**「分析して出てきた施策が実行可能なのか？」を最初に把握**しておくことです。

> **HINT** //
>
> 集客施策であれば、SEO・広告・ソーシャルメディア・メールマガジン等になりますし、サイト内であればページ種別ごと（例：トップページ、ランディングページ、一覧ページ、詳細ページ）にどのような施策なら実行可能なのかを最初に考えておく必要があります。いくら改善案を出しても、その施策が実行されなければ分析は無意味になってしまいます。**制作会社・社内のエンジニア・利用しているツールの制限を考慮して、「施策が実行できる」部分を分析対象としましょう。**施策は一人だけでできることはほぼありません。社内あるいはクライアントに確認を取って、**リソースの確保を調整**しましょう。

分析するための「仮説」を洗い出す

「何を分析するか」を分析する前に決めましょう。そのため、**「仮説」**を出します。

仮説を出す方法はいくつかあります。大きく2つに分けると、1つめが「**①データから気付きを得る**」方法です。先に説明した通り、**トレンドやセグメントの手法**を使って、データを見ていきます。データの傾向や差異を見つけた後に大切なのは、データを見て、**ユーザーを取り巻く状況や心情を憶測する**ことです。

例えば、「ある日にサイトに訪れるユーザーが大きく増加しました」というデータ（事実）に対して、「テレビで取り上げられたので調べて見たのだろう」などと、**ユーザーの状況や心情を想像する**のです。そうすると、そのユーザーに対する施策を考えるのです。「新規ユーザー向けにそのサービスのコンセプト（大切にしていること）を前面に表示したり、期間限定の特典を作ったりしてもよいでしょう。また、もしその集客施策をもう一度行うことができるなら、テレビやYouTube、SNSなどのメディアに取り上げられるような工夫や働きかけを行うのもよい考えです。

仮説を出すための2つめの方法は、「**②ユーザーとして使ってみる**」ことです。**サービスを自分で使ってみる、あるいは関係者に利用してもらい、そこから気付きを出して**もらいましょう。その際に、「どのような操作を行ったのか？」「その時間で何が理解できたのか？」「何がわかりにくかったのか？」を終わった後にヒアリングをしましょう。

例えば、ユーザーのサイト平均滞在時間をあらかじめ調べた上で、それを目安にしてサイトを実際に使ってみるとよいでしょう。

図5-2-2 仮説を出す2つの方法

どのように仮説を作るか？

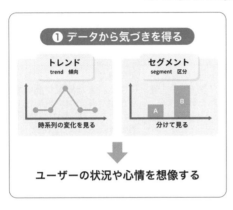

① データから気づきを得る

トレンド trend 傾向

セグメント segment 区分

時系列の変化を見る　分けて見る

ユーザーの状況や心情を想像する

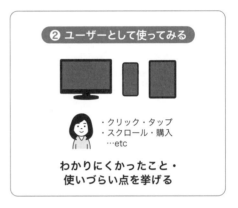

② ユーザーとして使ってみる

・クリック・タップ
・スクロール・購入
…etc

わかりにくかったこと・使いづらい点を挙げる

ここで重要なのは、**「仮説が正しいのか？」**ということではありません。それは、この後の分析で検証することになります。**大切なのは、仮説を立てた後に何を分析して、そこからどういう改善施策につながりそうかを考えること**です。

Step 3　仮説、検証、改善のシートを作成する

仮説を整理し、検証方法と改善施策を記録します。私は「**3K（仮説、検証、改善）シート**」を作成することをオススメします。**表5-2-1**は、株式会社HAPPY ANALYTICSの公式サイト（https://happyanalytics.co.jp/）を元に作成した例です。

表5-2-1 3K（仮説、検証、改善）のシート例

仮説	検証	改善
トップページのヘッダーメニューが使われていないのでは？	ヘッダーメニュー部分のクリック率を確認し、ページ内にあるメニューとのクリック率と比較をする	利用されていない場合は気付いていない可能性が高いので、目立たせるあるいはヘッダーメニューの内容をすべてトップページにも入れる

次ページに続く

仮説	検証	改善
サービスではコンサルティングに関するニーズが一番高そう	トップページからの遷移率および各ページの表示回数を確認する。また、新規/リピートのセグメントで分けてみる	クリック率や表示回数に大きな差がある場合は、トップページでの順番や見せ方を変える
サービスではコンサルティングに関するニーズが一番高そう	サイト内のどのコンテンツがコンバージョン（問い合わせ）に効いているかを確認する	貢献が高いページがあれば、それに合わせてトップページの見せ方や他ページから該当ページへの誘導を強める
コンサルティングページを最後まで見ている人が多かった	ページの読了率を他ページと比較する	読了率が高い場合は見てもらえていることになる。低い場合は、どこで離脱しているかをスクロール率やヒートマップで確認する
コンサルティングページを見た後に迷っている	コンサルティングページを見た後の遷移先を分析し、「戻り」や「離脱」が起きていないかを確認する。ページの読了率を他ページと比較する	次に見てほしいコンテンツを明確にする。また離脱が高い場合は内容が足りていない可能性もあるので、新たなコンテンツ作成（既存事例の詳細追加など）検討
資料ダウンロードページでコンサルに関する資料がない	資料ダウンロードページでの各資料ダウンロード率を確認する。また離脱率を確認し課題がないかをチェック	ダウンロード率が低く、離脱率が高い場合はコンテンツを見直すあるいは追加する必要があり。ダウンロードされていないコンテンツは外すことを検討

HINT //

本書をお読みの皆さんは、この時点で検証方法は浮かばないと思いますが、その点は気にしないでください。何度もレポートを見ているうちに、どのように検証するかの知識が身に付きます。

仮説を立てたときに、改善案まで考えるのですね。
すごく大変そうです…

はい。**改善案が出せないものあるいは方向性が見えないものは、分析自体をしなくてよいです。少なくとも優先順位は下げてよい**でしょう

改善できないものは、分析もしなくてよいのですか？　徹底していますね！

Step 4　Googleアナリティクス 4を使って分析を行う

　いよいよこれで分析を開始できます。**仮説・検証・改善を最初に整理しておくことで、Googleアナリティクス 4のどのレポートを利用すればよいかが明確になります。**

　このプロセスを手前で行わないと、Googleアナリティクス 4で何を見ればよいかわからず、何となく上からレポートを見たり、探索レポートを開いて固まったりしてしまいます。これは時間の無駄になるばかりではなく、なんの気付きも得られません。

　代表的なレポートは、Lesson 5-3で説明します。

やっとGoogleアナリティクス 4を開くのですね！

はい。明確に目的を持ってレポートを見ていきましょうね

Step 5　分析結果を元に改善施策を考える

　分析で得られた気付きから、改善案を考えます。簡単な例を挙げます。

図5-2-3　改善施策の検討（例：トップページ）

このリンクがクリックされていないとわかった

仮説

HAPPY ANALYTICSの公式サイトのトップページを訪れたユーザーは、「まず企業情報を知りたい」というニーズがあると推測できます。

分析結果

しかしデータを確認すると、「私たちについて」はクリックされていないことがわかりました。

施策

この「私たちについて」という文言がわかりにくい可能性があるので、例えば「弊社の紹介」というような名称にして、もう少し目立たせてみるのがよさそうです。

Lesson 5-2

8ステップで学ぶ "改善のための分析"

179

Step 6 施策の評価項目を事前に決めておく

　施策を決めたら、それぞれの**施策に対してどの数値を見て評価するかを決めておく必要が**あります。どの指標を改善すれば「効果があった」と評価できるのかを決めるのです。

　例えば、このページでは以下のようにまとめられます。**また、施策を実施する前の数値も確認しておきましょう。**

 評価項目の例

> **企業公式サイトのトップページの評価項目（例）**
> - 離脱率を減らす
> - 企業情報ページ、コンサルティングページ、資料ダウンロードページへの遷移率改善
> - 上記に伴うお問い合わせ件数や、お問い合わせCVR（コンバージョン率）の改善

 Step 7 改善施策を実施する

　改善施策を実施しましょう。例えば、広告キャンペーンなどの集客施策を実施したり、**ページの修正**や**コンテンツの追加**を行ったり、コンバージョン経路を改善したりします。

 Step 8 施策を評価する

　最後にStep6で決めた評価軸に基づいて、実施した施策を評価します。Googleアナリティクス4を開き、**該当の指標が改善されているかを確認**します。

　それぞれの改善施策に対して個別に評価を行いましょう。

> サービス全体を分析して改善する場合は、おおまかにこんな流れになります。まだまだ勉強していない内容もあるのでわからない部分があってかまいません。サービスの改善において重要なのは「**仮説を立てて、施策を実施できそうな項目を分析する**」という点を覚えておきましょう

> とっても大変そうです。でも、**やみくもにレポートを見るのではなく、目的を持ってレポートを見る**ことは、よくわかりました

Lesson
5-3

最優先でやるべき、効果の高い施策

コンバージョンの状況を把握し、改善しよう

例えば、ユーザーが会員登録や商品の購入など重要な行動を始めたのに、もし途中で辞めていたら、もったいないですよね。このようなユーザー行動を改善するための5つの分析例を紹介します

コンバージョンの改善は最優先の課題

ここからは、個別のレポートを見ていきます。それでは早速コンバージョンの改善のための分析を行っていきましょう。すでにコンバージョンの重要性については第1章や第2章で説明しましたが、もう一度まとめておきましょう。

コンバージョンとはなにか

ビジネスにおいて、**最も重要なユーザー行動が「コンバージョン」です。**コンバージョンは、直訳すると「転換」や「変換」といった意味になります。**サイトに訪れた際には新規訪問者や随時利用者だったユーザーが、会員・購買者としての顧客へ「転換する」**という意味を持っています。

コンバージョンは、**ビジネスの種別によって異なります。**例えは、商品の購入、有料メディアの購読申し込み、サービスの成約などです。

コンバージョンの改善は、**最優先で取り組むべき最も効果の高い改善施策**です

どうしてですか？

例えば、商品を購入する意思があったはずなのに、途中で止めてしまったユーザーがいたとします。おかしいと思いませんか？ 買おうと思って商品をカートに入れた人が100人いたとして、40人しか購入していなかったらどうでしょう。
どうして100人全員が商品を購入しなかったのでしょうか？

もっと安いお店があるか調べに行ったとか、後で買おうと思ったとか、クレジットカードの入力が面倒だったとか、望む決済方法がなかったとか、そういうことですか？

いいですね。よい仮説が出ました。その場合には、「もっと安いお店を探しに行った」ユーザーには最安値であることを明示したり、「後で買おう」と思ったユーザーには時間限定の特別価格を表示するなどの施策が考えられます。
また、クレジットカードの入力が面倒な場合は、フォームの改善や決済方法の追加が必要です。
このような改善施策によって、**コンバージョンフローに入ったユーザーがコンバージョンを完遂する可能性が上がります**。図5-3-1のように、水漏れするバケツを修理するイメージです

図5-3-1 コンバージョン改善は水漏れしたバケツの修理と考えよう

せっかく水を入れても
穴だらけのバケツでは
水は減ってしまう

水漏れを防ぐことが
最優先

たしかに、**水漏れするバケツにどんどん水を注いでも意味がない**ですね

はい。「どんどんユーザーが抜け落ちてしまうコンバージョンフロー」を改善せずに放置したままで、サービスに多くのユーザーを集客しても、無駄が多いのです。特に、**有料集客を行っている場合はお金の無駄になってしまう**可能性もあるでしょう

だから「最優先」なのですね！

❶ はじめにコンバージョンの全体像を把握しよう
レポート➡エンゲージメント➡コンバージョン

　　最も手軽にコンバージョンを確認する方法は、**「レポート」＞「エンゲージメント」＞「コンバージョン」**を見ることです。日別の増減、どのコンバージョンイベントが最も多いか、などを簡単に把握することができ、便利です。

図5-3-2 「レポート」＞「エンゲージメント」＞「コンバージョン」

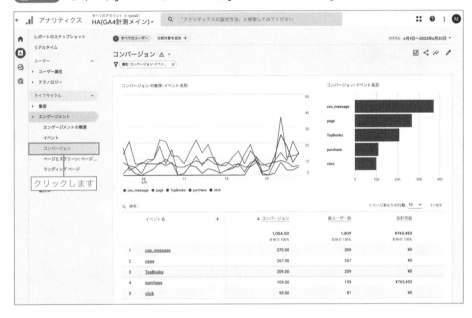

【改善につながるレポートの見方】①コンバージョンレポート

開いたレポート	「レポート」＞「エンゲージメント」＞「コンバージョン」
確認できる事実	コンバージョンイベントについての、発生回数の日別推移、期間内の合計発生回数、ユーザー数や合計収益などの情報
気付きを得る操作	前の期間と比較し（トレンド分析）、特にコンバージョン回数が多い日があれば、原因と特定し、再現可能か確認しましょう。
ユーザーの心情	―
改善施策	―

❷ 流入元ごとにコンバージョン数の違いはあるだろうか？
探索➡空白（自由形式）

　別の方法でもコンバージョンを確認してみましょう。次は、**探索メニューから空白のレポート**を選択します。

図5-3-3 「探索」メニューから「空白」を選択する

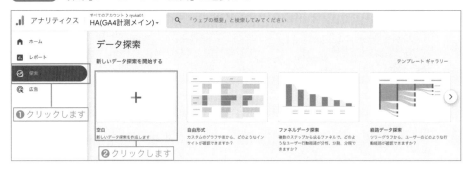

　以下のように、「変数」エリアでディメンションと指標を準備します。

図5-3-4 ディメンションと指標を設定する

ディメンション
・イベント名
・セッションのデフォルトチャネルグループ
・コンバージョンイベント

指標
・コンバージョン
・ユーザーあたりのイベント数

売上アップのためのコンバージョン率改善分析

次に、フィルタを設定します。

「コンバージョンイベント＝true」となるように設定します。

図5-3-5 「コンバージョンイベント=true」で絞り込みます（フィルタ機能）

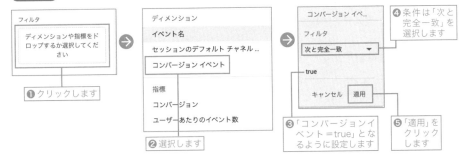

設定が済むと、このような画面が表示されます。

図5-3-6 行が「イベント名」、列が「コンバージョン」「ユーザーあたりのイベント数」の場合

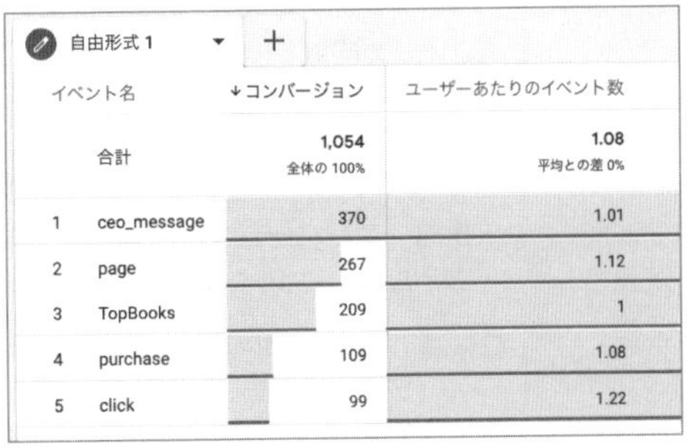

イベント名	↓コンバージョン	ユーザーあたりのイベント数
合計	1,054 全体の 100%	1.08 平均との差 0%
1 ceo_message	370	1.01
2 page	267	1.12
3 TopBooks	209	1
4 purchase	109	1.08
5 click	99	1.22

図5-3-6のグラフからは**「コンバージョンイベントごとの発生イベント数と１ユーザーが複数回コンバージョンしているのか」**がわかり、コンバージョンの全体像の確認に用いることができます。次に、**図5-3-7**のように組み替えてみます。

図5-3-7 行が「イベント名」「セッションのデフォルトチャネルグループ」、列が「コンバージョン」

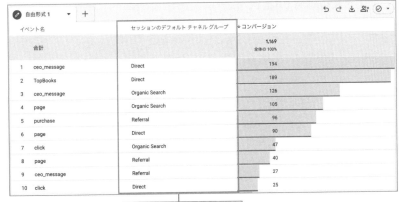

図5-3-7のグラフからは、**どの流入元から来たユーザーが多くコンバージョンしたか**、がコンバージョン項目ごとにわかります。このように、異なる情報を掛け合わせてコンバージョンの状況を観察することもできます。さらに「セッションのコンバージョン率」という指標を加えると、流入元ごとのコンバージョン率を確認することができます。コンバージョン効率のよい流入元を探しましょう。

HINT //
デフォルトチャネルグループは、流入元情報の概要がわかります。例えば、直流入（Direct）、検索エンジンからの流入（Organic Search）、他サイトからの流入（Referral）などがあります（Lesson6-1参照）。

【改善につながるレポートの見方】②流入元ごとのコンバージョン数

開いたレポート	「探索」＞「空白（自由形式）」
確認できる事実	コンバージョンイベントの発生回数について、「**流入元ごとに**」分析したり、「**ユーザー1人あたりの回数**」を確認できます。
気付きを得る操作	・**ディメンション**：イベント名、セッションのデフォルトチャネル（流入元のことです）、コンバージョンイベント（※フィルタで利用します） ・**指標**：コンバージョン、ユーザーあたりのイベント数、アクティブユーザー数 ・**フィルタ**：コンバージョンイベント =true HINT ディメンション選択時に「コンバージョンイベント」を追加しないと、フィルタで選択できません。 気になる切り口でディメンションや指標を設定し、データを見てみましょう。また「セッションのコンバージョン率」という指標を追加すると、コンバージョン効率の良い流入元を特定することができます。
ユーザーの心情	特定の流入元からのコンバージョンが多い場合は、その流入元はあなたのサービスと親和性があるかもしれません。
改善施策	コンバージョン率の高い流入元があれば、その流入元からより多くのユーザーを呼び込む（例：「広告を出す」「タイアップを行う」など）ことで、さらなるコンバージョン数の増加が期待できます。

❸ コンバージョン経路の問題点（水漏れ）を探そう
探索➡ファネルデータ探索

次のレポートを見てみます。**「探索」メニュー**から**「ファネルデータ探索」**をクリックして
ください。

図5-3-8 「探索」メニューから「ファネルデータ探索」を選択

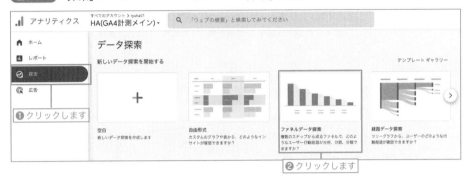

図5-3-9のような画面が表示されます。一見、探索レポートが出来上がっているようにも
見えますが、「ステップ」などの項目は仮に選択されたものが入っていますので、自身のサー
ビスに応じて入れ替えていく必要があります。

図5-3-9 ファネルデータ探索の初期表示画面

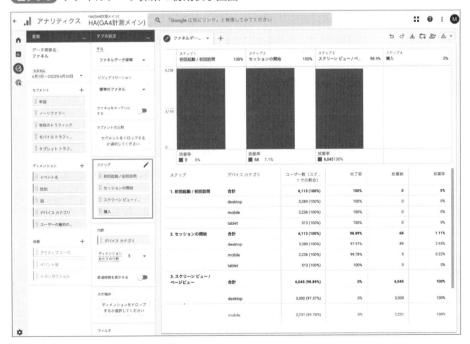

小川先生、ところで、ファネルというのはなんですか？

ファネル（英：funnel）は、英語で「漏斗（ろうと）」を意味します。
粉状や液体のものを入り口の狭い瓶に入れる際に用いる、上下に穴が空いている円錐形の道具です。図5-3-10を見てみてください。
サイトを利用しているユーザーを「見込み客」とすると、コンバージョンを行ってくれたユーザー、つまり顧客に転換するまでにいくつかのステップがあります。Step 1〜4まで徐々に人数が減る様子を、漏斗を通過する物体の形状を模して表現しているのです

(図5-3-10) ファネルのステップ作成例

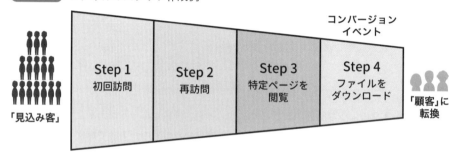

早速、ファネルのステップを設定してみましょう。今回の例では、この4つを用います。
図5-3-11の右側にはステップの内容を空白にした項目を用意しましたので、ぜひ**あなたのサービスのコンバージョンファネルのステップを考えて、記入してみてください。**

(図5-3-11) ステップの設定例

例1
  Step 1. 初回訪問
  Step 2. 特定ページの閲覧
  Step 3. 問い合わせ／申し込み

例2
  Step 1. （問い合わせ）入力画面
  Step 2. 確認画面
  Step 3. 完了画面

 あなたのサービスのコンバージョンファネルのステップを考えましょう
Step 1.
Step 2.
Step 3.
Step 4.
Step 5.

HINT //

各目標到達プロセスのステップは最大10個まで定義できます。

例1は、初回訪問からコンバージョンという大きな動きになっていますが、コンバージョン経路の分析としては、例2のように、**申し込みフォームの入力画面 → 確認画面 → 完了画面**などの連続した経路を分析するのも効果的です。

ステップを設定します。ファネルレポートの左側にある「ステップ」設定欄右上の鉛筆マーク🖊をクリックすると、ステップの編集画面が開きます。

図5-3-12 ステップの設定

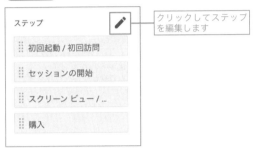

1つめのステップを見てみましょう。ステップ名「初回起動/初回訪問」、イベント名が「first_open」または「first_visit」と最初から設定されています。

ウェブサイトの場合はfirst_visit（初回訪問）が適用され、アプリの場合はfirst_open（初回起動）が適用される設定になっているので、「ステップ1」はこのまま修正せずに進みます。

図5-3-13 「ステップ1」を設定する

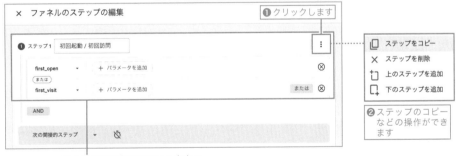

あらかじめ設定されている内容で
問題なさそうです。

さらに、「ステップ2」はこのように設定しました。

ステップ名を入力し、その下の欄では**ディメンションとその条件を設定**します。

図5-3-14 「ステップ2」を設定する

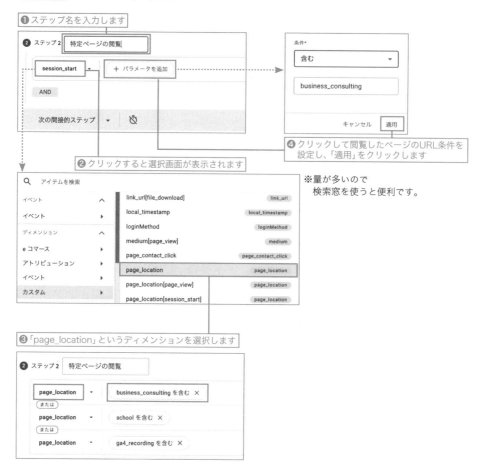

※量が多いので
検索窓を使うと便利です。

同様に、「ステップ3」の問い合わせ／申込を設定し、このような画面になりました。
内容を確認して、右上の「適用」をクリックします。

図5-3-15 「ファネルステップの編集」の全体像

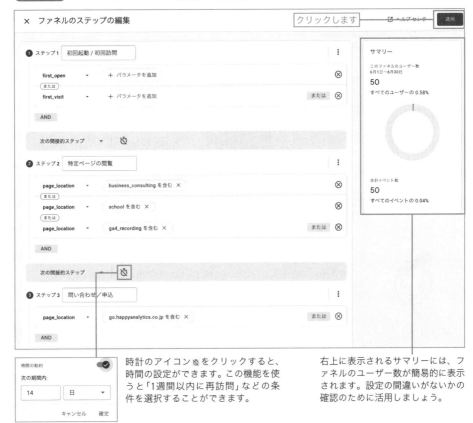

時計のアイコン🕑をクリックすると、時間の設定ができます。この機能を使うと「1週間以内に再訪問」などの条件を選択することができます。

右上に表示されるサマリーには、ファネルのユーザー数が簡易的に表示されます。設定の間違いがないかの確認のために活用しましょう。

HINT ///

ディメンションと指標がわからず探せないときは、公式ヘルプにある一覧も参考になります。
URL ▶ https://support.google.com/analytics/answer/9143382

HINT ///

「次の間接的ステップ」という項目はそのままにしてください。「間接」のほかに「直接」が選択できますが、「直接的ステップ」はAページの直後にBページに遷移したなどの連続的な操作を確認する際に用います。

図5-3-16 ファネルデータ探索レポートの完成

探索レポートの名称を設定します。

　　　　　　期間を調整します。

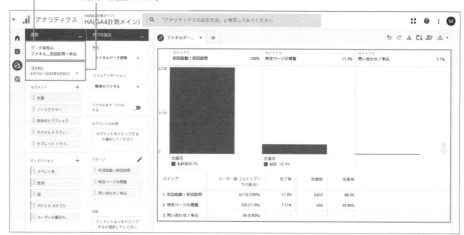

この1ヶ月の間に初回訪問した人を100%とすると、特定ページを閲覧したのが11.5%、お問い合わせや申し込みをした人が0.82%ですね！

少しデータを切り替えてみてみましょうか。「タブの設定」列にある**「ファネルをオープンにする」機能をON**にしてください

図5-3-17 ファネルをオープンにする

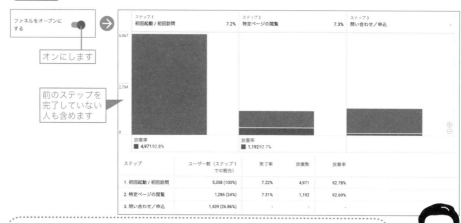

「ファネルをオープン」にすると前のステップを完了していない人も表示されます。このデータを見ると、実際に「ステップ3 問い合わせ／申し込み」を完了している人は初回訪問者と比べて26.86%いることがわかります。そのため、**意図した経路では申し込みをしていなかった**ことがわかります。続けて、次の分析に進みましょう！

Chapter 5

売上アップのためのコンバージョン率改善分析

HINT //

もし、このレポートで「フォーム入力後の画面で明らかに完了率が落ちている」などの気付きが得られたときは、フォームのどの部分に問題があるか追加のイベント収集を行い（第8章 カスタムイベントの設定を参照）、さらに原因を特定していきます。

【改善につながるレポートの見方】③ファネル分析

開いたレポート	「探索」＞「ファネルデータ探索」
確認できる事実	**サービス側が想定しているユーザーの動線を「ファネルのステップ」として設定します。** その動線を順に通過しているか、放棄率が想定以上ではないかを確認できます。例えば、入力画面→確認画面→完了画面の放棄率を観察できます。
気付きを得る操作	・ディメンション：（ファネルのステップごとに自分で設定） ・指標：自動的に設定済み（ユーザー数） 気付きが得られない場合は**期間を広げたり、ファネルをオープン**にしたりして観察します。「内訳」に「デバイスカテゴリ」を追加して、パソコンやスマホなどの**デバイスごとに完了率（放棄率）**を見ることも有益です。
仮説	ユーザーが想定した通りの順番で行動しているか？　例えばコンバージョンプロセスで離脱する人（水漏れ）が生じていないか？
ユーザーの心情	**想定通りの動きをしていない場合、理由を考えます。** 例えば、申し込みフォームの入力画面も後に大きく数字が落ちていた場合は、「フォームが使いづらいのではないか？」と考え、サービスを点検してみましょう。
改善施策	フォームの改善、ユーザーの迷いを減らすための仕掛け（最安値表示・限定価格・このサイトで買うメリットの強調など）を行いましょう。

Lesson 5-3　コンバージョンの状況を把握し、改善しよう

193

❹ コンバージョンに寄与したページを確認する
経路データ探索（逆引き）

「経路データ探索」では、ユーザーをコンバージョンに導いたページを調べることができます。どのようなきっかけで、ユーザーがコンバージョンしたかを確認してみましょう。

「探索」メニューをクリックし、「経路データ探索」アイコンをクリックします。

図5-3-18 「探索」メニューから「経路データ探索」を選択する

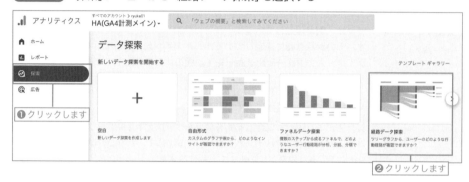

開いた画面の右上の「最初からやり直す」リンクをクリックします。

図5-3-19 経路データ画面で「最初からやり直す」を選択する

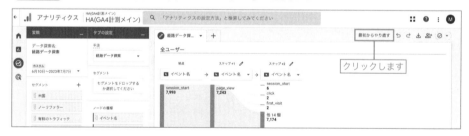

図5-3-20のような画面が表示されるので、「終点」を選択します。

図5-3-20 ファネルデータ探索を選択する

終点の枠をクリックして、終点の条件を指定します。

図5-3-21 終点の条件を指定する

Lesson 5-3

HINT //

2023年9月時点では、「終点の選択」を選択しても選択画面には「始点の選択」と表示されます。こちらはいずれ修正されると考えて、気にしないで操作を続けましょう。終点を指定する際、「ページパスとスクリーンクラス」を選択すると、URLごとの経路を確認できます。

図5-3-22 逆引き経路を確認する

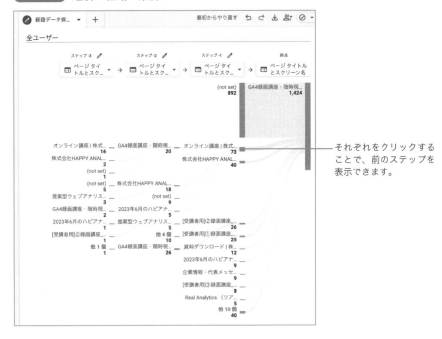

それぞれをクリックすることで、前のステップを表示できます。

コンバージョンの状況を把握し、改善しよう

触って楽しいレポートですね。コンバージョンの前のページが、視覚的にイメージしやすいです

はい。コンバージョン以外でも使えますので、ぜひ、いろんな条件で試してみてください

【改善につながるレポートの見方】④逆引き経路データ探索

開いたレポート	「探索」＞「経路データ探索」
確認できる事実	(特定のページ閲覧などの) イベントについて、**逆引き経路**を表示します。つまり、ユーザーがどのような経路を経て、そのイベントを行うに至ったかを確認することができます。例えば、**コンバージョンの前に訪れていたページ**がわかります。
気付きを得る操作	・ディメンション：ページタイトルまたはページパス ・指標：自動（イベント数） 経路データを開いたら、右上の「最初からやり直す」をクリックすると、終点からの逆引き経路を調べることができます。気になる経路をクリックすると、さらに前の経路が表示されます。
仮説	何がきっかけでコンバージョンしたか？
ユーザーの心情	例えば、この説明を読んで納得したり信頼を感じたために、コンバージョンをしたいという気持ちになった。
改善施策	コンバージョンにつながるページが特定できた場合、コンバージョン用の**ボタンを大きく**したり、複数箇所にボタンを付けたりするなどの、動線をより太くする施策が考えられます。また、コンバージョンのきっかけとなる記事などのコンテンツがあるならば、**似たコンテンツを増やす**ことも考えられます。

❺ 何回目の訪問でコンバージョンする？
訪問回数ごとのコンバージョン数

訪問回数ごとのデータを見ることは、大きく2つの利点があります。

まず、そもそも新規ユーザーが多いのか、リピートユーザーが多いのか、というサイトの特徴を知ることができます。さらに、訪問回数が増えるとユーザーの行動はどう変わってくるのかを観察することができます。例えば、新規や訪問回数が少ない方がサイトを利活用して成果につながっているのであれば、新規集客施策（リスティングやソーシャル）や新規ユーザー向けのコンテンツ（「初めての方へ」など）が大切になります。

一方で、訪問回数が多い方が成果につながりやすい場合は、リピート施策（メールマガジン、リターゲティング広告）やリピーター向けのコンテンツ（更新情報、お気に入り機能など）が重要だとわかります。

HINT //

このレポートでは、第8章の応用機能で紹介する「カスタムディメンション」の設定を使って追加した「ga_session_number」というディメンションを使っています。このディメンションの設定方法を簡単に紹介します。図5-3-23のようにga_session_numberという名称とパラメータで新しいカスタムディメンションを登録します（詳細は、Lesson 8-3も参考にしてください）。

図5-3-23 「カスタムディメンションの編集」画面

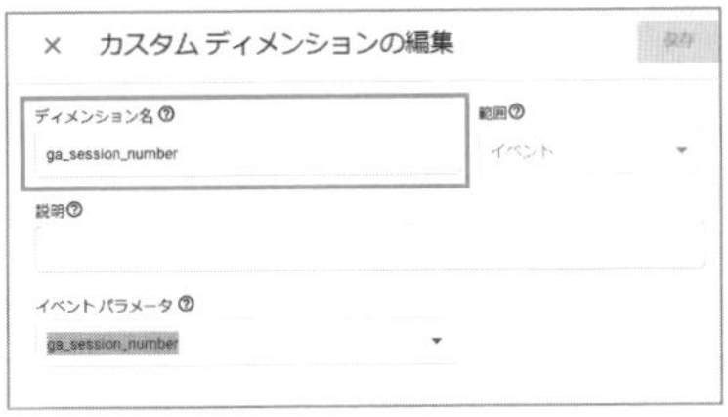

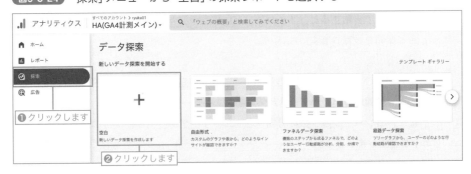

Googleアナリティクス 4の**「探索」メニューから「空白」（自由形式）のレポート**をクリックします。

図5-3-24 「探索」メニューから「空白」の探索レポートを選択する

空白のレポートの左にある「変数」列からディメンションを追加します。

図5-3-25 ディメンションを追加する

続けて、指標も追加しましょう。

図5-3-26 指標を追加する

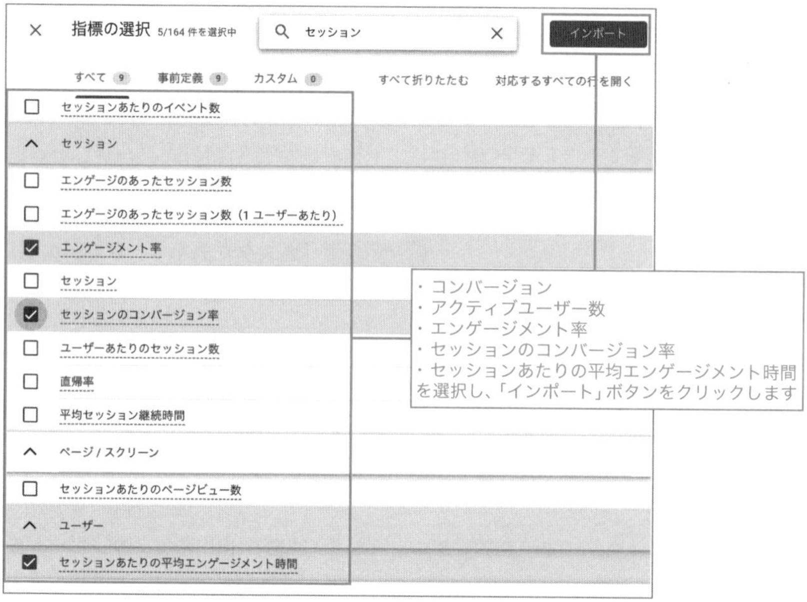

画面左側の「変数」列にある指標を「タブの設定」列に移動します。ドラッグまたはダブルクリックして移動すると、メインエリアに棒グラフが描画されます。画面左上にあるレポート名と期間を設定してください。

訪問回数ごとの分布を観察しましょう。5つの指標のうち、「サイト新規訪問が多いのか、リピート訪問が多いのか？」がアクティブユーザー数でわかります。

また、コンバージョン数の分布から「ユーザーが何度目の訪問でコンバージョンしているか」を確認しましょう。

図5-3-27 レポートを表示する

訪問回数ごとのユーザーの動きがわかります。
難しい場合は「コンバージョン」のみ注目してください。

❶ 名称と期間を設定します

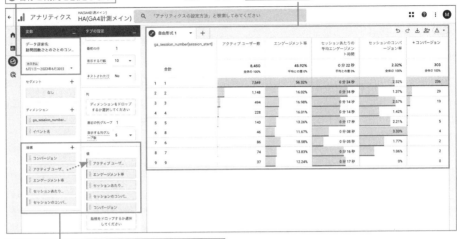

❷ 各指標を「タブの設定」列の値の欄にドラッグします
※ダブルクリックでも移動できます

 このレポートは、ユーザーの訪問回数
ごとの動きを表しています

 エンゲージメントとかセッションとか、
まだわからない言葉があります…

 セッションは「訪問回数」と思ってください。エンゲージメント
は第7章で説明しますね。難しい言葉はいったん無視して、**列
の左端の「アクティブユーザー数」と右端の「コンバージョン」
の2つに注目**してみましょう

 はい。この数字でなにが
わかりますか?

 アクティブユーザー数からは「あなたのサービスには新規
訪問が多いのか、リピート訪問が多いのか」というサイトの
特徴がわかります。**コンバージョン**からは「ユーザーが何度
目の訪問でコンバージョンしているか」がわかります

Lesson 5-3

コンバージョンの状況を把握し、改善しよう

【改善につながるレポートの見方】⑤訪問回数ごとのコンバージョン数

開いたレポート	「探索」＞「空白（自由形式）」
確認できる事実	訪問頻度を示すカスタムディメンション「ga_session_number」を用いることで、訪問回数ごとの分布や訪問回数が増えることによって、ユーザー行動が変わるかを調査できます。例えば、ユーザーが何度も訪問しているかがわかり、**何度目かの訪問でコンバージョンしているか**がわかります。
気付きを得る操作	・ディメンション：ga_session_number ・指標：アクティブユーザー数、エンゲージメント率、セッションあたりの平均エンゲージメント時間、コンバージョン、セッションのコンバージョン率
仮説	ユーザーは、何度もサイトを訪問してからコンバージョンしているのだろうか。それとも、新規訪問でコンバージョンしているのだろうか。
ユーザーの心情	新規ユーザーがコンバージョンする場合、すでにコンバージョンする意思を持っているため、**素早くスムーズにコンバージョンを完了**したいかもしれない。一方で、何度も訪問する場合は、「お気に入り」などのリピーター向け機能が重要になります。
改善施策	新規ユーザーがコンバージョンしている場合、コンバージョン用の動線（ボタンなど）を新規ユーザーが見つけやすい場所に設置します。また、**リスティングやSNSなどの新規集客施策**を強化し、サイト内では「初めての方へ」などの新規向けのコンテンツが大切になります。 一方で、訪問回数が多い方が成果につながりやすい場合は、**メールマガジンやリターゲティング広告などのリピート施策**を強化します。サービスは、リピーター向けの機能（例えば、更新情報や「お気に入り」機能など）を適切に配置することが重要です。

Lesson 5-1と5-2は分析と改善の基本的な考え方、Lesson 5-3ではコンバージョン改善のためのレポートの作り方を具体的に学習しました。どうでしたか？

最後のレポートはちょっと難しかったですが、ユーザーが何回目の訪問でコンバージョンするかがわかったり、コンバージョンの前にいたページがわかったりして、ユーザーについて理解が深まったと感じました！

そうですね。**ファネルの考え方**も理解できましたか？

はい、コンバージョンフローでは、**バケツの水漏れを防ぐ**のですね！　しっかり防ぐようにがんばります！

はい。第5章のレポート作成はお疲れ様でした。
続いて第6章では、集客についてのレポートを学びます

Chapter 5

売上アップのためのコンバージョン率改善分析

Chapter 6

売上アップのための
集客分析

第6章は、ユーザーを呼び込む「入口」部分の分析と改善方法について学びます。Lesson 6-1 では流入元の分類（チャネルや参照元とメディア）、Lesson 6-2 ではキャンペーンパラメータの設定方法を学びます。最後に、改善につながる流入元を分析する3つの方法を例示します（Lesson 6-3, 6-4）。

図 第5章から第7章では、改善方法について学びます

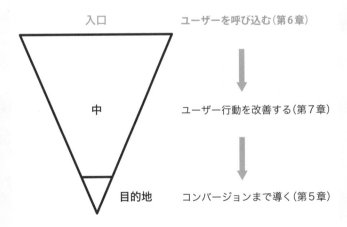

入口　　　　　ユーザーを呼び込む（第6章）

中　　　　　　ユーザー行動を改善する（第7章）

目的地　　　　コンバージョンまで導く（第5章）

Lesson 6-1

流入元の分類方法を知ろう

ユーザーはどこから来たのだろう？

メイさん、お気に入りのサイトはありますか？
また、どうやってそのサイトにたどり着きますか？

最近コスメ（化粧用品）にはまっているので、コスメのレビューサイトを見ます。具体的には、ブラウザの**検索窓にサイトの名称を打ち込ん**でいます。たまにおすすめ品のメールが送られてくるので、メールからたどり着くこともありますよ。あっ、**X（旧Twitter）でタップして**リンク先にジャンプすることもあります

はい。今のお話の中でも、「検索エンジン」「メール」「SNS」という3つの方法が出てきました。このように、ユーザーはさまざまな形でサービスにたどり着いています

HINT //

SNSはソーシャル・ネットワーキング・サービスの略称です。X（旧Twitter）のほかにFacebookやInstagramなどがあります。

図6-1-1 ユーザーは多様な手段であなたのサービスにたどり着いている

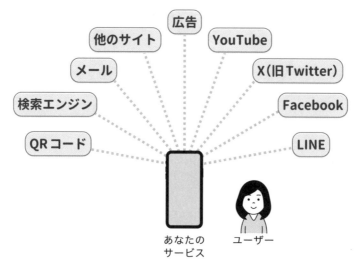

> サービスに訪問したユーザーがどこから来たのかを
> 「流入元」と呼びます。早速ですが、あなたのサービス
> に訪問したユーザーの流入元を調べてみましょうか！

> はい！ 楽しみです

集客の概要を確認してみよう

最も手軽に集客状況を確認する方法は、**レポートメニューから「集客」＞「集客サマリー」**を見ることです。概要 (サマリー) レポートには、「新規ユーザー数とその流入元」などの情報がカード上で示されます。

図6-1-2 「レポート」＞「集客」＞「集客サマリー」

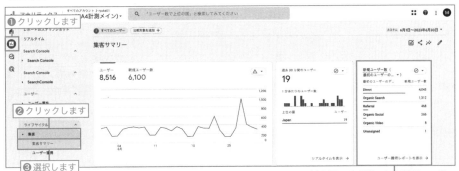

流入元の大分類ごとの新規ユーザー
数などのカードが表示されます。

次に、訪問したユーザーの流入元を確認してみましょう。**レポートメニューから「集客」＞「トラフィック獲得」**をクリックします。

HINT //

集客サマリーの下の「ユーザー獲得レポート」には新規にサービスを訪問したユーザーの情報が、**「トラフィック獲得レポート」には新規ユーザーと既存ユーザー** (すでにこのサイトに訪れたことがあるユーザー) が**合わせて表示**されます。

図6-1-3 「レポート」>「集客」>「トラフィック獲得」

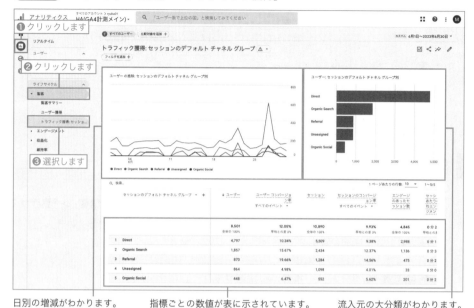

① クリックします

② クリックします

③ 選択します

日別の増減がわかります。　　　　指標ごとの数値が表に示されています。　　　流入元の大分類がわかります。

このレポートでは、流入元ごとの訪問者数や新規訪問者数の増減が、デフォルトチャネルグループごとに示されています

小川先生、「デフォルトチャネルグループ」ってなんですか？

デフォルトチャネルグループは、「流入元の大分類」といった意味合いです。20種の分類があります。詳しく説明しますね

流入元の大分類：20種類のデフォルトチャネルグループ

Googleアナリティクス4では、流入元の大分類を「チャネル」などと言います。**チャネル（英：channel）は英語で水の流れ（水路）という意味**があり、**「物が通過する経路や道筋」**という意味合いに変化して使われています。**Googleアナリティクス4では、あらかじめ設定された20種類の大分類を「デフォルトチャネルグループ」と呼びます。**「無料集客」「有料集客」「流入元なし」の大きく3つに分けられます。

表6-1-1 デフォルトチャネルグループの分類

分類	英名表記	日本語訳 ※筆者訳	例
無料集客 （8種類）	Organic Search	検索	GoogleやBingなどの検索エンジン経由 ※広告以外 HINT 「自然」や「オーガニック」の表記は、有料集客でないことを示しています。
	Referral	参照	他のサイトやアプリ（ブログやニュースサイトなど）に貼られたリンク経由 ※広告以外
	Organic Social	ソーシャル	FacebookやX（旧Twitter）などのソーシャルサイトに貼られたリンク経由 ※広告以外
	Organic Video	動画	YouTube、TikTok、Vimeoなどの動画サイト ※広告以外
	Organic shopping	ショッピング	Amazonなどのショッピングサイトに貼られたリンク経由 ※広告以外
	Email	メール	メール内のリンク経由 ※広告以外
	Mobile Push Notifications	モバイルの プッシュ通知	モバイルデバイスメッセージの リンク経由
	SMS	SMS	ショートメッセージのリンク経由
有料集客 （9種類）	Affiliates	アフィリエイト	アフィリエイトサイトのリンク経由
	Display	ディスプレイ	ディスプレイ広告経由
	Audio	オーディオ	ポッドキャストなどの オーディオプラットフォーム広告経由
	Cross-network	クロスネットワーク	検索ネットワークやディスプレイネットワークなどのネットワーク広告経由
	Paid Search	有料検索	検索連動型広告経由
	Paid Social	有料ソーシャル	FacebookやX（旧Twitter）などの ソーシャル広告経由
	Paid Video	有料動画	TikTok、Vimeo、YouTubeなどの 動画サイト広告経由
	Paid Shopping	有料ショッピング	Amazonなどの ショッピングサイトの広告経由
	Paid Other	その他（有料）	上記以外の（分類できない）広告経由

次ページに続く

分類	英名表記	日本語訳 ※筆者訳	例
なし （3種類）	Unassigned	割り当てなし	上記のいずれにも分類できないもの
	(other)	その他	基数制限が生じている集計行です。具体的には、ディメンションに割り当てられた固有の値の上限（1日あたり500種類）を超過したデータです。 HINT 公式ヘルプ「(other)」行について URL ▶ https://support.google.com/analytics/answer/13331684 上記のヘルプでは、otherの表記を避ける方法が記載されています。otherが多くて困っている場合は、参考にしてみてください。
	Direct	ノーリファラー （直流入）	ブックマークなどの保存済みリンク経由またはURLを直接入力した場合など（表6-1-2参照）

HINT

これらの分類が使いづらいと感じたり、自分のサービスにとって適切な大分類でないと考える場合は、**自分自身でチャネルを定義する「カスタムチャネルグループの設定」という応用機能**があります。

●公式サイト「カスタムチャネルグループ」

URL ▶ https://support.google.com/analytics/answer/13051316

無料集客に分類される8つは、私もユーザーとして使ったことがあるのでなんとなくわかります。
最後の3つは、**分類できないものが「Unassigned（割り当てなし）」、種類が多すぎて表記できないものが「(other)（その他）」、参照元なしが「Direct（直流入・ノーリファラー）」**ということですね…

その3つのチャネルに分類されると、分析はしづらくなります

 分析できないということですか？

まずは原因を確認してみましょう。「ノーリファラー（直流入）」になる場合の10個の原因を紹介しますね

Direct（直流入・ノーリファラー）の10の原因

表6-1-2 流入元がないと判断されてしまう「ノーリファラー（直流入）」の10の原因

1	お気に入り（ブックマーク）	ブラウザの「お気に入り」登録からサイト名をクリックした場合	➡対処できない
2	URL直接入力	URLを直接ブラウザのアドレスバーに入力した場合	
3	サジェスト機能	ブラウザのURLサジェスト機能を利用した場合 **HINT** 例えば、ブラウザのアドレス欄に「y」と入力しただけで「https://www.yahoo.co.jp」が類推され、そのまま Enter キーなどを押してサイトに流入した場合	
4	Googleディスカバー	Googleディスカバーに表示されたリンクをクリックした場合 **HINT** Googleディスカバーは、Google検索のトップページなどにユーザーの興味や関心に合わせて表示されるコンテンツです。「Googleサーチコンソール」というツールでサイトへの流入数を把握できます。	
5	iOSおすすめの記事	iPhoneなどのホーム画面に表示されたおすすめ記事をクリックした場合	
6	メール	メールソフト内のリンクをクリックした場合	➡「キャンペーンパラメータ」を設置することで対処できる場合がある
7	文書内のリンク	WordやExcelなどのファイルに記載されたリンクをクリックした場合	
8	QRコード	QRコードからサイトを表示した場合	
9	アプリ	スマートフォンなどのアプリに記載されたリンクをタップ（クリック）した場合	
10	非SSLページ	「https://」のページ（SSLページ）から「http://」のページ（非SSLページ）へのリンクの場合	

表6-1-2「Direct（直流入・ノーリファラー）の10の原因」の6〜10については、Lesson 6-2で解説する**キャンペーンパラメータを設置することで適切に分類される可能性**があります。
「Unassigned（割り当てなし）」も同様に、キャンペーンパラメータの設置によって解消する場合があります

流入元の小分類：参照元とメディア

キャンペーンパラメータを確認する前に、流入元の小分類も確認していきましょう。

Googleアナリティクス 4には、流入元の小分類として「参照元」と「メディア」があります。早速、レポートで表示してみましょう。

Googleアナリティクス 4を開き、左のレポートメニューから「集客」>「トラフィック獲得」をクリックします（先ほど表示していたレポートです）。

開いたレポートの下部の表に「セッションのデフォルトチャネルグループ」というディメンションがあります。その右側の「＋」ボタンをクリックしましょう。

図6-1-4 「レポート」>「集客」>「トラフィック獲得」

＋をクリックすると、セカンダリディメンション
（2つめのディメンション）を選択できます。

セカンダリディメンションの選択画面では、「セッションの参照元 / メディア」を選択します。

図6-1-5 セカンダリディメンションは「セッションの参照元 / メディア」を選択

選択すると、**図6-1-6**のように、チャネルの右側に**参照元とメディア**が「**/**」区切りで表示されます。

図6-1-6 参照元とメディアの表示

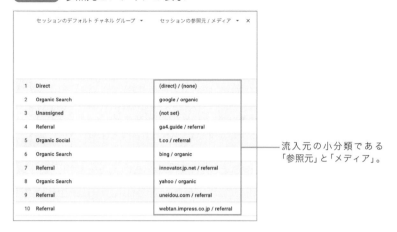

流入元の小分類である
「参照元」と「メディア」。

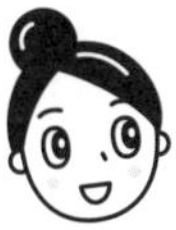

「参照元」と「メディア」は、どんな違いがあるのですか？

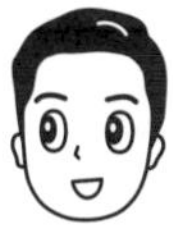

参照元やメディアは、ユーザーがサービスに流入する際に
付与されるトラフィックディメンションです

図6-1-7 トラフィックディメンションである「参照元」と「メディア」とは？

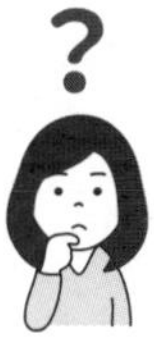

参照元(source)とは？

流入元の具体的なサービス名称を簡易的に示すディメンションです。
例えば、「google」「yahoo」などの検索エンジンの名前や、「facebook.com」（フェイスブック）や「t.co」（X：旧Twitter）、「ga4.guide」（弊社が提供する「Googleアナリティクス 4 ガイド」というサイトのドメイン）が表示されます。

メディア(medium)とは？

媒介となったサービスの種類を示すディメンションです。
例えば、自然検索の場合は「organic」、他のサイトから来た場合は「referral」、ソーシャルメディアから来た場合は「social」、メールの場合は「email」などと表示されます。

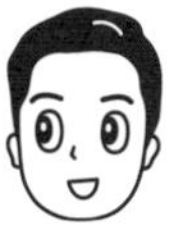

Lesson 6-2でやってみましょう！

Lesson
6-2

キャンペーンを行う場は必須

カスタムURL（キャンペーンパラメータ）を設定しよう

前ページでは、流入元の判別がつかない場合（直流入・ノーリファラー）について学びました。そのような状態になることを避け、キャンペーンの結果などをしっかり計測するため、カスタムURL（キャンペーンパラメータ）を設定しましょう

どうしてカスタムURL（キャンペーンパラメータ）が必要なのか

カスタムURL（キャンペーンパラメータ）とは何でしょうか。

ここでは、以下のような例を考えてみます。

◇ キャンペーンの評価例（うまくいっていない場合）

例 あるサイトで、1週間のセール（特売）を行いました。**バナー広告・検索広告・メール広告・SNS広告**など複数の有料広告の施策を行い、サイトにはたくさんのユーザーがサービスを訪問しました。
セール終了後に、担当者は有料広告の施策にどのくらいの効果があったのかを評価しようとしました。いつもよりたくさんのユーザーがサイトを訪れたことにより、有料広告の施策が奏功したと考えるものの、同時に**ソーシャル**で話題になり、**ブログ**で取り上げられたことで訪問したユーザーもいたので、結局**どの広告にど**れくらいの効果があったかわからなくなってしまいました。

　上記のような例の場合、**いくつかの効果は「参照元 / メディア」で判別**できます。例えば、あるブログで紹介されてサイトに訪れた場合は「（サイトのドメイン） / referral」と表記されます。有料検索と無料検索は、無料が「google / organic」、有料が「google / paid」などと表記されることでわかります。

　一方で、判別できなくなってしまうのは、例えば以下のようなパターンの場合です。

キャンペーン施策の効果を判別できない場合

- 関連するサイトにバナー広告とテキスト広告の2種類を貼ったが、「参照元 / メディア」が同じなので、どちらの効果かわからない。
- メール広告を行ったが、メールからの流入は、参照元なし（Direct・直流入・ノーリファラー）になってしまい、件数がわからなかった

また、「出稿ツールで数がわかるので問題ない」と考える人もいますが、**サイトにユーザーを呼び込むところで分析が終わるのではありません**。サイトに再訪問したり、コンバージョンしてくれたりという観点でキャンペーンの成果を比較し、効果の高い流入元を把握することが重要です。

Googleアナリティクス 4を使って流入元ごとのコンバージョンを評価することで、**サービスを気に入ってくれる相性の良いユーザーを効率よく呼び込む流入元を特定し、流入元を改善できます**。そのため、**集客施策を行う場合は、無料施策・有料施策ともに、カスタムURL（キャンペーンパラメータ）を適切に設定**しましょう。

図6-2-1 同じ画面に2種類の異なったクリエイティブのリンクを貼った場合、参照元/メディアでは判別できない

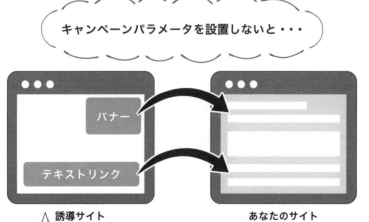

キャンペーンパラメータを設置しないと・・・

バナー

テキストリンク

誘導サイト　　　　　あなたのサイト

参照元/メディアや参照元URLは同一なので
バナーとテキストリンクのどちらの効果が良かったのかを把握できません。

> **POINT**　無料施策・有料施策ともに、**カスタムURL（キャンペーンパラメータ）**を設定することで流入元を正確に特定し、サイト内行動やコンバージョンに紐づけて流入元を評価して、効果的な集客施策を行うことができます。

カスタムURL（キャンペーンパラメータ）はどんなものか

早速、**カスタム URL（キャンペーンパラメータ）** を見てみましょう。このような形をしています。

図6-2-2 カスタムURLとキャンペーンパラメータ

カスタム URL（例）

https://www.example.com/?utm_source=summer-mailer&utm_medium=email&utm_campaign=summer-sale

キャンペーンパラメータ

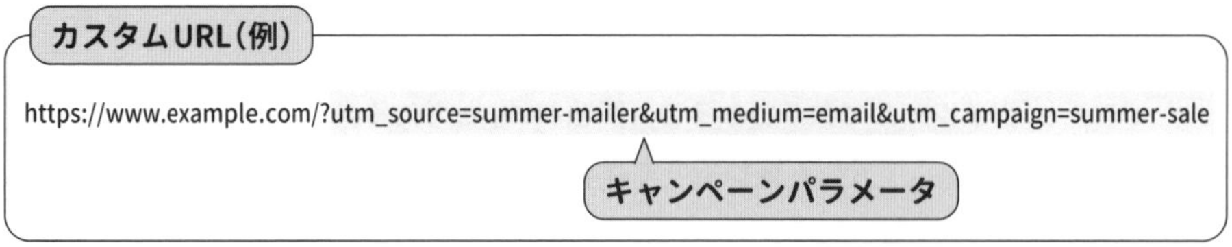

図6-2-2の**「？」から後の部分がキャンペーンパラメータで、「https:」から始まるURL全体を「カスタムURL」などと呼びます**。さらに、このパラメータを分解してみましょう。

図6-2-3 キャンペーンパラメータを分解すると…

カスタム URL（例）

https://www.example.com/?utm_source=summer-mailer&utm_medium=email&utm_campaign=summer-sale

キャンペーンパラメータ

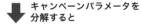

キャンペーンパラメータを
分解すると

?utm_source=summer-mailer
&utm_medium=email
&utm_campaign=summer-sale

3つの塊に分けられる

さらに
分解
すると

	パラメータ		その値
?	utm_source	=	summer-mailer
&	utm_medium	=	email
&	utm_campaign	=	summer-sale

パラメータとその値を示している

?と&はパラメータとその値をつなぐ記号
（先頭が「?」で、2つめ以降が「&」）

キャンペーンパラメータを「?」または「&」で区切って3つに分けると、
パラメータとその値が3セットある、ということがわかります

意味不明な英語の文字列だと思ったら、
意外と単純な構造なんですね

はい、すべての文字に意味がありますよ。図6-2-3では3つのキャンペーンパラメータがありましたが、実際は5つまで設定できます

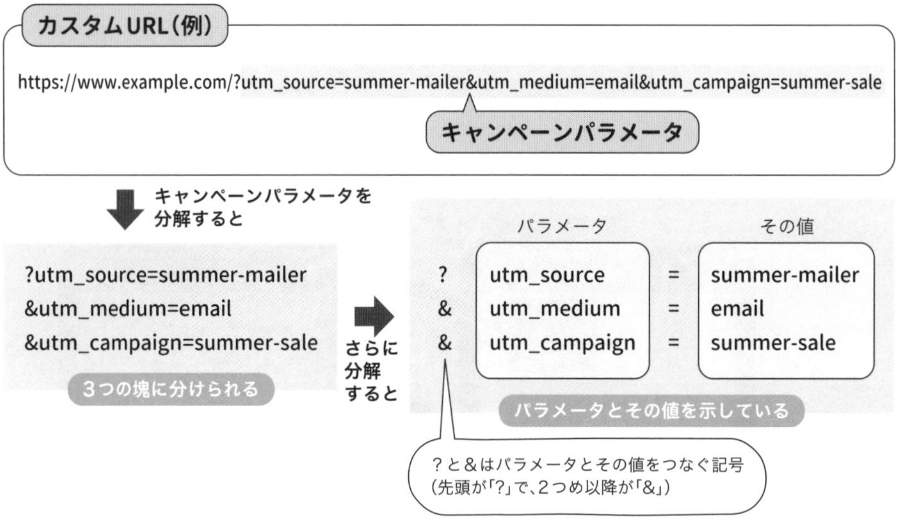

表6-2-1 5つのキャンペーンパラメータ

キャンペーンパラメータ	設定内容	レポートの表示名
utm_source	**具体的なサービス名称を簡易的に**設定します。 （「google」「yahoo」などの検索エンジンの名前や「ga4.guide」というサイト名やサービス名などを設定します） HINT チャネル分類の条件（220ページ・表6-2-2）も確認しましょう。	参照元 必須
utm_medium	**媒介となったサービスの種類を**設定します。 （自然検索の場合は「organic」、他サイトから来た場合は「referral」、SNSは「social」、メールは「email」などを設定します） HINT チャネル分類の条件（220ページ・表6-2-2）も確認しましょう。	メディア 必須
utm_campaign	**キャンペーン名やプロモーションコードなどを**指定します。	キャンペーン 必須
utm_term	**有料検索向けキーワードを**特定します。	キーワード
utm_content	**似通ったコンテンツや同じ広告内のリンクを区別**するために使用します。	コンテンツ

キャンペーンパラメータの「*utm_source*」と「*utm_medium*」は、それぞれ集客レポートの「**参照元**」と「**メディア**」というディメンションになります

こういう方法で、参照元とメディアというディメンションを作成できるんですね

はい。それから「*utm_campaign*」（キャンペーン）も必ず設定します。先に話した通り、参照元とメディアだけでは判別できない場合に、キャンペーン名を明記することで、どの広告かを判断しやすくなります。**参照元（*utm_source*）・メディア（*utm_medium*）・キャンペーン（*utm_campaign*）の3つは、必須のパラメータ**です

他の2つはどうですか？

*utm_term*と*utm_ utm_content*はそれぞれ、有料検索のキーワードを示したり、内容の識別に使うものです。
この2つは省略してよいパラメータなので、大抵の現場では、必須の3つのパラメータで済ませてしまうことが多いです

そうなんですね。ところで、どのパラメータも「utm_」で始まっていますが、どうしてUTMなんですか?

UTMとは、Urchin Tracking Moduleの略です。かつて、Urchin Software Corp.という会社が「Urchin」というウェブ解析ソフトを開発していたのですが、2005年にGoogle社がその会社を買収してGoogleアナリティクスを生み出したのですよ

Googleアナリティクスの起源にさかのぼる言葉でびっくりしました!!

キャンペーンパラメータを作ってみよう

Step 1 カスタムURLを作成しよう

カスタムURL(キャンペーンパラメータ)はどのように作ればよいでしょう。**手動で設定する方法と、設定ツールを使う方法の2つ**があります。

◆ **手動で設定する場合**

- 5つのキャンペーンパラメータのうち、どのパラメータを設定するか選択し、値を決めます。
- パラメータ名とその値のペアは、等号(＝)でつなぎます。
- パラメータのペアは「?」または「&」でつなぎます。先頭が「?」、2つめ以降が「&」です。
- あなたの着地先となるサイトのURLの後に、「?」を先頭としたパラメータ群をつなげましょう。このようになります。

  例:https://www.example.com/?utm_source=email_campaign&utm_medium=email&utm_campaign=summer-sale

  HINT //
  すべて半角文字列で設定します。

  HINT //
  設定したカスタムURLは、エクセルの一覧などにして、必ずメモしておきましょう。

⟐ ツールを用いる場合

Google社が提供する「キャンペーンURL生成ツール」を使うこともできます。

キャンペーンURL生成ツール

https://ga-dev-tools.google/campaign-url-builder/

HINT このサイトは英語で書かれていますが、Chromeブラウザなどで開き、右クリックからショートカットメニューから「日本語に翻訳」を選択すると、日本語で確認することができます。

上記のURLを開くと、**図6-2-4**のような画面が表示されます。項目を埋めると、画面の下部にカスタムURLが生成されます。

図6-2-4 キャンペーンURL生成ツール

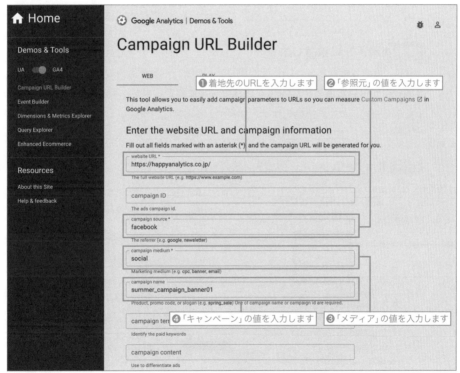

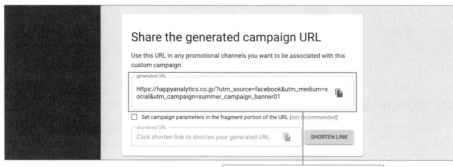

❺ カスタムURLができあがりました。
コピーして、集客先に設置しましょう

手動でも、ツールでもどちらの方法を使ってもかまいませんが、どの方法を使っても、**カスタムURLの記録を忘れないように**しましょう。
キャンペーンのクリエイティブ（広告にどのような画像やテキストを設定したか）・URL・キャンペーンパラメータの値を一覧にして、手元に記録しておきます

Step 2 流入元に設置しよう

次に、作成したカスタムURLを設置しましょう。バナー広告の場合には、**キャンペーンパラメータが付いたカスタムURLを入稿ツールに設定**します。メール広告やソーシャルを使った広告も同様です。提携先サイトなどがある場合も、作成したキャンペーンパラメータが付いたカスタムURLごと提携先に渡して、そのまま設定してもらうようにしましょう。

図6-2-5 カスタムURLごと集客先に設置しよう

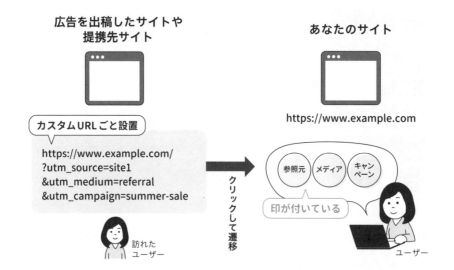

ユーザーがカスタムURLのリンクを辿って訪問すると、トラフィックに印が付いた状態になります。そのため、サイト内行動と結びつけてキャンペーンを評価することができます。

キャンペーンパラメータをレポート上で確認しよう

レポートで確認してみましょう。

Googleアナリティクス4を開き、左のレポートメニューから「集客」＞「トラフィック獲得」をクリックします（先ほど表示していたレポートです）。開いたレポートの下部の表に「セッションのデフォルトチャネルグループ」というプライマリディメンションの表記があります。その**テキストをクリックするとプライマリディメンションを変更**できます。

図6-2-6 「レポート」＞「集客」＞「トラフィック獲得」からプライマリディメンションを設定

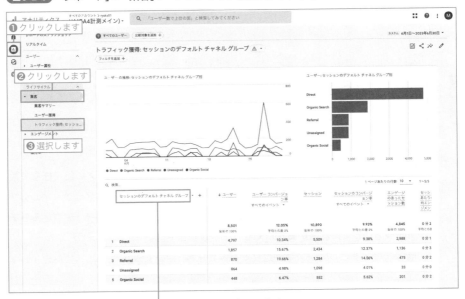

「セッションのデフォルトチャネルグループ」をクリックし、プライマリディメンションを「セッションのキャンペーン」に変更します。

変更すると、**図6-2-7**のように**キャンペーンごとのユーザー数やコンバージョン率**を確認することができます。参照元・メディアと並べて確認したいときは、セカンダリディメンションで「セッションの参照元 / メディア」を追加することもできます。

HINT //

あるいは、探索レポートを開いて、自由形式レポートを設定してもよいでしょう。ディメンションは「キャンペーン・参照元・メディア」の3つを選び、指標には「総ユーザー数」「コンバージョン」などを指定します。

図6-2-7 セッションのキャンペーン

セッションのキャンペーン ▼ ＋	↑ ユーザー	セッション	エンゲージのあったセッション数	セッションあたりの平均エンゲージメント時間
	48,603 全体の 100%	69,685 全体の 100%	51,909 全体の 100%	1分 22 秒 平均との差 0%
1 June2023_Pride_V1	101	235	200	1分 19 秒
2 April2023_EarthDay_V1	103	227	203	2分 07 秒
3 June2023_Plastic_Free_July_V1	525	700	593	1分 33 秒

チャネル分類を意識して
キャンペーンパラメータを設計しよう

最後に、チャネル分類の条件付けについて説明します。

カスタムURL（キャンペーンパラメータ）では、**参照元とメディアの値を任意で設定**できました。どんな値でも自由に設定できるのですが、参照元とメディアはチャネル分類の条件付けにも使われるため、あまり**適当に付けてしまうと、大分類である「デフォルトチャネルグループ」ごとの集計値がおかしく**なってしまいます。

そこで、チャネル分類の条件付けと参照元・メディアの関係性を知っておきましょう。

表6-2-2 デフォルトチャネルグループの条件（よく使う3つのチャネル例）

チャネル名	日本語訳	参照元・メディア・キャンペーンの条件
Referral	参照	メディアが（「referral」、「app」、「link」）のいずれか
Organic Social	ソーシャル	参照元 - ソーシャルサイトの正規表現リストに一致 OR（または） メディアが「social」、「social-network」、「social-media」、「sm」、「social network」、「social media」のいずれか
Email	メール	参照元 = email|e-mail|e_mail|e mail OR（または） メディア = email|e-mail|e_mail|e mail

表6-2-2では、よく使いそうな3つのチャネルについて、条件を書き出してみました。この条件は例えば、**メールキャンペーンの参照元を「em」などにしてしまうと、チャネル分類では「Unassigned（割り当てなし）」に分類されてしまう**ということです

 条件を確認しないと、デフォルトチャネルグループのレポートが不正確になってしまいますね

はい。「メール」チャネルに割り当てる場合、例えば参照元を「email」とすれば大丈夫です

HINT ///

他のチャネルの条件を確認するには、公式ヘルプをご確認ください。

●**公式サイト「デフォルトチャネルグループ」**

URL ▶ https://support.google.com/analytics/answer/9756891?hl=ja

Lesson 6-3

相性のよいユーザーを呼び込もう

改善につながる 流入元分析の手法

ただ多くのユーザーを呼び込めばよいというわけではありません。サービスを気に入って何度も訪問し、コンバージョンしてくれる（顧客になってくれる）ような、相性の良いユーザーを呼び込むことが重要です

集客における分析と改善の考え方

第5章のコンバージョンの説明の際に、穴だらけのバケツにたくさん水を入れようとしても、水漏ればかりでなかなか水がたまらないという例え話をしました。コンバージョン経路で大量の離脱がある場合に、たくさん集客しても効率が悪いという話です

はい！ 覚えています

同じように、**大量の水をバケツに入れ込んでもほとんどの水がたまらずに流れ出ていく状況**であれば、注ぐ行為が無駄になります（図6-3-1)。サイトにユーザーを呼び込む目的は、コンバージョンをして顧客になってもらうことです。集客してもコンバージョンを行わないユーザーばかりが大量に素通りするのはよい集客とは言えません。**サイトと相性が合うユーザーがいる流入元を特定し、効果的に集客する**ことを意識しましょう。相性が合うユーザーというのは、サイトを気に入って**何度も訪問**したり、**コンバージョンして顧客になって**くれたりするユーザーです

集客は、コンバージョンや再訪などと紐づけて考えるのですね

図6-3-1 コンバージョンにつながる集客を効率的に行う

❶ 初めて訪問するユーザーがどこから来るか？
集客➡ユーザー獲得

それでは、改善につながるレポートを見て分析してみましょう。

まず、簡単に確認できるレポートメニューを見てみます。レポートメニューから**「集客」＞「ユーザー獲得」レポート**を開きます。開いた画面の表部分で**「ユーザーの最初の参照 / メディア」というセカンダリディメンション**を追加します。指標部分のコンバージョンの左の矢印↓をクリックし、コンバージョンの多い順に並べて見ることができます。

図6-3-2 「探索」メニューから「空白」レポートを開く

このレポートは手軽に、**コンバージョンしたユーザーの初回訪問時の流入元（チャネル・参照元・メディアごと）** を確認することができます。

【改善につながるレポートの見方】①ユーザー獲得

開いたレポート	「レポート」メニュー＞「集客」＞「ユーザー獲得」
確認できる事実	コンバージョンしたユーザーの初回訪問時の流入元（チャネル・参照元・メディアごと）がわかります。
気付きを得る操作	・ディメンション：最初のユーザーのデフォルトチャネルグループ ・セカンダリディメンション：ユーザーの最初の参照元／メディア ・指標：コンバージョンなど **コンバージョンの多い順に並べ替え**たり、分析対象のコンバージョンを絞り込んだりして、コンバージョンごとに確認します。また、定点観測をしている場合は、**期間を比較**して、トレンドに変化がないか確認すると、気付きがあるかもしれません。
ユーザーの心情	バナーや紹介されたページなどのうち、何に惹かれてコンバージョンまで至ったのかを想像します。また、ユーザーの参照元を知ることで、**どのような文脈（気持ちの流れ）でサイトに訪れたか**を想像してみましょう。
改善施策	コンバージョン数が多い、またはコンバージョン率が高い流入元から、より多くのユーザーを呼び込みましょう（例：広告を出す、タイアップを行うなど）。

❷ ユーザーの定着率で流入元を評価してみよう
初回獲得ユーザーエンゲージメント

次は、初回の流入元ごとに再訪問状況を確認します。**探索メニューから空白のレポート**を開きます。ディメンションと指標を以下のように設定します。

> ▪ ディメンション：最初のユーザーのデフォルトチャネルグループ、ユーザーの最初の参照元／メディア
> ▪ 指標：アクティブユーザー数、リピーター数、エンゲージメント率、コンバージョン、ユーザーコンバージョン率

設定したら、気になる指標をクリックして降順にするなどして、参照元を評価していきましょう。

図6-3-3 探索レポートで初回獲得エンゲージメントレポートを作成

指標をクリックして降順にしてみましょう。

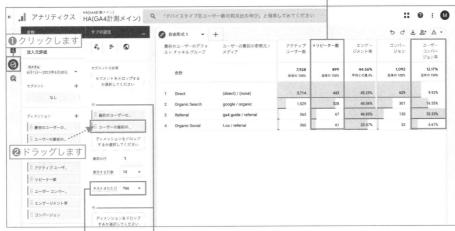

ネストは「Yes」だと
見やすくなります。

❸変数列の「ディメンション」と「指標」を、「タブの設定」列の値と行に設定します

【改善につながるレポートの見方】②初回獲得ユーザーエンゲージメント

開いたレポート	「探索」>「空白（自由形式）」
確認できる事実	初回の流入元ごとに、再訪問状況やコンバージョンの状況を確認します。
気付きを得る操作	・ディメンション：最初のユーザーのデフォルトチャネルグループ、ユーザーの最初の参照元／メディア ・指標：アクティブユーザー数、リピーター数、エンゲージメント率、コンバージョン、ユーザーコンバージョン率 **HINT** 「ネストされた行」は「Yes」に設定すると、表が見やすくなります。 **リピーター率を見るためには、「リピーター数／アクティブユーザー数」の割り算を**する必要があります。レポートをCSVファイル形式でダウンロードし、Excelなどのソフトを使って計算することで、リピーター率を割り出します。
ユーザーの心情	再訪問（リピーター）やコンバージョンが多い流入元からはじめに訪問したユーザーは、サイトと相性がよいかもしれません。例えば、流入元に貼られていたクリエイティブ（リンク・バナー・紹介文）や、紹介された文脈が良かったおかげで、サイトに好印象を持っている可能性があります。
改善施策	コンバージョンや再訪問の多い流入元に、多くアプローチしましょう。 または成功した流入元でのサイトの紹介（クリエイティブや文脈）を別の流入元にも展開しましょう。

❸ どんな検索ワードで流入した人がコンバージョンに結びついているだろう
Googleオーガニック検索レポート：ランディングページ+クエリ文字列

　Search Consoleレポートでは、「クエリ」メニューから検索クエリ（語句）ごとの流入数等が確認できます。さらに**「Google オーガニック検索レポート：ランディングページ+クエリ文字列」レポート**を開くと、自然検索から流入した際に最初に開いたページ（ランディングページ）ごとの指標を確認することができます。

　検索画面での表示回数や順位、クリック数のみならず、**サイトに流入してからのエンゲージメント率やコンバージョン数**を確認できます。

図6-3-4 「Googleオーガニック検索レポート：ランディングページ+クエリ文字列」画面

【改善につながるレポートの見方】③Googleオーガニック検索レポート：
ランディングページ＋クエリ文字列

開いたレポート	「レポート」＞「Search Console」＞「Googleオーガニック検索レポート：ランディングページ+クエリ文字列」
確認できる事実	検索エンジンからの流入したユーザーについて、ランディングページごとのエンゲージメント率やコンバージョン数を確認できます。
気付きを得る動作	表を操作して、エンゲージメント率やコンバージョン数の降順に並べ替えてみましょう。どの入り口ページを見たユーザーがサイトを気に入ってくれたかがわかります。良い入り口ページを特定できたら、さらに「クエリレポート」を開き、ユーザーが検索した際に入力した「検索クエリ」を特定します。
ユーザーの心情	コンバージョンしたユーザーは、ある情報を調べたくて検索エンジンに質問したい語句を入力したところ質問に回答するページ（あなたのサイトです）が見つかりました。さらに実際にそのサイトのサービスを使ってみた、というユーザーです。
改善施策	コンバージョンが多かったランディングページや検索クエリを特定します。ページに改良できる点があれば、修正します。また、コンバージョンの多い検索クエリが特定できた場合は、検索エンジン最適化対策を講じたり、有料の検索連動型広告を出稿することも検討しましょう。

Lesson 6-4

「広告」メニュー＞「アトリビューション」

コンバージョンに貢献した
チャネルを適切に評価する

ユーザーが利用した流入元を時系列順に並べて見ることができます。広告や
無料施策の評価をする際に、間接的な貢献をしたことを評価することができ
る便利な機能「アトリビューション」を紹介します。

 小川先生、困ったことがあります。先日学習したカスタム
URLをしっかり設定してSNSに投稿しました。それは結構
見られたのですが、SNSからは1件もコンバージョンがな
かったんです。同じ時期に自然検索が増えて、自然検索
からのコンバージョンはたくさんあるんですが...

それは例えば「ユーザーがSNSの投稿を見た後に、
自分で検索してサイトに流入して、コンバージョン行
動をした」という仮説が考えられますね

 でも、証明できないですよね？

できますよ。「広告」メニューのアトリビューション
機能で確認しましょう

 先生、私が行ったのは広告でなくて無料施策です

「広告」メニューは「広告」という名称が付いて
いますが、すべての流入のコンバージョン貢
献を見ることができます

 そうなんですね！

集客レポートとアトリビューション機能の評価の違い

例えば、以下のような場合を考えてみます。

 例 あるユーザーがバナー広告をクリックしてサイトを訪問しました。サイトを気に入って、また別の日に検索エンジンからサイトに訪れ、商品を購入（コンバージョン）しました。

この例の場合、もし**コンバージョンしたときに訪問した流入元（自然検索）のみを評価**し、バナー広告は評価したとすれば、偏りがあると言えます。このバナーは、ユーザーの興味を喚起する役割を果たしている可能性があるためです。

図6-4-1 コンバージョンがあったチャネルの評価だけでは、偏りが出る可能性がある

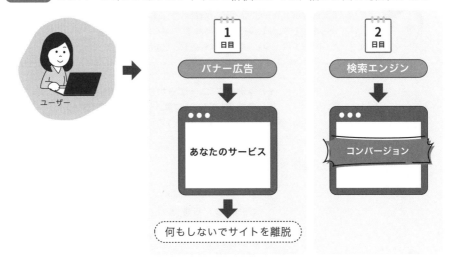

このような偏りを回避し、コンバージョンを手助けした流入元を適切に評価しようというのがアトリビューション機能です。**アトリビューションとは「帰属（英：attribution）」といった意味を持ち、各コンバージョンがどのチャネルに帰属しているか**を示します。レポートは「コンバージョン経路」レポートと「モデル比較」レポートの2つがあります（**表6-4-1**）。

表6-4-1 アトリビューション機能を持つ2つのレポート

「コンバージョン経路」レポート	ユーザーが達成するまでにたどった経路を確認し、コンバージョンまでに経由した広告やクリックなどのさまざまな要素に貢献度を割り当てます。
「モデル比較」レポート	アトリビューションモデルとは、コンバージョンに至った広告の貢献度をコンバージョン経路のタッチポイントにどのように割り振るかを決めるルールまたはデータドリブンアルゴリズムのことです。

それでは、アトリビューション機能にどのような「評価モデル」が用意されているか見てみましょう。

表6-4-2 3つのアトリビューションモデルの種類

❶データドリブン	コンバージョンへの貢献度を異なる複数のタッチポイントに配分するために**機械学習アルゴリズムを使用している**アトリビューションモデルです。
	HINT 各サービスのデータを学習し、コンバージョン種別ごとや経過時間、デバイスカテゴリ、クリエイティブの種類などを学習して総合的に貢献度を算出します。 詳細は、公式サイト「アトリビューションとアトリビューションモデリングについて」を参考にしてください。 URL ▶ https://support.google.com/analytics/answer/10596866?hl=ja
❷有料チャネルとオーガニックチャネル (ラストクリック)	ノーリファラーを無視し、ユーザーがコンバージョンに至る前に、**最後にクリックしたチャネル**にコンバージョン値をすべて割り当てます。
	例「ディスプレイ」>「ソーシャル」>「有料検索」>「オーガニック検索」➡ **オーガニック検索**にすべて割り当て 「ディスプレイ」>「ソーシャル」>「有料検索」>「**メール**」➡ メールにすべて割り当て 「ディスプレイ」>「ソーシャル」>「**有料検索**」>「ノーリファラー」➡ 有料検索にすべて割り当て
	HINT Google広告にエクスポートできる唯一のラストクリックモデルです。
❸Googleの有料チャネル (ラストクリック)	ユーザーがコンバージョンに至る前に**最後にクリックしたGoogle広告チャネル**に、コンバージョン値をすべて割り当てます。
	例「ディスプレイ」>「ソーシャル」>「**有料検索**」>「オーガニック検索」➡ 有料検索にすべて割り当て 「ディスプレイ」>「ソーシャル」>「**YouTube EVC**」>「メール」➡ YouTubeにすべて割り当て 「ディスプレイ」>「ソーシャル」>「メール」>「ノーリファラー」➡ メールにすべて割り当て (有料広告がない場合は、❷のルールを適用)

HINT //

「線形」や「ファーストクリック」など他のモデルが画面に表示されるかもしれませんが、2023年10月から上記3つのモデルのみに変更されることがアナウンスされています。

通常利用する評価モデルは、「❶データドリブン」になるでしょう。❷と❸は広告評価などで使う可能性があります。また、レポート全体に適用するアトリビューションモデルをGoogleアナリティクス 4の設定画面から変更することができます。

アトリビューションモデルを変更するには？

　レポート全体に適用するアトリビューションモデルを Google アナリティクス 4 の設定画面から変更することができます。

　Google アナリティクス 4 の画面の右下にある設定メニューから「アトリビューション設定」をクリックします。

図6-4-2 設定メニューから「アトリビューション設定」をクリック

　クリックすると、次ページのような設定画面が表示されます。

図6-4-3 「アトリビューション設定」画面

レポートに適用するアトリビューションモデルを選択できます。初期設定は「データドリブン」です。

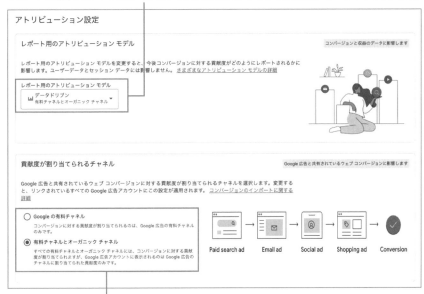

Google広告を利用している場合に、どのようにコンバージョンを割り当てるかを選択できます。

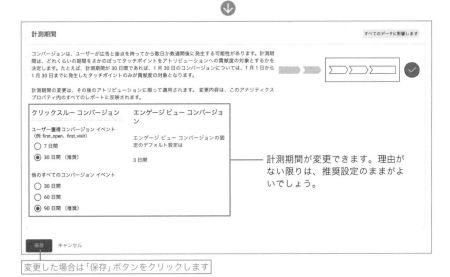

変更した場合は「保存」ボタンをクリックします

HINT //

アトリビューションモデルの変更は、**過去にもさかのぼって反映**されます。本設定の影響
範囲は、コンバージョンや売上などが表示されるレポートすべて（探索機能含む）に反映
されます。

広告のスナップショットを開いてみよう

> 広告メニューには、**コンバージョンに貢献したチャネルを評価する**
> **レポート**を確認することができます。**集客レポートと異なり、コン**
> **バージョンしたトラフィックのみ**が表示されます

左のメニューから「広告」を選択します。さらにサブメニューの**「広告スナップショット」**
をクリックすると、広告のスナップショット画面が表示されます。

図6-4-4 「広告」メニュー＞「広告スナップショット」を開く

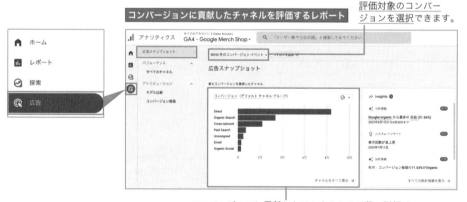

コンバージョンに貢献したチャネルとその数。詳細は
「すべてのチャネル」メニューで確認します。

アトリビューションモデルを比較する

次に、「広告」メニューから「モデル比較」レポートを見てみましょう。

図6-4-5 「モデル比較」レポート画面

プライマリディメンションは、デフォル
トチャネルグループ・参照元・メディ
ア・キャンペーンの4つが選択可能。

1つめのモデルのコンバー
ジョン数と収益。

2つめのモデルのコンバー
ジョン数と収益。

「モデル比較」レポートでは、コンバージョンに貢献した流入元の評価を**2つの評価基準（モデル）ごとに比較**できます。指標は、コンバージョン数と収益が表示されます。

このレポートは、例えば、「ラストクリックアトリビューションを使用しているが、ファーストクリックアトリビューションなら、チャネルとキャンペーンにどのくらい価値が生まれるかを知りたい」などの場合に活用します。

❹ ユーザーがたどった流入元を確認しよう
コンバージョン経路

最後に、「広告」メニュー＞「**コンバージョン経路**」レポートを開いてみましょう。

「コンバージョン経路」レポートでは、**ユーザーがコンバージョンするまでにどのような経路（流入元）をたどったか**を確認することができます。

図6-4-6 「広告」メニュー＞「コンバージョン経路」レポート

評価対象のコンバージョンを選択できます。

集客の粒度は、デフォルトチャネルグループ・参照元・メディア・キャンペーンの4つが選択可能。

評価モデルを選択します（後述）。

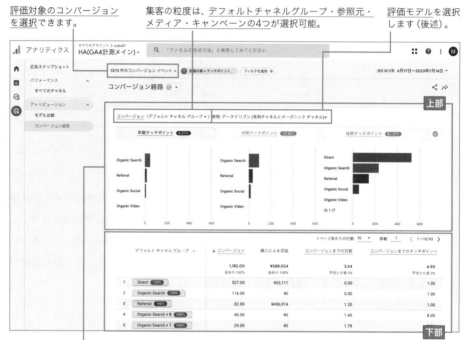

グラフにマウスオーバーすると、貢献度の内訳値を表示します。

コンバージョン経路レポートは、上部と下部に分かれます。

上部では、**「早期タッチポイント・中期タッチポイント・後期タッチポイント」の3つに分類**して、流入元のコンバージョンへの貢献度を示します。**集客の粒度は、デフォルトチャネルグループ・参照元・メディア・キャンペーンの4つが選択可能**です。また、**評価モデル（後述）を選択**することができます。

表6-4-3 タッチポイントとは

早期タッチポイント	コンバージョン経路上の流入のうち、**最初の25%の流入元**です。 （例えば、ユーザーが4回の訪問でコンバージョンした場合は、**1回目の訪問**が該当します）
中期タッチポイント	コンバージョン経路上の流入のうち、**中間の50%の流入元**です。 （例えば、ユーザーが4回の訪問でコンバージョンした場合は、**2回目、3回目の訪問**が該当します）
後期タッチポイント	コンバージョン経路上の流入のうち、**最後の25%の流入元**です。 （例えば、ユーザーが4回の訪問でコンバージョンした場合は、**4回目の訪問**が該当します） **HINT** 初回コンバージョンした場合は、後期にすべて割り当てられ、早期と中期にはカウントされません。

図6-4-7 コンバージョン経路の評価イメージ

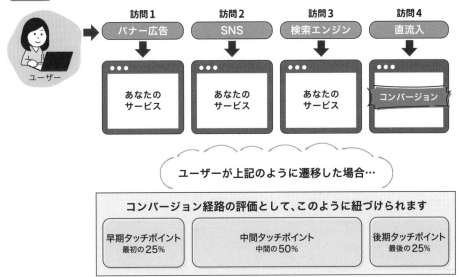

図6-4-6のレポートでは、早期・中期はOrganic Search（自然検索）が多く、後期はDirect（直流入）が多いことがわかります。おそらく、「ブックマーク（お気に入り登録）などをしてウェブサイトに来訪しているのではないか」などと予想できます。

今度は、下半分の表形式のレポートを見てみましょう。

図6-4-8 コンバージョン経路レポートの表部分

	デフォルト チャネル グループ ▾	↓ コンバージョン	購入による収益	コンバージョンまでの日数	コンバージョンまでのタッチポイント
		1,194.00 全体の 100%	¥588,024 全体の 100%	3.50 平均との差 0%	4.88 平均との差 0%
1	Direct 100%	534.00	¥63,111	0.00	1.00
2	Organic Search 100%	117.00	¥0	0.00	1.00
3	Referral 100%	83.00	¥496,914	1.19	1.00
4	Organic Search × 8 100%	40.00	¥0	1.45	8.00
5	Organic Search × 7 100%	29.00	¥0	1.79	7.00

1 ページあたりの行数: 10 ▾　　移動: 1　　< 1〜10/93 >

　ディメンションは「コンバージョンに寄与した数が多いチャネルグループ」が表示され、指標は「コンバージョン (数)」「購入による収益」「コンバージョンまでの日数 (平均)」「コンバージョンまでのタッチポイント (数)」が表示されます。

HINT //

コンバージョンまでの平均日数やタッチポイント数は、本レポートでしか見られません。

HINT //

「日数＝0」は、初回訪問で同日中にコンバージョンしたことを指します。

【改善につながるレポートの見方】④「コンバージョン経路」レポート

開いたレポート	「広告」>「コンバージョン経路」レポート
確認できる事実	**ユーザーがコンバージョンするまでにどのような経路（流入元）をたどったか**を確認することができます。
気付きを得る操作	・ディメンション：デフォルトチャネルグループ・参照元・メディア・キャンペーンの4つを切り替えられます。 ・指標：コンバージョン数・収益・コンバージョンまでの平均日数・コンバージョンまでのタッチポイント数です。 ・フィルタ：画面上部で評価対象のコンバージョンを絞り込むことができます。 ・セカンダリディメンション：デバイス別・訪問回数・年齢や性別などと掛け合わせて見てみましょう。 **HINT** 設定する期間で得られる結果は変わる点に注意が必要です。
ユーザーの心情	コンバージョンまでの日数やタッチポイント数を見ることで、**ユーザーの態度変容の移り変わり**を想像します。
改善施策	早期のタッチポイントになる流入元には、サービスを知らせるような（需要を喚起する）クリエイティブを使ったキャンペーンが考えられます。また、後期タッチポイントでは無駄なく効率的にコンバージョン画面に導くようなランディングページ（第7章を参照）を設定するのもよいでしょう。 特定の属性を持つ対象ユーザーにコンバージョンしてほしいときに、集客先を絞り込んでキャンペーンを打つことを計画できます。

第6章では、サイトの入リロの部分を分析して、どのようにユーザーを集めるのが効果的かを学びました。どうでしたか？

ただたくさんの人を集めればよいわけではないことがわかりました！また、日頃からキャンペーンレポートをしっかり貼っていく必要があるとわかって、同じチームのメンバーにも声をかけました

いいですね。続く7章では、サイトの「中」部分の分析と改善を行います。お疲れ様でした！

Chapter 7

売上アップのための
サイト内導線分析

はじめに、ユーザーのサイト内行動を示す指標を学びましょう。指標の定義を知ることで、より深い分析ができるようになります（Lesson 7-1）。ユーザーの行動を把握するためのレポートを概観した後（Lesson 7-2）、後半では改善のための6つの分析例を紹介します（Lesson 7-3, 7-4）。

Lesson 7-1 | 定義が重要

ユーザー行動を示す指標を知ろう

Googleアナリティクス 4には、サイト内のユーザー行動を計測する指標が多く定義されています。それらを理解することで、ユーザー行動の分析結果を適切に理解できるようになります。

サイト内改善の考え方

第7章では、サイトの「中」の改善について学びます

「入り口」は、サイトを気に入ってくれるユーザーを呼び込むこと、「目的地」はコンバージョンを行なって顧客になってもらうことが目標と勉強しましたが、「中」はどんな考え方で改善を行うのですか？

図7-1-1を見てください。サイトにユーザーを呼び込んで、顧客になってもらうまでの流れを、「Acquisition（獲得）」「Behavior（行動）」「Conversion（顧客への転換）」と書きました。それぞれの単語の頭文字から「ABC」と表現しています。これはGoogle社も紹介している表現です。逆三角形の図の右側には、分析におけるキーワードを記載しました

図7-1-1 サイトにユーザーを呼び込んで顧客になってもらうまでの流れを「ABC」として表現したもの

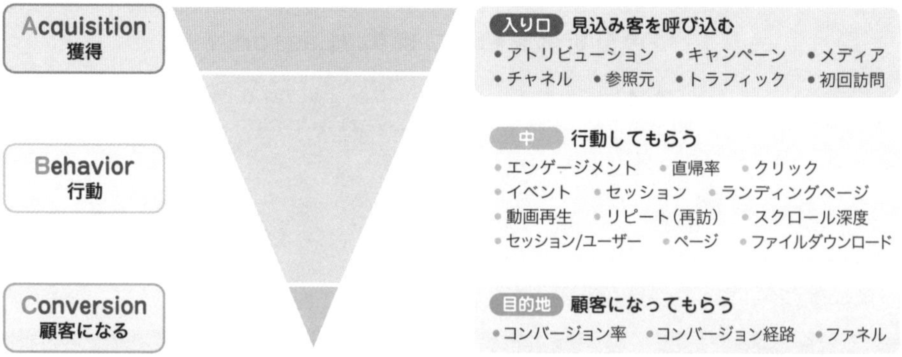

Acquisition 獲得

入り口 見込み客を呼び込む
- アトリビューション ● キャンペーン ● メディア
- チャネル ● 参照元 ● トラフィック ● 初回訪問

Behavior 行動

中 行動してもらう
- エンゲージメント ● 直帰率 ● クリック
- イベント ● セッション ● ランディングページ
- 動画再生 ● リピート（再訪） ● スクロール深度
- セッション/ユーザー ● ページ ● ファイルダウンロード

Conversion 顧客になる

目的地 顧客になってもらう
- コンバージョン率 ● コンバージョン経路 ● ファネル

「ABC」は覚えやすいですね！
それで考えると、サイトの「中」の分析は「B」ですね！

はい。**BはBehavior（行動）**です。
それでは、見込み客としてサイトを訪れてくれたユーザーがどんな行動を取るのが理想でしょうか

すぐコンバージョンしてくれたら嬉しいですけど！（笑）

はい（笑）。**最終的にはコンバージョンして欲しいですが、まずはサイトを信頼し、気に入って何度も訪れて、コンテンツや機能を使ってくれることを目指しましょう**か。例えば、以下のような観点でサイト内のユーザー行動を確認していきましょう

ユーザーの理想的な行動例

- サイトに訪問したユーザーが**すぐに帰っていない**か。**時間をかけてサイトを使ってくれている**か
- 「不便で使いづらかった」「機能の場所を探せなかった」などの**不本意な離脱がない**か
- **サイトを信頼**し、**一度限りではなく何度も訪問**しているか
- 例えば、お気に入りの登録や動画再生などのサービスを利用するなど、**想定した行動**をしてくれているか
- **コンバージョンまでたどり着いている**か

確かに、無理にコンバージョンさせられたら、
そのサービスに不信感が湧くかもしれないです

そうですね。サービスを使ってもらい、**信頼してもらうのが第一**です。Googleアナリティクス 4では、ユーザーの信頼や定着度を計測するための指標が用意されています。主要な指標を紹介しますね

ユーザーに関する指標を学ぼう

早速、ユーザー行動を示す指標とその定義を見てみましょう。

表7-1-1 ユーザー関連指標

アクティブユーザー数 Active users	ウェブサイト（またはアプリ）にアクセスしたユーザーの数。エンゲージメントセッション（後述）が発生するか、ウェブサイトのfirst_visitイベントまたはengagement_time_msecパラメータが計測されると、アクティブユーザーとして認識されます。レポートには「ユーザー数」と記載されます。
新規ユーザー数 New users	サイトを初めて訪れた人数。 HINT イベント名「first_visit」のイベント数です。
リピーター数 Returning users	サイトの訪問が2回目以上の人数。再訪問している既存ユーザーの数です。 HINT レポート用識別子に基づいてユーザーが識別されます。

あれ、レポートに表示される「ユーザー数」ってすべてのユーザーではなかったんですね!

はい。Googleアナリティクス 4から、「アクティブユーザー数」がユーザー数としてカウントされています。
したがって、以前のアナリティクスと比べたら少し減るでしょう

「サイトをパッと見て、すぐ帰ってしまったユーザーを数えない」ということですね

そうです。さらにユーザーに関する指標では、新規ユーザー数とリピーター数があります。
これまでにサイトを利用したことがあるかについて、レポート用識別子（第3章参照）にて判別しています

分析や改善の際に、新規とリピーターを分けて考える必要がありますか?

新規ユーザーには、このサイトがどんなサービスを提供しているかを効率的に知ってもらう必要があります。リピーターの方には、使いたい機能をストレスなくスムーズに提供する必要があります。
新規ユーザーとリピーターが利用するコンテンツは、異なってくることが多いんですよ

なるほど!

セッションに関する指標を学ぼう

次に、セッションに関する指標とその定義を見てみましょう。

表7-1-2 セッション関連指標

セッション Sessions	ユーザーがウェブサイトを訪れてから離脱するまでの一連の動きを「セッション」と言います。 HINT 30分間（時間は設定で変更できます。図7-1-4参照）操作がなければセッションが終了します。セッションの継続時間に制限はありません。 HINT イベント名「session_start」のイベント数です。
ユーザーあたりのセッション数 Sessions per user	【計算式】セッション数÷アクティブユーザー数 ユーザー1人あたりの平均セッション数です。
セッションのコンバージョン率 Session conversion rate	【計算式】 コンバージョンがあったセッション数÷セッション数 コンバージョンのあったセッションの割合を示します。 HINT すべてのコンバージョンが対象となり、一部のコンバージョンを選択することはできません。
平均セッション継続時間 Average session duration	【計算式】 すべてのセッションの継続時間（秒単位）÷セッション数 ユーザーがサイトを訪れた時間（最初のイベントが発生した時間）と離脱した時間（最後のイベントが発生した時間）の引き算です。

次に、セッションとそれに関する指標を2つ紹介しました。**セッション（英：session）は英語で「一定の期間」「連続したもの」というような意味**があります。**ユーザーがサイトやアプリの利用を始めて、終わるまでの一連の動き**という意味合いで考えてください。
そこから派生して、「ユーザーあたりのセッション数」と「セッションのコンバージョン率」があります。いずれも計算式ですね

どちらも、多い方がよい数値ですね？

概ね、そうなります。**「ユーザーあたりのセッション数」が多ければ、1人のユーザーが何度も来てくれている**ということです。それが良いことであるかは、サービスの内容によって異なりますが、基本的には何度も利用してくれるのは良いことです。**「セッションのコンバージョン率」もコンバージョンするセッションの割合が多い**という意味合いなので、数値が高ければ、ユーザーを無駄なくコンバージョンまで導けています

エンゲージメントに関する指標を学ぼう

最後に、エンゲージメントに関する指標とその定義を見てみましょう。

表7-1-3 エンゲージメント関連指標

エンゲージメントのあった セッション数 Engaged sessions	10秒以上滞在するか、ページビューが2件以上発生するか、コンバージョンイベントが発生したセッションの数です。 **HINT** エンゲージメント定義とする滞在時間は10秒刻みで最大60秒まで設定できます（図7-1-4参照）。
エンゲージメント率 Engagement rate	【計算式】エンゲージメントのあったセッション数÷セッション エンゲージメントのあったセッション数の割合です。 **HINT** エンゲージメント率は、直帰率の逆数です。
直帰率 Bounce rate	【計算式】 エンゲージメントのなかったセッション数÷セッション エンゲージメントがなかったセッション数の割合です。 **HINT** 直帰率は、エンゲージメント率の逆数です。そのため、「1−エンゲージメント率」でも算出できます。
エンゲージメントセッション数 （1ユーザーあたり） Engaged sessions per user	1ユーザーあたりのエンゲージメントがあったセッション数の平均です。エンゲージメントはユーザーがサービスを気に入って使っていることを示す指標なので、高いほどよい値とも言えます。
平均エンゲージメント時間 Average engagement time	【計算式】 ユーザーエンゲージメントの合計時間÷アクティブユーザー数
セッションあたりの 平均エンゲージメント時間 Average engagement time per session	ユーザーが新しいセッションを開始すると、「engagement_time_msec」パラメータによって、エンゲージメント時間（ミリ秒単位）の記録が開始されます。この指標は、「engagement_time_msec」の合計値のセッション平均です。

エンゲージメントってなんですか？
聞き慣れない言葉です…

エンゲージメント（英：engagement）は英語で「従事すること」「婚約」「約束」などの意味がありますが、ウェブサイトの場面に置き換えれば、**ユーザーがサービスを信頼して使っている**というような意味合いと考えればよいでしょう

エンゲージメント率が高ければ、ユーザーがサイトを気に入って使ってくれている証拠と言えますか？

はい、そのように捉えて大丈夫です。
直帰率はエンゲージメントの逆数になります。
つまり、**総セッション（100%）のうち、エンゲージメント率が60%だったら、直帰率が40%**ということです

図7-1-2 エンゲージメント率と直帰率は逆数になる

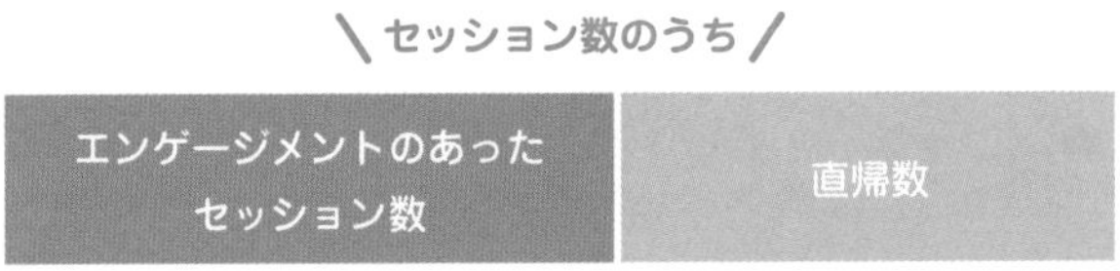

＼ セッション数のうち ／

エンゲージメントのあった セッション数	直帰数

すべてのセッションは、エンゲージメントのあったセッションか、そうでないセッションの2つに分類されます。
そのため、**エンゲージメント率と直帰率は逆数（掛け合わせると1になる数）**です。

計算指標は、**日本語にするとわかりづらいですが、英語は計算式をそのまま表現しているために、スッと理解できることもあります。**
例えば、指標「エンゲージメントセッション数（1ユーザーあたり）」という指標は、英語では「Engaged sessions per user」です。
「per」が割り算の意味なので、「エンゲージメントのあったセッション数÷ユーザー数」という計算式であることがわかります

英語表記も参考にしてみます

HINT ///

●公式ヘルプ 「アナリティクスのディメンションと指標」
URL ▶ https://support.google.com/analytics/answer/9143382?hl=ja

セッションのタイムアウトと
エンゲージメントの対象とする滞在時間を変更する

セッションのタイムアウトとエンゲージメントの対象とする滞在時間を変更するには、次ページの**図7-1-3**のように管理画面から行ないます。

図7-1-3 エンゲージメントと見なす滞在時間の調整画面（管理画面より）

管理画面＞「データストリーム」＞「タグ設定を行う」＞
「セッションのタイムアウトを調整する」をクリックします。
表示されていない場合は、「すべて表示」をクリックします

なお、セッションのタイムアウト時間は、時間
単位は0〜7時まで1時間ごと、分単位は5分
刻みで00〜55まで設定することができます

エンゲージメントと見なす滞在時間を
調整することができます。10秒から60
秒の間で、10秒刻みで設定します

HINT //

エンゲージメントの対象とする滞在時間は、10秒刻みで最大60秒まで設定できます（管理画面＞「データストリーム」＞「タグ設定を行う」＞「セッションのタイムアウトを調整する」）。

Lesson
7-2

ユーザーはどんな行動をしているのだろう
エンゲージメント
レポートを見てみよう

> エンゲージメントレポート開き、サイト内でユーザーが
> どんな行動（イベント）を行なっているか、見てみましょう。

❶ ユーザーはどんな行動をしているのか？
エンゲージメント ➡ イベント

はじめに、Google アナリティクス 4 の左側のレポートメニューを開き、**「エンゲージメント」＞「概要」**をクリックします。**図7-2-1** のようにエンゲージメントに関連する指標がカード状に表示されます。

この画面では、エンゲージメント時間やユーザーに多く実行されているイベント数、表示回数の多いページなどの**ユーザー行動の概要を把握する**ことができます。

図7-2-1 「レポート」＞「エンゲージメント」＞「概要レポート」

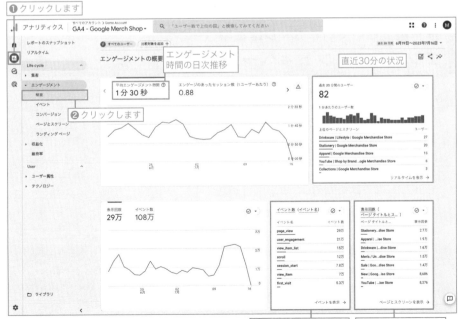

続けて、詳細レポートを確認します。イベント数のカードの右下にある「イベントを表示」または**左の「イベント」というサブメニュー**をクリックします。

図7-2-2 「レポート」＞「エンゲージメント」＞「イベント」

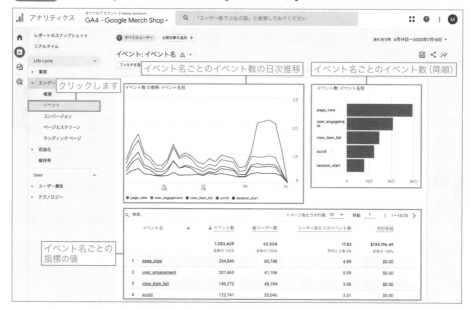

このレポートからサイトでどのようなイベントが発生しているかがわかります。**図7-2-2**のサイトでは「ページビュー（page_view）」が最も多く実行されているイベントです。

❷ 一番見られているページはどのページ？
エンゲージメント➡ページとスクリーン

続いて、同じ要領で**「ページとスクリーン」**レポートを開きます。

図7-2-3はレポート下部にある表の部分を切り出したものです。

図7-2-3 「レポート」＞「エンゲージメント」＞「ページとスクリーン」

	ページパスとスクリーン クラス ▼ +	↓ 表示回数	ユーザー	ユーザーあたりのビュー	平均エンゲージメント時間	すべて
		290,011 全体の 100%	60,441 全体の 100%	4.80 平均との差 0%	1分 30 秒 平均との差 0%	
1	/Google+Redesign/Stationery	26,546	11,427	2.32	0 分 15 秒	
2	/Google+Redesign/Apparel	17,943	11,018	1.63	0 分 40 秒	
3	/Google+Redesign/Lifestyle/Drinkware	15,031	9,457	1.59	0 分 33 秒	
4	/store.html	13,000	4,187	3.10	0 分 52 秒	

このレポートは、Google社が提供している「Google Merchandise Store」というEC
サイトのレポートです。表からは、**該当期間中に最も表示されたページが「文具一覧ページ
(/Google+Redesign/Stationery)」**であることがわかります。

さらに、**「コンバージョンイベント」指標を「add_to_cart」に絞り、降順に並べると**
（**図7-2-4**）、ユーザーが最も多く「カートに入れた」ページが「白いTシャツの詳細ページ
(/Google+Redesign/Google+Eco+Tee+White)」であることがわかります。

図7-2-4　「レポート」＞「エンゲージメント」＞「ページとスクリーン（コンバージョンの降
順で並べ替え）」

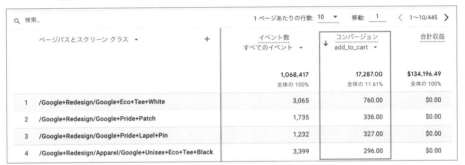

	ページパスとスクリーン クラス ▼	＋	イベント数 すべてのイベント ▼	コンバージョン ↓ add_to_cart ▼	合計収益
			1,068,417 全体の100%	17,287.00 全体の11.61%	$134,196.49 全体の100%
1	/Google+Redesign/Google+Eco+Tee+White		3,065	760.00	$0.00
2	/Google+Redesign/Google+Pride+Patch		1,735	336.00	$0.00
3	/Google+Redesign/Google+Pride+Lapel+Pin		1,232	327.00	$0.00
4	/Google+Redesign/Apparel/Google+Unisex+Eco+Tee+Black		3,399	296.00	$0.00

図7-2-5　多く表示されたページ（左）と
「カートに入れる」コンバージョンイベントが多く発生したページ（右）

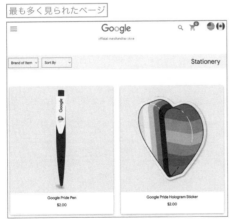

他にも、**表部分の指標を並べ替えて確認してみましょう。**例えば、**指標「ユーザーあたり
のビュー数」**では、1人のユーザーが何度も見ているページがわかり、**指標「平均エンゲー
ジメント時間」**では、ユーザーが長く滞在しているページがわかります。

このように、レポートメニューの「概要」「イベント」「ページとスクリーン」レポートか
ら、ユーザー行動の全体像を把握しましょう。このように、レポートメニューでは、ユーザ
ーが実行したイベントや、ユーザーが滞在したページについて手軽に調べることがきます。

Lesson 7-3では、探索レポートを使ってさらに詳しく分析していきましょう。

Lesson 7-3　ページ遷移についての分析
どんな流れでページを見ているのだろう

ユーザーがどのようにページを遷移したかを確認するために、4つのレポートを見ていきます。

❶ ユーザーはどのページからサイトに入ってくるのか？
ランディングページ

入り口となるページは「ランディングページ」と呼ばれます。

ランディング（英：landing）とは「着陸」などを表す言葉です。飛行機でも着陸することを「ランディング」と呼びますが、これと同様に、ユーザーが他のサービスから自身のサービスに来訪する動作のことを示します。それでは、**レポートメニューから「エンゲージメント」＞「ランディングページ」**を開きましょう。

図7-3-1 「レポート」＞「エンゲージメント」＞「ランディングページ（レポート下部）」

図7-3-1のように、サービスの中でランディングページとして機能しているページがわかります。さらに、詳細のデータを確認するために「探索」メニューから白紙のレポート（自由形式）を開きます。ディメンションと指標を以下のように設定すると、**図7-3-2**のようなレポートが表示されます。

ディメンション　ランディングページ

指標　セッション、エンゲージメント率、セッションあたりの平均エンゲージメント時間、コンバージョン、セッションのコンバージョン率

図7-3-2 「探索」メニューから「ランディングページ」レポートを作成する

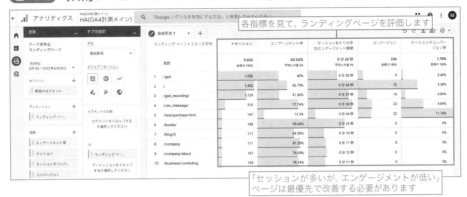

各指標を見て、ランディングページを評価します

「セッションが多いが、エンゲージメントが低い」
ページは最優先で改善する必要があります

これは弊社のホームページのデータですが、この表からランディングページとなったページが「/ga4（GA4録画講座・随時視聴版ページ）」であることがわかります。また、エンゲージメント率が高いのは「books（著作紹介ページ）」で、エンゲージメント時間が長いのは「/（トップページ）」とわかります。改善の観点でみると、**セッションが多いがエンゲージメントが低いページがあれば、最優先で改善する必要があります。**

さらに、**ディメンション「セッションの参照元/メディア」を加える**と、どのような経路でランディングページにたどり着いたかがわかります。つまり、**ランディングページについてどのような事前の紹介があった**ことが把握できます。

このようにデータを見ることで、ユーザーの心情を理解しやすくなります。

図7-3-3 「ランディングページ」レポートに
「セッションの参照元/メディア」ディメンションを追加

ランディングページ + クエリ文字列	セッションの参照元 / メディア	↓セッション	エンゲージメント率	セッションあたりの平均エンゲージメント時間	コンバージョン	セッションのコンバージョン率
合計		4,146 全体の 100%	42.23% 平均との差 0%	0 分 32 秒 平均との差 0%	173 全体の 100%	3.11% 全体の 100%
1　/	google / organic	407	40.54%	0 分 40 秒	32	5.9%
2　/ga4	t.co / referral	228	39.47%	0 分 19 秒	0	0%
3　/	ga4.guide / referral	189	46.56%	0 分 36 秒	12	4.23%
4　/ga4_recording/	google / organic	169	39.64%	0 分 29 秒	6	2.37%

HINT //

図7-3-3では、わかりやすく説明するために、「ランディングページについて、（not set）を含まない」「参照元/メディアについて（direct/none）を含まない」という2つのフィルタをかけています。

Lesson 7-3　どんな流れでページを見ているのだろう

例えば**図7-3-3**では、検索エンジンから「/（トップページ）」に訪問したユーザーのコンバージョン率が高いことがわかります。また、X（旧Twitter）から「/ga4（GA4録画講座・随時視聴版ページ）」に着地したユーザーは多いものの、そのセッションではコンバージョンしていないことがわかります。

さらに**セグメント機能を使って、「新規ユーザーのみ」や「リピーターのみ」**の条件を適用し、ランディングページの各指標に差異が生じるか観察してみてもよいでしょう。

図7-3-4 リピーターのセグメントを作成

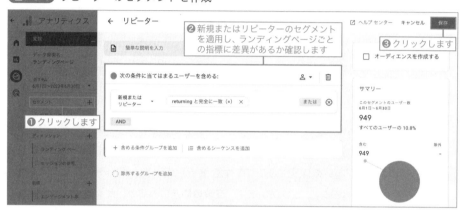

【改善につながるレポートの見方】① 「ランディングページ」レポート

開いたレポート	「探索」＞「空白（自由形式）」
確認できる事実	サービスの中で、ランディングページとして機能しているページがわかります。またコンバージョンやエンゲージメントの指標を使って、効果的なランディングページを確認します。離脱しなかった訪問は、滞在やコンバージョンにつながっているのかを確認します。
気付きを得る操作	**ディメンション** ランディングページ（※「セッションの参照元/メディア」を後から追加） **指標** セッション、エンゲージメント率、セッションあたりの平均エンゲージメント時間、コンバージョン、セッションのコンバージョン率 **セグメント** 新規ユーザーまたはリピーター ・「セッションの参照元/メディア」ディメンションを掛け合わせると、**どのような事前の紹介があってランディングページにたどり着いたか**がわかります。 ・また、**新規ユーザーとリピーターごとに各指標に差異が出るか**を確認します。
ユーザーの心情	最初に見られている、つまり「第一印象」を決めているのはどのページだろう。また、どんな文脈でこのページが紹介された場合にエンゲージメント率が高まるのだろう。
改善施策	**セッションが多くエンゲージメントが低いランディングページが改善優先順位が高いページです。**

❷ 意図しないページからユーザーが離脱していないか？
入口・出口

「探索」メニューから白紙のレポート（自由形式）を開きます。ディメンションと指標を以下のように設定すると、**図7-3-5**のようなレポートが表示されます。

> ディメンション　ページパスとスクリーンクラス
> 指標　表示回数、閲覧開始数、離脱数、ユーザーあたりのビュー

図7-3-5　「探索」メニューから入口・出口レポートを作成する

ページパスとスクリーン クラス	↓表示回数	閲覧開始数	離脱数	ユーザーあたりのビュー
合計	8,976 全体の100%	6,488 全体の100%	7,066 全体の100%	1.11 平均との差0%
1　/ga4	1,816	1,183	1,408	1.02
2　/	1,640	1,162	1,123	1.06
3　/ga4_recording/	1,044	824	875	0.88
4　/ceo_message/	370	270	298	0.83
5　/download/	206	43	107	0.82

> 入力フォームの途中など、意図しないページでの離脱がないかを確認します

このレポートでは、**サービス提供側の意図しないページでユーザーが離脱していないか**を確認します。また、離脱数だけでなく、**「閲覧開始数÷表示回数」の計算式で「閲覧開始」**、**「離脱数÷表示回数」の計算式で「離脱数」を算出**したりして確認します。

また、**入口（閲覧開始数）より出口（離脱数）が多いページは、出口となっても大丈夫なページか**、という観点で点検します。

【改善につながるレポートの見方】② 「入口・出口」レポート

開いたレポート	「探索」＞「空白（自由形式）」
確認できる事実	入口（閲覧開始数）と出口（離脱数）を比較し、意図しない離脱がないかを確認します。
気付きを得る操作	（ディメンション） ページパスとスクリーンクラス （指標） 表示回数、閲覧開始数、離脱数、ユーザーあたりのビュー （セグメント） 「コンバージョンしたユーザー」で絞り込む ・【計算式】閲覧開始率＝閲覧開始数÷表示回数 ・【計算式】離脱率＝離脱数÷表示回数 指標や計算値を比較し、「入口＜出口」となっているページは出口となっても問題ないページか？を確認します。 また、「コンバージョンしたユーザー」というセグメントで絞り込んで入口ページを見ることで、「該当ページから流入するとコンバージョン数が多くなる」「コンバージョン率が高くなる」という考察を得られます。
ユーザーの心情	「不便で使いづらかった」「機能の場所を探せなかった」など、**不本意な離脱をしていない**か。
改善施策	離脱してほしくないページでユーザーが離脱している場合は、原因を探りましょう。（原因によって対処は異なりますが）不要なリンクを削除したり、説明をわかりやすく記載したりします。また、「コンバージョンしたユーザー」のセグメントで点検することで、コンバージョンを意識した効果的な集客策につなげることができます。 HINT コンバージョンしたユーザーのセグメントは、あらゆる分析に使えますので、このレポートに限らず、さまざまなレポートで活用してみましょう。

❸ ユーザーの行動経路をたどってみよう！
探索➡経路データ探索

入口と出口はわかりましたが、入口と出口の間に
どんなページを通っているかが気になりますね

ユーザーがたどった経路を視覚的に確認できる
レポートがあります。第5章でも使った「経路デー
タ探索」です。早速、見てみましょう

「探索」メニューをクリックし、「経路データ探索」アイコンをクリックします。

図7-3-6 「探索」メニューから経路データ探索を選択する

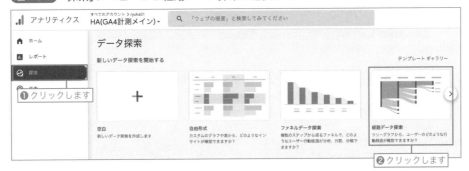

クリックすると、早速経路データ探索レポートが視覚的に表示されています。

始点のイベント名は「session_start」と設定されていますが、今回はページの遷移を見る
ため、始点は「page_view」と選択します。

図7-3-7 経路データの視点をpage_viewにする

上部に表示される各ステップも変更することができます。

図7-3-8 経路データ探索の表示例

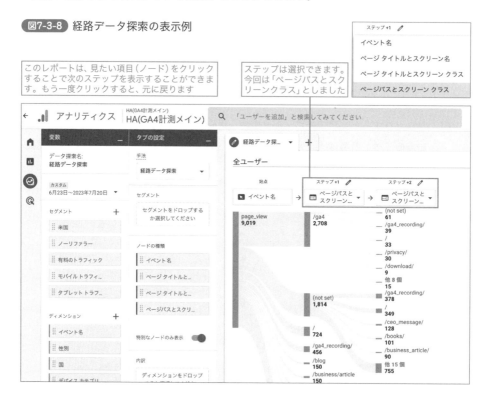

【改善につながるレポートの見方】③経路データ探索

開いたレポート	「探索」＞「経路データ探索」
確認できる事実	**イベントやページの遷移**を見ることができます。ユーザーがどのようにサイト内を行動しているかを把握することに役立ちます。上部に表示されるステップは、イベントのほかに、ページタイトルやページパスを表示することができます。 HINT ステップの選択肢にある「スクリーン名とスクリーンクラス」はアプリで計測をしている場合に利用するため、ウェブサイト計測では、どちらを選んでもページタイトルが表示されます。 HINT 経路は、**順引きと逆引きの両方に対応**しています（逆引きは第5章を参照）。
気付きを得る操作	**ディメンション** 自動 **指標** 自動（イベント数） **ステップ** イベントやページパスなど、表示する種類を選択できます。 ・レポート内のノード（項目）をクリックすることで、操作する人の動作に呼応して、リアルタイムで表示が切り替わります。 ・ステップを「ページパス」に絞り込んで、**画面遷移を見ます**。また、ステップを「イベント」に設定すれば、ページビューを含むクリックやスクロールなどのユーザー行動を把握できます。 ・他にも、初回訪問ユーザーの動きを見たい場合には、始点の選択において「first_visit」を選しましょう。 ・セグメント機能を使えば、「**コンバージョンしたユーザー**」や「**特定のトラフィック（例えばgoogle検索から来たユーザー）**」を絞り込んで、**行動を把握**することができます。 HINT セグメント選択画面で「トラフィック」＞「セッションの参照元/メディアを選択し、「google/organic」などの値を指定して絞り込みます。
仮説	ユーザーはサイトの中をどのような経路で遷移しているのだろうか。どのような行動（スクロールやクリックなどのイベント）を行っているのだろうか。（次のレポート④で確認する）**理想とする動線と、現実の動線の差異**があるだろうか。
ユーザーの心情	ある情報を調べるためにページを見たが、どのようなアクションをすればよいかわからない。**必要な情報が見つからない、などのネガティブな感情が発生していないか。**ユーザーが満足する行動の動線が準備されているか。
改善施策	もし、特定の情報を探すユーザーが訪問しているなら、情報や行動を促すボタンやリンクをわかりやすい場所に配置します。

❹ ページ間の遷移を観察しよう！
探索➡ファネルデータ探索（主要動線の遷移）

先ほどの経路データ探索レポートでは、ユーザーの実際
の動きを確認することができました。
ところで、メイさんは第2章の部分で、サイトの設計をしまし
た。その際、「設定用シート」に**ユーザーが訪問してコンバ
ージョンするまでのユーザーのステップ**を定義しましたね

はい。
理想とするユーザーのページ遷移を
書きました！

次のレポートでは、当初に設計した**理想的なユーザー
行動**を「**主要な動線**」と定義してみましょう。どのくらいの
ユーザーが理想とした動線を遷移しているのかを確認す
ることができます。早速やってみましょう！

次に、主要動線の遷移ページを見てみましょう。

「探索」メニューから「ファネルデータ探索」を開きます。**図7-3-9**のように**任意のステ
ップを設定**すると、**図7-3-10**のようなレポートが表示されます。

図7-3-9 「ファネルのステップの編集」画面

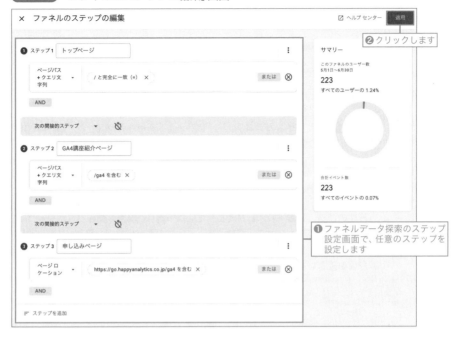

図7-3-10 「探索」メニューから主要同線の遷移レポートを作成する

【改善につながるレポートの見方】④主要動線の遷移

開いたレポート	「探索」＞「ファネルデータ探索」
確認できる事実	主要導線の母数と、ユーザーが離脱しているポイントを把握します。さらに、デバイスカテゴリや流入元ごとに遷移率に違いがないかを確認します。
気付きを得る操作	**ステップ** ユーザーにたどってほしいアクションを設定します （例：トップページ→商品説明ページ→申し込みページなど） **内訳** 「デバイスカテゴリ」や「デフォルトチャネルグループ」（流入元の大分類）など、必要な分析に応じて任意に設定しましょう。
ユーザーの心情	「次に遷移するページのリンクがわかりづらい」「説明が十分にされていない」などの問題がないか。また、デバイス別でも問題ないか。
改善施策	理想の動線（レポート④）が使われていない場合、現実の動線（レポート③）と比較して原因を探りましょう。離脱の多いページがあれば原因を探り、リンクや説明をわかりやすくします。また、（ページの改変等の）施策を行った日付の前後で遷移への影響を確認します。

ここまで、サイト内分析について4つのレポートを見てきました

入口・出口・現実の経路・理想の動線など、いろいろな観点からサイト内を点検できました。改善点が山積みです…

どんどん改善活動に取り組んで、ユーザーの満足度を上げていきましょう！
Lesson 7-4では、ファイルのダウンロードや外部リンクのクリックなどの、ページビュー（ページ間遷移）以外のイベントレポートを見ていきます

Lesson 7-4　ページ遷移以外のイベント分析

ページ内でどんな行動を
しているのだろう

ユーザーがページ内でどんな行動を取ったかを確認するために、2つのレポートを見ていきます。

Lesson 7-3では、ページ間遷移（page_view）のイベントについてのレポートを見ました。ところで、ユーザーはサイトの中でさまざまな行動をしています。画面遷移以外にどんなものがありますか？

スクロール、お気に入り追加、カートへの追加、ファイルのダウンロード、メニューのクリックなどをしていると思います

そうですね。Lesson 7-4では、そのようなさまざまなイベントのレポートを見ていきます

❺ 重要なユーザー行動を把握しよう
探索➡自由形式（ファイルダウンロードレポート）

「探索」メニューから白紙のレポート（自由形式）を開きます。ディメンション・指標・フィルタを以下のように設定すると、**図7-4-1**のようなレポートが表示されます。

図7-4-1　「探索」メニューからファイルダウンロードレポートを作成する

【改善につながるレポートの見方】⑤ファイルダウンロードレポート

開いたレポート	「探索」＞「空白（自由形式）」
確認できる事実	「どのページからファイルをダウンロードしているのか」「人気が高いファイルはどれか」「ダウンロード率が高いファイルはどれか」
気付きを得る操作	ディメンション　ページパスとスクリーンクラス、リンク先URL、リンクテキスト、イベント名（フィルタで使用します） 指標　イベント数 フィルタ　イベント名＝file_download 【計算式】ダウンロード率＝（ファイルダウンロード）イベント数÷ページビュー数
ユーザーの心情	ユーザーがダウンロードしたい人気のファイルはどれだろう。
改善施策	ユーザーのニーズを把握し、人気のファイルへのダウンロード動線を目立たせたり、同様のファイルを増やしたりします。

❻重要なユーザー行動を把握しよう
探索➡自由形式（外部リンククリックレポート）

　「探索」メニューから白紙のレポート(自由形式)を開きます。ディメンション・指標・フィルタを以下のように設定すると、**図7-4-2**のようなレポートが表示されます。

図7-4-2　「探索」メニューから外部リンククリックレポートを作成する

【改善につながるレポートの見方】⑥外部リンククリックレポート

開いた レポート	「探索」＞「空白（自由形式）」
確認できる 事実	「どのページから外部リンクに遷移しているのか」「外部リンクのジャンプ先として多い リンク先はどれか」「クリック率が高いリンクはどれか」
気付きを 得る操作	**ディメンション**　ページパスとスクリーンクラス、リンク先URL、イベント名（フィル タで使用します） **指標**　イベント数 **フィルタ**　イベント名＝click 【計算式】クリック率＝（外部リンククリック）イベント数÷ページビュー数
ユーザーの 心情	どのような文脈において、ユーザーがリンクをクリックしたくなったのか。
改善施策	もしクリックが少ないリンクがあれば、リンクやボタンのクリエイティブを調整します。

Lesson 7-4　ページ内でどんな行動をしているのだろう

ファイルのダウンロードや外部リンクのクリックのように、イベント名で絞り込んで、重要なユーザー行動を確認していきましょう。他にも、「お気に入り登録」「スクロール（画面下部まで読み込まれたか）」「動画再生」など重要な指標を、同様の操作で確認できます

小川先生、重要なユーザー行動と思っているのに、イベント名で検索できないものがあります…

イベントは追加できます。第8章の「カスタムイベントの追加」を参考に、追加してみましょう！

ここまでで、改善のための分析レポートの勉強は終了です。
お疲れ様でした。第8章では、応用機能を学びましょう。

261

COLUMN ○ ○ ○ ○ ○ ○ ○ ○ ○ ○

副目標・マイクロ（ミクロ）コンバージョンを設定しよう

サイトの中で最も重要なユーザー行動を「コンバージョン」として設定しました。しかし、コンバージョンの前段階にも重要な操作もいくつかあるのではないでしょうか？

例えば、商品購入がコンバージョンならば「商品をカートに入れること」、ニュースレターの登録がコンバージョンならば「ニュースレターのサンプルを閲覧すること」がコンバージョンの前段階の重要な操作といえます。このように、コンバージョンにつながる前段階の重要なユーザー操作を、**「コンバージョン（主目標・マクロコンバージョン）」に対して「副目標・マイクロ（ミクロ）コンバージョン」**または**「中間コンバージョン」**などと呼びます。

ビジネスを運営する際には、主目標の数値を追うだけでなく、副目標の数値を定期的に把握します。これは、コンバージョン数の増減があった場合の原因把握などに有益です。Lesson 7-4 で確認したようなユーザー行動（イベント）の中に重要な前段階の行動があれば副目標として設定し、定期的に数値を把握しましょう。

HINT //

主目標と副目標は、Google アナリティクス 4 の中では区別がありません。いずれもコンバージョンイベントに設定するなどして、数値を把握します。

Chapter 8

覚えておきたい！
Googleアナリティクス 4の
応用機能10選

基本機能だけではビジネスの特性上、十分な分析ができない場合があるかもしれません。第8章は、Googleアナリティクス 4の応用機能を10個紹介します。また、第10章で案内する資格認定試験に挑戦する方は、応用機能の名称と機能を知っているかを問われますので、ポイントだけでも押さえておくようにしましょう。

Lesson 8-1

ワンランク上の分析には欠かせない

応用機能の
ラインナップ

はじめに、本書で解説する応用機能を紹介します。

応用機能 ❶ カスタムイベントを追加する

応用機能 ❷ カスタムディメンションとカスタム指標を追加する

応用機能 ❸ User-ID を設定する

応用機能 ❹ e コマース設定を行う

応用機能 ❺ レポートのスナップショットや概要レポートをカスタマイズする

応用機能 ❻ カスタムインサイトを作成する

応用機能 ❼ データインポート

応用機能 ❽ Measurement protocol

応用機能 ❾ BigQuery

応用機能 ❿ アナリティクス360（有料版）でできること

小川先生、応用機能が10個ありますが、
どれが最もよく使うものでしょうか？

はい。おおまかに10個の概要を説明しますね。
**最も使うのは①のカスタムイベントと②カスタムディメンション
とカスタム指標**の2つでしょう。この2つはどのような業種の方
でも、**覚えておくことで分析の幅が広がります。**これができる
ようになると、中級者の仲間入りとも言えるかもしれません。

①と②はよく使うのですね。③と④はどうですか?

⑤User-IDと⑥eコマース設定を利用するかは業種によって異なります。User-IDはログインして利用するようなサイトの場合に設定し、eコマースは商品を購入するようなサイトに設定します。
ただし、いずれも②のカスタムディメンションで学ぶ「データレイヤー」機能を応用して設定します

⑤と⑥は、どのような位置付けでしょうか?

⑤レポートのスナップショットと⑥カスタムインサイトは、Googleアナリティクス 4のレポートを利用する際に、**効率よく気付きを得ることができるための便利な機能**です

⑦〜⑩はどんな機能ですか?

⑦データインポートと⑧Measurement protocolは、利用する機会はさらに少ないでしょう。しかし、この機能がビジネス上の問題を解決する可能性があるので、知っておく必要があります。また資格試験でも機能の知識を問われますので、内容を確認しておきましょう。
⑨のBigQueryは、高度な分析を行いたい場合に大いに役立ちます。
最後の⑩は、有料版の利点を簡単にまとめています。
なお本書では、⑤〜⑩については機能の紹介に留めますので、必要に応じて各Lessonの末尾に記載した公式ヘルプを参考に設定を進めてください

さまざまな目的がある、個性的な10選なのですね!

はい。①と②、⑦と⑧など、気になる部分からバラバラに読み進めてもかまいません。
早速見ていきましょう!

Lesson 8-2

応用機能①

カスタムイベントを追加しよう

自分自身で定義したイベントをGoogleアナリティクス 4に追加することを「カスタムイベントの追加」といいます。Googleアナリティクス 4で自動的に収集されるイベント（自動収集イベント）や推奨されるイベント（推奨イベント）に該当しないものがカスタムイベントの対象となります。

 どんなときに、カスタムイベントを設定するのですか？

次の2つの例を考えてみましょう。

カスタムイベントを設定する必要がある場合

▪ 例1：「料金表一覧ページ(https://sample.com/price_list.html)を訪問した」イベントをコンバージョンに登録したいと考えます。通常の分析であれば、「page_view」イベントのイベントパラメータ「page_location」の値が「price_list.html」である場合という条件で絞り込むことで分析ができます。しかし、コンバージョンイベントにするには、「料金表一覧ページを訪問した」イベントを独立したイベントとして設定する必要があります。

▪ 例2：画面の共通フッターにある「資料請求ボタンをクリックした」イベントを取得したいと考えます。ボタンをクリックする操作は、標準では取得できていないイベントなので、「Button_click」イベントなどの新しいイベントを作成し、イベントパラメータ「Click Text」の値が「document」などと新規に設定します。

カスタムイベントはどのように設定しますか？

カスタムイベントは、以下の2つの方法で設定することができます。それぞれ、上記の例に対応します。

▪ 例1：Googleアナリティクス 4上で直接作成する
▪ 例2：Googleタグマネージャーで条件を設定して、Googleアナリティクス 4で作成する

それでは、実際に操作しながら説明していきます。

例1：Googleアナリティクス 4上で直接作成する

この場合、「page_view」イベントのイベントパラメータ「page_location」の値が「price_list.html」である場合という条件が、**すでにGoogleアナリティクス 4で指定できる**ので、直接Googleアナリティクス 4のイベント作成画面で操作していきます。

1 管理画面＞「イベント」を開き、「イベントを作成」ボタンをクリックします。

図8-2-1 Googleアナリティクス 4の利用開始画面

2 次の画面で「作成」ボタンをクリックします。

図8-2-2 Googleアナリティクス 4の利用開始画面

Lesson 8-2

カスタムイベントを追加しよう

③ 「イベントの作成」画面でイベントの条件を指定します。「カスタムイベント名」は任意の名称を付けます（例：price_list_view）。「一致する条件」で2種類のイベントパラメータを設定します。

- パラメータ「event_name」がpage_viewと等しい場合
- パラメータ「page_location」がhttps://sample.com/price_list.htmlと等しい場合

入力したら、画面の右上にある「作成」ボタンをクリックして、さらに次の画面で「保存」をクリックすると設定が完了します。
このイベントをコンバージョンに設定するには、（実際にイベントが発生した後に）「コンバージョンとしてマークを付ける」をONにしましょう。

図8-2-3 「イベントの作成」画面

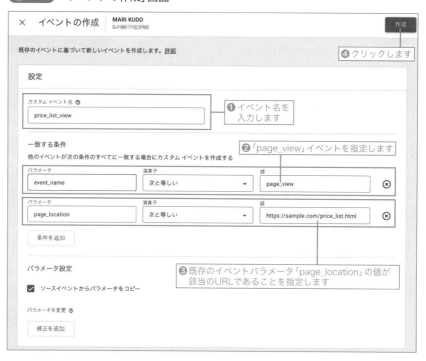

例2：Googleタグマネージャー上で条件を設定した上で、Googleアナリティクス 4で作成する

この例の場合は、クリックイベントが取得できていないので、**直接Googleアナリティクス 4で設定できません。**

まず、Googleタグマネージャーで資料請求ボタンをクリックしたことを知らせるトリガーを作成して、さらに「Button_click」タグと「Click Text」パラメータという新しい情報をGoogleアナリティクス 4に送信します。

　その後、Googleアナリティクス 4ではGoogleタグマネージャーから受け取ったタグとパラメータをイベント名とイベントパラメータとして設定します。

図8-2-4 カスタムイベント作成の全体像

❶	❷	❸
要素の特定	タグとトリガーの設定 (Googleタグマネージャー)	パラメーターの設定 (Googleアナリティクス 4)

❶要素を特定します

カスタムイベントには、今回の例である資料請求ボタンのクリックのほかに、**アコーディオンメニューやハンバーガーメニューのクリック、読了の計測、検索結果件数の取得、ニュースレターの配信登録**などがあります。設定にあたっては、これらのユーザー行動を特定する要素があるかを確認します

要素を特定するって、どういうことですか？

ソースコードの中でそのボタンを特定するようなidやclass名を持っているかを調べます

そのボタン特有のidやclass名がついていればよいのですね。開発者に確認すればよいのですか？

自分で確認することもできます。ブラウザからウェブサイトのソースコードを見てみましょう

　<ruby>Google Chrome<rt>グーグル クローム</rt></ruby>ブラウザを使っている場合は、該当ボタンがある画面上で**右クリックすると表示される「検証」というメニューをクリック**します。

Chromeの検証画面（**図8-2-5**）で<u>左上にある「要素を選択して検査」のアイコンをクリック</u>します。その後、要素を特定したいボタンの上にマウスオーバーすると、class名やid名などが表示されます。

HINT //

Chrome以外のブラウザでもソースコードを確認することができますが、今回使うような要素の特定などの機能が優れているため、Chromeブラウザをお勧めします。

図8-2-5 Chromeブラウザでサイトを開き、右クリックで「要素」を表示した画面

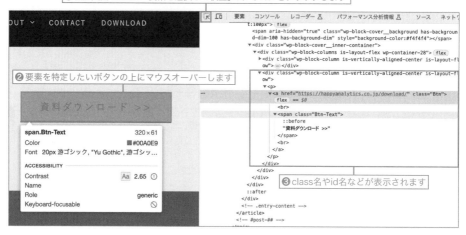

この「資料ダウンロード」という要素の場合、「Btn」というclass名が設定されていることがわかります。
この「Btn」というclass名がこのボタンを特定できるものであれば、要素の特定ができたと言えます

HINT //

例えば、2つのボタンが同じclass名「Btn」であってもリンク先が異なれば、「class名」と「リンク先」の2つの条件を Google タグマネージャーの「トリガー」設定で設定することで要素を特定することもできます。後続の Google タグマネージャー設定も参考に、どのように要素を特定できるか考えてみましょう。

「class=Btn」の「Btn」という部分がclass名なのですね

はい。class名やid名は、ウェブサイトのデザインを記述するためのCSS（英：Cascading Style Sheets,シーエスエス）というプログラミング言語のルールに従って書かれているものです。
そのため、このclassが他にも使われているかはCSSを記載した担当者に確認するのが最も確実です。
もし、特定できる要素がない場合は、GAで利用することを特定するため、「class=ga4-button-click」のようなclass名を新たに付けてもよいでしょう

追加する方法もあるんですね

はい。classやidを追加した場合は、サイトのデザインや機能に影響を与えていないか、という観点で動作確認を行いましょう。
なお、他のカスタムイベントについては、表8-2-1のように要素を特定します

表8-2-1 カスタムイベントごとの要素の考え方

イベント名	要素をどのように考えるか
コンテンツ読了の計測	**コンテンツを読み終わった部分に必ずある要素を探してみましょう。**例えば、コンテンツ下部に、必ずソーシャルボタンがある場合は、それらのボタンのclass名やid名を要素の特定に利用します。 HINT 次の手順のGoogleタグマネージャーの設定では、**「要素が表示されたか」という条件**を設定できます。
ニュースレターの 配信登録	ニュースレターを登録するフォームの**「送信」ボタンのid名やclass名**を探すのが一般的です。

❷Googleタグマネージャー上で、イベント用のタグおよびトリガーを設定します

Googleタグマネージャーを開きます。左のメニューから「変数」をクリックします。
左上の設定ボタンをクリックして、**変数「Click Classes」を追加**します。

HINT //

他にも「Click ID」など使いそうな変数があれば、チェックを入れておきましょう。ここにチェックを入れると、**トリガー（条件設定）を設定する際に使える**ようになります。

図8-2-6 変数メニューから変数「click Classes」を追加する

組み込み変数「Click Classes」にチェックを付けます。例では、「Click Text」も使うため、一緒にチェックしました

左メニューの「タグ」をクリックし、開いた画面の「新規」ボタンをクリックします。

図8-2-7 タグマネージャーを開き、新規タグを作成する

タグを設定します。**表8-2-2**を参考に入力していきましょう。

図8-2-8 カスタムイベントのタグの設定

表8-2-2 カスタムイベントのタグの設定項目

①タグ名	Googleタグマネージャーで識別するための任意の名称を入力します。
②タグの種類	「Googleアナリティクス：GA4イベント」を選択します。
③GoogleタグID	GoogleタグID（Lesson 3-2を参照）を入力します。
④イベント名	GA4の画面上で表示したイベント名を設定します（例：「click_bottom_buttons」）。 **HINT** この手順で推奨イベントに指定されたイベント名を設定した場合は、「推奨イベント」となります。
⑤イベントパラメータ	イベントに紐付けたいパラメータを設定します（例：「click_text」）。 **HINT** パラメータ名は任意です。値は固定で入力するか、値の右横にあるボタンをクリックして変数から選択します。

パラメータの設定って、何を設定すればよいのでしょうか？

今回の例では2つのボタンのクリック数の合計を計測するのですが、2つのボタンは「資料ダウンロード」と「問い合わせ」という別々の文字列が設定されているため、**「ボタンの文字列」をパラメータとして収集**しましょう。そのため、「click_text」というパラメータを作成し、「Click Text」という「組み込み変数」を値として設定します

「組み込み変数」を使うと、ボタンの文字列を取得できるんですね

はい。**Googleタグマネージャーの組み込み変数を使うと、ボタンに設定されているテキストを収集したり（Click Text）、Class名を収集したり（Click Classes）できます。** 組み込み変数の機能を一通りチェックしておくと、今後の設定がスムーズになるでしょう

HINT //

● Google タグマネージャー公式ヘルプ 「ウェブサイト用コンテナの組み込み変数」

URL ▶ https://support.google.com/tagmanager/answer/
7182738?sjid=8070632640516302422-AP

なお、第2章で学んだ通り以下の5つのパラメータ名は全イベントで自動取得されるため、追加で設定する必要はありません（**図8-2-9**）。

図8-2-9 すべてのイベントで自動的に取得される5つのパラメータ

	値の例
language 言語	日本語
page_location ページの URL	current.html
page_referrer 前ページの URL	previous.html
page_title ページのタイトル	カレーの作り方
screen_resolution 画面比率	1780×720

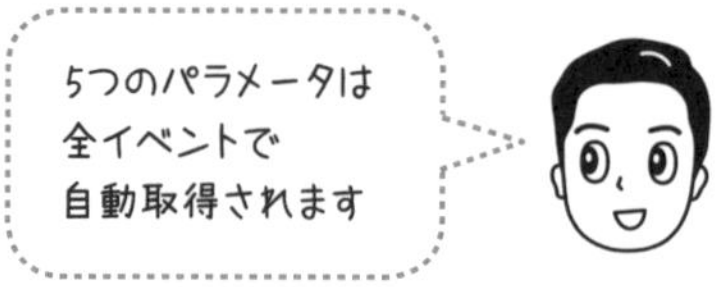
5つのパラメータは
全イベントで
自動取得されます

この**タグを発動させるための「トリガー」**を作成します。タグ設定画面の下部の「トリガー」エリアをクリックし、表示された画面の右上にある「+」をクリックすると**図8-2-10**のような画面が表示されます。**表8-2-3を参考に設定項目を入力**しましょう。

図8-2-10 カスタムイベントのトリガーの設定

ClickClass=Btn
⑥トリガー名
保存
トリガーの設定
トリガーのタイプ
クリック - リンクのみ
⑦トリガーのタイプ
タグの配信を待つ
妥当性をチェック
このトリガーの発生場所
すべてのリンククリック
一部のリンククリック
⑧トリガーの発生場所
イベント発生時にこれらすべての条件が true の場合にこのトリガーを配信します
Click Classes
等しい
Btn
トリガーの選択画面
トリガーのタイプを選択
ページビュー
DOM Ready
ウィンドウの読み込み
ページビュー
初期化
同意の初期化
クリック
すべての要素
リンクのみ
クリックします

表8-2-3 カスタムイベントのトリガーの設定項目

⑥トリガー名	わかりやすい名称を入力します。
⑦トリガーのタイプ	トリガーのタイプを選択画面より選択します。今回の例では「リンクのみのクリック」を選択しました。
⑧トリガーの発生場所	例では「一部のリンククリック」を設定し、リンク要素のクラス名(Click Classes)が「Btn」に等しいものを条件としました。

　最後に画面の右上にある「保存」ボタンをクリックすると、タグの入力が設定されます。

　その後、公開する前に**Googleタグマネージャーで変更内容をプレビュー**します。画面上部の「プレビュー」ボタンをクリックして、タグが条件の設定通りに機能しているか確認します。さらに、Googleアナリティクス 4のリアルタイムレポートまたはDebugViewレポートで、イベントが収集されているか確認しましょう。

> HINT //
>
> プレビューの詳細は割愛しますので、Lesson 3-2「初期設定⑧」を参照してください。

　確認して問題なければ、本番公開します。

❸Googleアナリティクス 4でパラメータ（カスタムディメンションと指標）を設定します

　Googleタグマネージャーからイベントタグを送信した場合は、Googleアナリティクス 4での「イベント作成」は不要です（すでにイベント名として認識されているため）。

　一方、「イベントパラメータ」はカスタムディメンションとして登録しないと、レポートや探索で利用することができません。今回の例では、「click_text」という新しいイベントパラメータを作成したので、これを登録しておきましょう。

> HINT //
>
> この作業は、本番公開前に行っておいても大丈夫です。

Googleアナリティクス 4の「設定」メニューから「カスタム定義」を開き、「カスタムディメンションを作成」をクリックします。**表8-2-4を参考に**設定します。

図8-2-11 カスタムイベントのトリガーの設定

表8-2-4 ディメンションの設定内容

⑨ディメンション名	画面上で表示される名称。イベントパラメータ名と同じだとわかりやすいでしょう。
⑩範囲（スコープ）	範囲は「イベント」を選択します。 **HINT** イベントとユーザー単位が選べます。該当イベントが同一ユーザーで変わるケースの場合はイベント、会員IDなどの属性情報の場合はユーザーを選択しましょう。**応用機能②**で説明します。
⑪イベントパラメータ	作成したイベントパラメータを登録します。

> HINT //
>
> 1つのプロパティ以内で設定できるカスタムディメンションはイベントスコープが50個、ユーザースコープが25個となります（スコープは、**応用機能②**で説明します）。

これで、レポートや探索内で「click_text」のパラメータが選べるようになります。

最後に、必要に応じてイベントにコンバージョンマークを付けましょう。作成したイベントは計測されると「設定」内の「イベント」で表示されます。コンバージョンイベントとして登録する場合は、該当イベントの「コンバージョンとしてマークを付ける」をONにします。

カスタムイベントはどのレポートで確認できますか？

カスタムイベントは、通常のレポート機能では表示されません。**「探索」メニューでレポートを作成**しましょう。以下の例では、「探索」＞「自由形式」で「ディメンション」を「イベント名」、「指標」を「イベント数」と設定しました。

図8-2-12 GA4ガイド「カスタムイベント実装事例集」

設定したイベントをコンバージョンとして設定した場合は、**図8-2-10**のようにコンバージョンレポートで表示することができます。

図8-2-13 コンバージョンレポートで表示

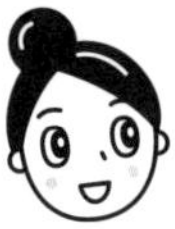

1つめの応用機能はとっても難しかったです！

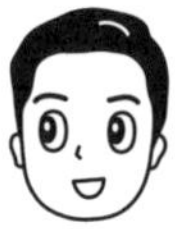

そうですね。初めての操作が多く大変だったと思います。応用機能の②～④は①と似た操作が出てきますので、めげずに進めてみてください。
また、ウェブサイト「GA4ガイド」にはカスタムイベントの実装事例集があります。ぜひ参考にしてください

HINT

●GA4ガイド「カスタムイベント実装事例集」

URL ▶ https://www.ga4.guide/admin/property/event/custom-event-example/

図8-2-14 GA4ガイド「カスタムイベント実装事例集」

GA4 Guide
Google Analytics 4 ガイド
計測手順 | レポートと広告 | 探索機能 | 計測の設定と実装 | 関連サービス | 管理画面
top › 管理画面 › プロパティ › イベント › カスタムイベント実装事例集
カスタムイベント実装事例集
2021年10月20日 2023年5月30日
目次
1 最初に
2 任意のスクロール率計測
3 任意のリンククリック計測
4 任意のリンク以外の要素のクリック
5 要素の表示の計測
6 会員IDの取得
7 ClientID(Cookie生成されたユーザー識別子）の取得
8 タイムスタンプの計測
9 ページビューにイベントパラメータを渡す
10 仮想ページビューの計測
11 ページからパラメータを除外するための設定
12 ディレクトリ別のデータを取得する

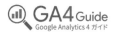

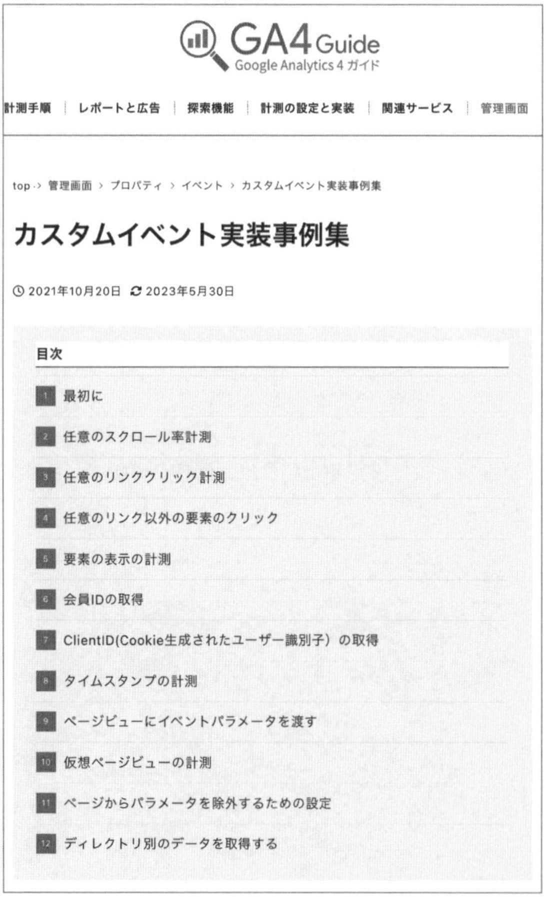

Lesson 8-3　応用機能②

カスタムディメンションと
カスタム指標を追加しよう

第4章で分析におけるキーワードは「ディメンション×指標」であるとお伝えしました。集計軸や集計の切り口を「ディメンション」、数値等で表現される単位を「指標」と言います。例えば、ある学校のクラスの好きな動物を集計した場合、犬が好きな人が18人いたとします。この場合、「好きな動物」がディメンション、「人数」が指標となります。

 **カスタムディメンションとカスタム指標は
何のために設定しますか？**

　ディメンションと指標は、Googleアナリティクス 4上で事前に定義されたものを使うことができます。しかし、あなたのビジネスにおいて必要なディメンションと指標が、事前定義されたものの中に見当たらない場合、カスタムディメンションとカスタム指標を自分自身で設定します。

例えば、ニュースなどのサイトの分析をする場合、Googleアナリティクス 4で自動的にトラッキングされるのは、URLとページタイトルです。しかし、他に**著者名・カテゴリ・連載名**も収集して分析したくなりませんか？

 そうですね。著者名などは、大事な分析軸になりそうです

それらの情報を「**カスタムディメンション**」**として設定する**ことで、**URLやタイトルと同様に、集計軸として活用する**ことができます。他にも、以下のような利用用途が考えられます

◪ カスタムディメンションとカスタム指標の用途

- 会員IDを取得して分析に使いたい
- 購買時のユーザーの選択肢ごと（例：決済方法ごと）の数値を見たい
- メディアサイトで記事の著者やカテゴリを取得して集計したい
- ユーザーの最終購入日ごとにデータを見たい
- 1分以上かつ50%以上スクロール閲覧したページの数を見たい

分析の幅が広がる、
とても大事な機能ですね！

 **カスタムディメンションとカスタム指標は
どのように設定しますか？**

はじめに、イベントと同様に**設定しようとしているディメンションや指標があらかじめ
Googleアナリティクス 4内にすでに準備されていないか**、ヘルプを見て確認しましょう。

HINT //

●公式ヘルプ「アナリティクスのディメンションと指標」
URL ▶ https://support.google.com/analytics/answer/9143382

　本書では、頻繁に利用するカスタムディメンションの設定方法のみを説明します。カスタ
ムディメンションは、以下の2つの方法で設定することができます。

- **方法1：Googleアナリティクス 4上で直接カスタムディメンションを作成する**
- **方法2：ソースコードからデータレイヤーを送信してから、Googleタグマネージャー
  上で設定し、最後にGoogleアナリティクス 4でカスタムディメンションを作
  成する**

　方法1は、**方法2**の最後の手順に含まれるので、ここでの説明は割愛します。**Googleア
ナリティクス 4上で直接カスタムディメンションを作成する方法は、イベントパラメータが
すでにGoogleアナリティクス 4内に存在している場合に用いる**ことができます。

例えば、Lesson 5-3では「ga_session_number」というイベントパラメータをディメンションにする様子を紹介しています。「ga_session_number」はもともとGoogleアナリティクス 4内にあるイベントパラメータだったので、このようにすぐにディメンションとして定義することができました。

　それでは2つめの方法を一緒に確認してみましょう。まず、作業の全体像を見てみます。

図8-3-1 データレイヤーの実装を伴うカスタムディメンションと指標の設定の全体像

❶データレイヤーを設定します

　はじめに、取得したいディメンションをデータレイヤーの形でソースコード内に実装しましょう。

データレイヤーってなんですか？

カスタムディメンションと指標の実装手法「データレイヤー（DataLayer）」

　カスタムディメンションや指標を取得したい場合、実装が必要な場合があります。
　ウェブサイトやアプリのソースコードの中に「**データレイヤー（DataLayer）**」というJavaScript言語のかたまりを記述することで、**指定したページ内の要素をGoogleタグマネージャー経由でGoogleアナリティクス 4に送信する**ことができます。
　図8-3-2が実際の記述サンプルです。

図8-3-2 ニュースメディアがソースコード内に記載するデータレイヤーの例

> これらが、Googleアナリティクス 4のディメンションとなります。値は固定されたものではなく、ページごとにそれぞれの値を示すようにソースコード内に実装しましょう

```
<script>
dataLayer =[{
    'pubDate' : '20230701', // 記事公開日
    'authorName' : " 小川卓 ", // 著者名
    'title' : Googleアナリティクス4 設定・分析のすべてがわかる本', //タイトル
    'subtitle' : ' 「やりたいこと」からパッと引ける ', // サブタイトル
    'articleID': '12345', // 記事 ID
    'genre' : ' 分析 ' // 記事の種別
}];
(function(w,d,s,l,i){
w[l]=w[l]||[];w[l].push({'gtm.start':new Date().
getTime(),event:'gtm.js'});var f=d.getElementsByTagName(s)
[0],j=d.createElement(s),dl=l!='dataLayer'?'&l='+l:'';j.
async=true;j.src='https://www.googletagmanager.com/gtm.
js?id='+i+dl;f.parentNode.insertBefore(j,f);
})(window,document,'script','dataLayer','GTM-XXXXXX);
</script>
```

> Googleタグマネージャーを経由して、Googleアナリティクス 4に送ります。タグマネージャーのコンテナIDは固定値（変化しない値）です

HINT //

本画像はわかりやすく説明するために例示したものです。

実際の記述にあたっては、**開発者用ヘルプ**を確認して設定しましょう。

URL ▶ https://developers.google.com/tag-platform/tag-manager/datalayer?hl=ja

> データレイヤーは、ウェブサイトからGoogleタグマネージャーに情報を送信するJavaScriptのコードのかたまりです。データレイヤーはGoogleタグマネージャーに送られ、次にGoogleアナリティクス 4に送られます。ツール内での名称（呼ばれ方）が異なってくるので、混乱しないようにまとめておきますね（図8-3-1）

> 「データレイヤー」が「変数」や「構成パラメータ」になり、最後に「ディメンション」になるのですね

❷Googleタグマネージャー上で変数を設定し、計測タグに追加しましょう

Googleタグマネージャーを開き、**左のメニューの「変数」をクリックし、画面下部の「ユーザー定義変数」欄の「新規」ボタン**をクリックします（**図8-3-3**）。

図8-3-3 Googleタグマネージャー内で「ユーザー定義変数」の新規作成画面を開く

タグ マネージャー
ワークスペース
バージョン
管理
現在のワークスペース
Default Workspace
サマリー
タグ
トリガー
変数
フォルダ
テンプレート
クリックします
ユーザー定義変数
新規
クリックします

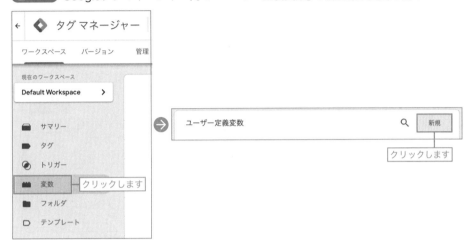

図8-3-4の要領で変数を設定します。入力が済んだら、右上の「保存」ボタンをクリックします。

図8-3-4 Googleタグマネージャーの「変数の設定」画面

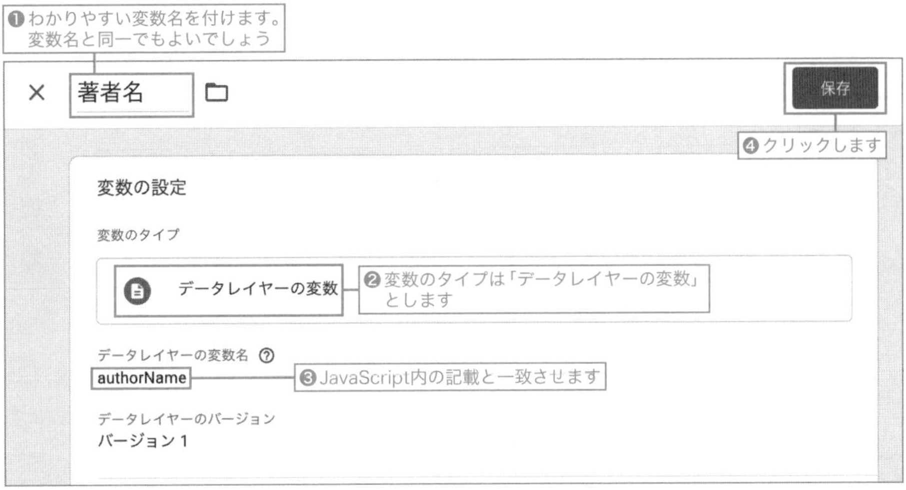

❶わかりやすい変数名を付けます。変数名と同一でもよいでしょう
著者名
保存
❹クリックします
変数の設定
変数のタイプ
データレイヤーの変数
❷変数のタイプは「データレイヤーの変数」とします
データレイヤーの変数名
authorName
❸JavaScript内の記載と一致させます
データレイヤーのバージョン
バージョン 1

タグを設定します。すでに Google アナリティクス 4 で計測を開始している場合には、「タグの種類」に「Google タグ」が稼働しているはずです。

そのタグを開いて、設定を**追記します**（**図8-3-5**）。

HINT //

Google アナリティクス 4 の計測をすでに開始していれば、新規に GA4 設定のタグを作る必要はありません。**既存の「GA4設定タグ」に追記**してください。**新しい GA4 設定のタグを作成すると、二重計測となってしまいます。**

図8-3-5 Google タグマネージャー上で「GA4設定タグ」に追記する

❷ 構成パラメータは、Google アナリティクス 4 のディメンション名となります。データレイヤーの変数名と一致させるとわかりやすいでしょう

❸ 図8-3-4 で作成した変数を呼び出します

追記を終えたら、画面の右上にある「保存」ボタンをクリックします。その後、Google タグマネージャーの「プレビュー」機能で想定通りの計測ができているかを確認します。

問題なければ、設定を「公開」します。

HINT //

プレビューと公開の詳細は割愛しています。Lesson 3-2「初期設定⑧」の説明を参照してください。

❸Googleアナリティクス 4のディメンションとして設定します

Googleアナリティクス 4の**「管理」**メニューから**「カスタム定義」**を開き、「カスタムディメンションを作成」をクリックします。

HINT //

応用機能①の図8-2-11と同様です。

図8-3-6 Googleアナリティクス 4のディメンションを設定する

入力が完了したら、右上の「保存」ボタンをクリックして保存しましょう。

HINT //

画面で表示されるまで最大24時間かかります。

HINT //

●カスタムディメンションとカスタム指標
URL ▶ https://support.google.com/analytics/answer/10075209

図8-3-7 カスタムディメンションのレポート表示例

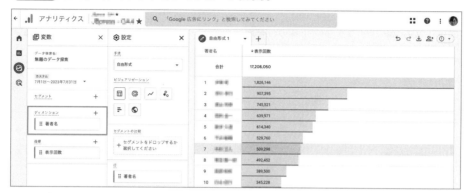

 スコープ（範囲・階層）とは何ですか？

ディメンションの設定画面にある「範囲」というのは、何ですか？

実は、**ディメンションと指標の有効な組み合わせが存在**します。
例えば「セッション」数は、同じセッションレベルのディメンションである「参照元」や「市区町村」と組み合わせます。
「参照元（セッションスコープ）×イベント（イベントスコープ）」など**異なる階層（スコープ）のディメンションと指標を組み合わせると、数字が出ない、または不正確な数字が出てしまいます**

何でも組み合わせられるわけではないんですね！

はい。すべての指標がすべてのディメンションと組み合わせることができるわけではありません。**同じ階層（スコープと言います）のもの同士を組み合わせる必要があります**

どんなスコープがありますか？

ユーザースコープ、セッションスコープ、イベントスコープやアイテムスコープがありますが、**カスタムディメンションとカスタム指標の作成時に指定できるスコープ**を表8-3-1で紹介します

表8-3-1 カスタムディメンションの作成時に指定できる3つのスコープ

スコープ名	説明	制限個数
ユーザースコープ	「User-ID」などの属性情報の場合はユーザースコープに当てはまります。	25個までのカスタムディメンション
イベントスコープ	クリックやページビューなど多くのユーザー行動はイベントスコープに当てはまります。カスタム指標は、イベントスコープのみ選択できます。	50個までカスタムディメンション、および50個までのカスタム指標
アイテムスコープ	eコマースの商品に関するディメンションは、このスコープに該当します。	

HINT //

スコープは階層や範囲などと表現され、日本語訳が統一されていません。

Lesson 8-4 応用機能③

User-IDを設定する

ログインして利用するサイトの場合は、User-ID（ユーザーアイディー）を設定しましょう。

 ## User-ID機能を使うメリットは？

　User-ID機能を使うと、さまざまなデバイスやプラットフォーム（ウェブとアプリなど）をまたいで、ユーザーの行動を把握することができます。

　Googleアナリティクス 4では、複数のデバイスを使いこなすユーザーを一意に特定するために、複数の「レポート識別子」が準備されています。**User-IDは、レポート識別子の中では最も精度高くユーザーを識別する**方法です。具体的には、サービス側が自社で生成したログインIDなどをGoogleアナリティクス 4側に共有する形をとります。User-IDを使うことで、ユーザー行動をより精緻に把握することができます。

　利用例としては、ログインしているユーザーとログインしていないユーザーの行動を比較し、平均エンゲージメント時間、収益などの観点で比較するなどがあります。

HINT ///

他にも、Google広告とGoogleアナリティクス 4を連携している場合は、User-IDデータに基づいてリマーケティングオーディエンスを作成できます。

 ## 個人は特定されませんか？

　User-IDを利用する場合、**Googleアナリティクス利用規約に準拠するよう管理する**責任があります。**第三者がユーザーの身元を特定するのに使用できる情報をユーザーIDに含めることはできません。**

　また、サービス上でプライバシーポリシーを明記し、IDの使用法を適切に通知します。

HINT ///

各ユーザーIDは、256文字未満で指定する必要があります。

User-IDはどのように設定しますか?

早速、User-IDを設定してみましょう。おおまかな流れは、**図8-4-1**の通りです。

図8-4-1 User-ID設定の全体像

❶ レポート用識別子を確認します

はじめに、Google アナリティクス 4のプロパティの「レポート用識別子」の設定を確認します。「管理」メニューから「レポート用識別子」を開きます。

User-IDオプションを含むレポート用識別子が使用されていることを確認します。

図8-4-2「管理」>「レポート用識別子」

❷ データレイヤーを設定します

応用機能②（図8-3-2・282ページ参照）と同様に、**User-IDをデータレイヤーの形式で****ソースコード内に実装します。**

図8-4-3 データレイヤーの記述部分サンプル

```
dataLayer.push({
  'user_id': '123456'
});
```

User-IDの値は固定されたものではなく、実際の値を
送信示するようにソースコード内に実装しましょう

HINT //

JavaScriptなどのプログラミングの知識が必要です。**開発者用ヘルプ**を確認して設定し
ましょう。

URL ▶ https://developers.google.com/tag-platform/tag-manager/datalayer?hl=ja

❸Googleタグマネージャー上で変数を設定し、計測タグに追加します

　Googleタグマネージャーを開き、**左のメニューの「変数」をクリックし、画面下部の「ユーザー定義変数」欄の「新規」ボタン**をクリックします（応用機能②・図8-3-3と同様）。

図8-4-4 Googleタグマネージャー内の「User-ID変数」の設定例

　入力後、画面右上の「保存」ボタンをクリックします。続いて、GA4計測用のGoogleタグを開き、追記します。ユーザープロパティのプロパティ名に「**user_id**」、値に「**{{user_id}}**」（データレイヤの記述と一致）を入力します。

Googleアナリティクス 4の計測をすでに開始していれば、新たに GA4設定のタグを作る必要はありません。**既存の GA4設定用の Google タグに追記**をしてください。**新しい GA4設定のタグを作ると二重計測となってしまいます。**

図8-4-5 GA4計測用のGoogleタグに追記する

　追記が終了したら、右上の「保存」ボタンをクリックします。その後、Google タグマネージャーの「プレビュー」機能で想定通りの計測ができているかを確認します。

　問題なければ、設定を「公開」します。

プレビューと公開の詳細は割愛しています。Lesson 3-2「初期設定⑧」の説明を参照してください。

●公式ヘルプ 「User-IDで複数のプラットフォームをまたいでアクティビティを測定する」

URL ▶ https://support.google.com/analytics/answer/9213390

●開発者用ヘルプ 「ユーザー IDを送信する」

URL ▶ https://developers.google.com/analytics/devguides/
collection/ga4/user-id?client_type=gtm&hl=ja

User-IDの設定は、カスタムディメンションの設定とほとんど一緒なんですね

はい、その通りです。
ただし、はじめにレポート用識別子の確認をする点が異なるのと、最後にGoogleアナリティクス 4内にディメンションを設定しなくてよい点が違いますね

どうしてディメンションを設定しなくてよいのですか？

User-IDはGoogleアナリティクス 4が事前に定義したディメンションだからですね。Lesson 8-5で学ぶ「eコマース設定」もデータレイヤーを使ったカスタムディメンション設定を応用したものです。続けて学んでいきましょう！

Lesson 8-5

応用機能④

eコマース設定を行う

オンラインで商品を販売するeコマースサイト・ショッピングサイトでは、eコマース機能を設定しましょう。

eコマース設定を行うメリットは？

コマースサイトの場合、ユーザーはサイトで購買行動を取っています。eコマース設定を行うと、**商品名・金額・商品ID・サイズ・色・商品カテゴリ**などの商品情報や、**購買数量・合計金額**などの購買情報をユーザーの行動データと紐づけて、**Googleアナリティクス 4上で把握する**ことができます。

流入元や広告キャンペーンと売上数の関係性を把握するなどの統合的な分析が可能です。

eコマース設定を行うと、Googleアナリティクス 4の**レポートメニューの「収益」に関するレポートを活用**することができます。いくつかのレポート画面を見てみましょう（図8-5-1・図8-5-2）

図8-5-1 「レポート」メニュー＞「収益化」＞「eコマース購入数」

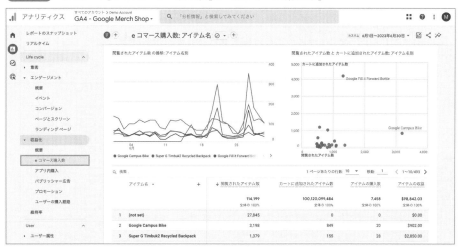

図8-5-2　「レポート」メニュー＞「収益化」＞「ユーザーの購入経路」

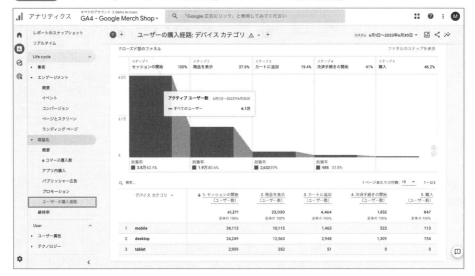

閲覧された商品やカートに追加された商品、
商品ごとの合計収益が見られるのですね

はい。それ以外にも、例えば以下のような
情報を確認することができます

◐ eコマースを設定することで、
Googleアナリティクス 4で確認できるようになる情報

- 合計収益・eコマースの集計・広告収入合計の時系列推移
- 合計購入者数と初回購入者数の時系列推移
- ユーザーあたりの平均購入収益額の時系列推移
- 商品ごとの購入数
- 商品リストごとの購入数
- プロモーションでのアイテムごとの表示回数
- オーダークーポンごとの収益
- 商品IDごとの収益
- 広告ユニットごとの収益

ECサイトにとって有益なレポートを確認できるため、**ECサイトのサービスをお持ちの方は必ずeコマースの設定をしてほしい**ですね

eコマース機能の設定方法は？

設定には実装が必要なんですよね？
難しいですか？

場合によります。サービス内の、カートや決済部分に「カートASP（英：Application Service Provider）」などのサービスを使っている場合は、**ASPを提供する会社側でeコマースの実装を行なってくれているところがあります**

パターン① カートASPがGoogleアナリティクス 4のeコマース設定に対応している場合

例えば、**図8-5-3**のように、**ASPの設定画面上にGoogleアナリティクス 4の該当プロパティのGoogleタグIDを入力することで、簡単にeコマース設定が完了**する場合があります。ASPをお使いの場合は、はじめに確認してみましょう。

図8-5-3 カートASPがGoogleアナリティクス 4のeコマース設定に対応している例
（GMOメイクショップ株式会社提供の「MakeShop」）

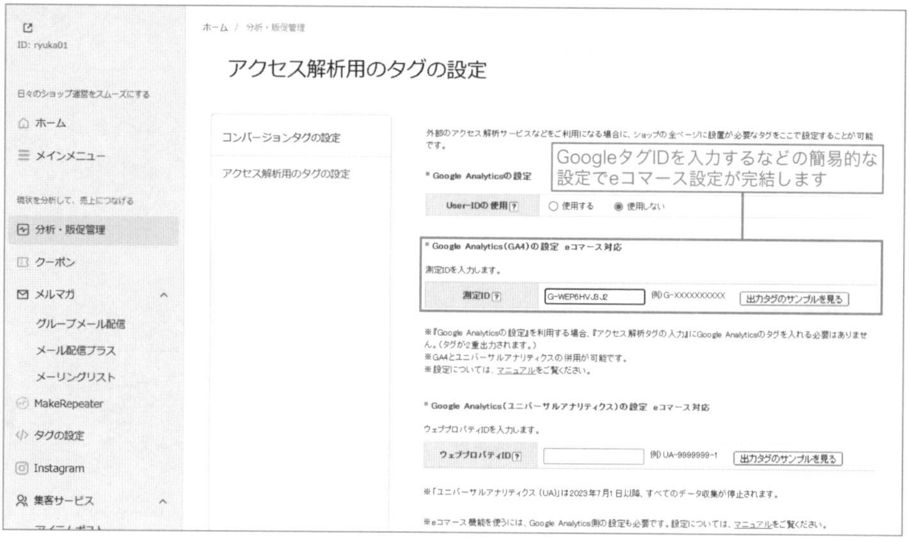

パターン❷ 自ら実装を行う場合（データレイヤー）

　自ら実装を行う場合は、コード内に「データレイヤー」のタグを設定したあと、Googleタグマネージャーでeコマースのイベントタグを設定します。**プログラムやJavaScriptの知識が必要**です。

　本書では割愛しますので、**開発者用ヘルプを確認しながら、開発者と相談して実装しましょう**。

HINT //

●公式ヘルプ「eコマースイベントを設定する」
URL ▶ https://support.google.com/analytics/answer/12200568

HINT //

GA4ガイド「eコマースの実装方法」でも説明していますので、参考にしてみてください。
URL ▶ https://www.ga4.guide/setting-implementation/ecommerce/
　　　ecommerce-implementation/

Lesson
8-6

応用機能⑤

「レポートのスナップショット」や 概要レポートをカスタマイズする

「レポートのスナップショット」は、「レポート」メニュー内にある指標を集約したものです。概要レポートは、「レポート」メニュー内のサブメニュー「ユーザー」や「テクノロジー」「集客」の先頭にあるレポートを指します。

重要指標を一覧するダッシュボードとして利用する

「レポートのスナップショット」や「概要レポート」は、各カードを自分で設定することで、ビジネスの重要指標を一覧するダッシュボードとして利用することができます。

HINT //

Lesson 8-6では、レポートのスナップショットを例に説明しますが、「概要レポート」についても同様の操作でカスタマイズすることができます。

レポートのスナップショットのカスタマイズ方法は？

画面の左にある「レポート」メニューをクリックして「レポートのスナップショット」開き、画面の右上にある鉛筆アイコン「レポートをカスタマイズ」ボタンをクリックします。

図8-6-1 「レポートのスナップショット」画面で「レポートをカスタマイズ」アイコンをクリックする

「レポートをカスタマイズ」画面では、**右側のカードの一覧を編集**できます。順番の移動や削除を行いましょう。さらに**右下にある「カードの追加」ボタンをクリックすると、新たなカードを作成する**ことができます。

図8-6-2 「レポートをカスタマイズ」画面でカードの一覧を操作できる

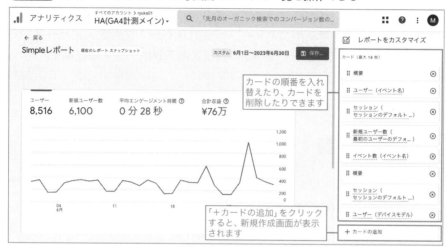

「カードの追加」画面では、さまざまなレポートを選択できます。チェックボックスにチェックを入れて、右上の**「カードを追加」をクリックして追加**します。さらに、レポートのスナップショット画面の右上にある「保存」ボタンをクリックして保存します。

図8-6-3 カードを追加する画面

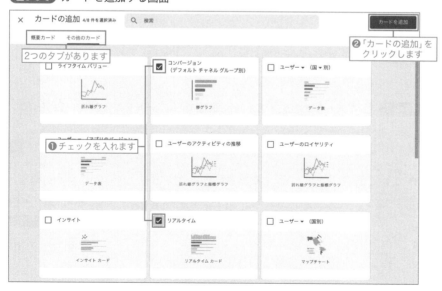

レポートのスナップショットの
おすすめのカスタマイズ例はありますか？

いろんなカードがありますが、結局何を追加すればよいか、わからないです…

業種ごとのおすすめの設定例を紹介します（表8-6-1）

表8-6-1 レポートのスナップショットのカスタマイズ例

ECサイトの場合	eコマースの収益、購入者数、購入者の構成（前回の購入日別）、eコマース購入数、合計収益（参照元/メディア）イベント数、他3つの指標（イベント数・ユーザーの合計数・ユーザーあたりのイベント数・イベントの収益）、Googleのオーガニック検索クエリ、セッション（デフォルトチャネルグループ）、コンバージョン（デフォルトチャネルグループ）、ユーザーエンゲージメント
BtoBサイトの場合	インサイト（**応用機能⑥**にて説明）、コンバージョン（イベント名）、表示回数（ページタイトルとスクリーンクラス）、ユーザー数、他4つの指標（ユーザー・イベント数・コンバージョン・合計収益）、ユーザーのアクティビティの推移新しいユーザー（最初のユーザーの参照元/メディア）、セッション（デフォルトチャネルグループ）、Googleのオーガニック検索クエリ

HINT //

レポートのスナップショットに**追加できるレポートは最大16枚（カード）**となります。表示の順番は指定できますが、各カードの大きさやデザインなどは変更することができません。そのため、**本格的な運用レポートを作成したい場合は、Looker Studioを活用しましょう**（第9章を参照）。

HINT //

●公式ヘルプ「レポートのスナップショット」をカスタマイズする
URL ▶ https://support.google.com/analytics/answer/10659091

Lesson 8-7 | 応用機能⑥
カスタムインサイトを作成する

Googleアナリティクス 4は機械学習を活用して、データから「異常な変化」や「新たな傾向」を発見し、表示してくれる「インサイト」機能を提供しています。「自動インサイト」と「カスタムインサイト」の2種類があります。

 ## 自動インサイトとは？

自動インサイトは、データに異常な変化や新たな傾向があると検出され、インサイトダッシュボードで通知されます。レポートの右上に表示される「Insights」アイコンをクリックします。

HINT
インサイト機能は、「分析情報」「統計情報」などと翻訳されて表示される場合があります。

図8-7-1 インサイトアイコンをクリックして調査する

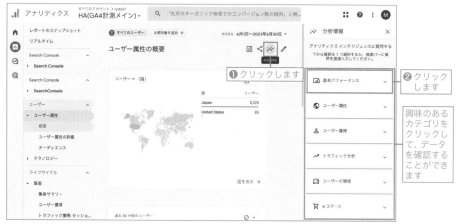

HINT //

利用者がインサイトを操作するたびに、Google アナリティクス 4の機械学習機能は**利用者が最も関心を持っているインサイトを学習し、それに基づいて新規のインサイトをランク付けします**。インサイトは、**生成後1年間保持**されます。

 ## カスタムインサイトとは?

　カスタムインサイトは、利用者自身が作成するインサイトです。アラート（警告）条件として使えるのは、以下の通りです。

◆ カスタムインサイトのアラート条件を設定する構文

- 異常値があります
- 指定した値以下あるいは指定した値以上
- 指定した値から●●%上昇、または●●%低下、あるいは変化率が●●%

　このような条件をあらかじめ作成しておきます。データが設定した条件に合致した場合、インサイトダッシュボードにインサイトが表示されます。メール通知アラートが届くように設定することもできます。このような**見過ごしてしまう可能性がある変化も、自動検出機能によっていち早く発見することができます**。

HINT //

カスタムインサイトは、**プロパティごとに最大50個**まで設定できます。

カスタムインサイトはどのように設定できますか？

ホーム画面の下部に「分析情報と最適化案」という名称でインサイト欄があります。**「おすすめのインサイトを表示」ボタン**をクリックします。

HINT ///

すでにカスタムインサイトを作成した場合は、インサイト欄の右上にある「すべての統計情報を表示」リンクをクリックします。

図8-7-2 ホーム画面の下部にあるインサイトの表示パーツから「おすすめのインサイトを表示」をクリック

「カスタムインサイトを作成」画面を開き、画面下部の **「ゼロから作成」欄の「新規作成」ボタンをクリック**します。

図8-7-3 「カスタムインサイトを作成」画面

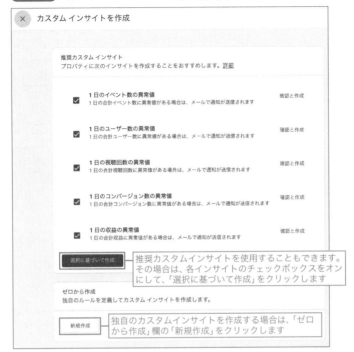

推奨カスタムインサイトを使用することもできます。その場合は、各インサイトのチェックボックスをオンにして、「選択に基づいて作成」をクリックします

独自のカスタムインサイトを作成する場合は、「ゼロから作成」欄の「新規作成」をクリックします

HINT //

推奨カスタムインサイトの設定についての説明は割愛します。画面を操作して、機能を確認してみましょう。

カスタムインサイトの作成画面で、条件やインサイト名を入力します。

設定したら、右上の「作成」ボタンをクリックします。

図8-7-4 独自のカスタムインサイトを作成できる

HINT

条件には「すべてのユーザー」が選択されていますが、他のセグメントを指定する場合は、「変更」リンクをクリックします。**セグメントを「含める」または「除外」を指定**できます。

HINT

「異常値があります」を条件として選択した場合、指標の変化の異常を自動的に検出するため、手動で値を入力する必要はありません。

設定が完了すると、このようなカードが表示されます。**図8-7-5**はホーム画面の下部に表示されたカスタムインサイトの例です。

図8-7-5 カスタムインサイトの表示例

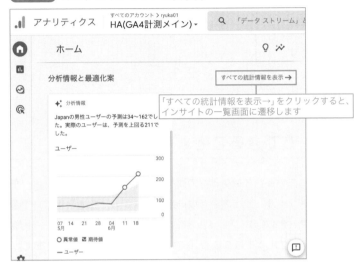

「すべての統計情報を表示→」をクリックすると、インサイトの一覧画面に遷移します

HINT //

●公式ヘルプ「アナリティクスインサイト」

URL ▶ https://support.google.com/analytics/answer/9443595

機械学習は、なんだか難しいイメージがありますが、こんなふうに大量のデータから異常を検知してくれるのは便利ですね!

はい。機械学習を怖がらずに、便利な機能として活用してみてください

応用機能⑦

データインポート

（商品マスタなどの）オフラインデータをGoogleアナリティクスにアップロードし、統合する機能です。

データインポートでできること

例えば、あるビジネスにおいて、オンラインで商品を販売しているとします。一方、商品に関するデータ（価格、スタイル、サイズなどの商品属性などの）をオフラインで保管しています。この場合、商品データをCSVファイルとしてまとめて、データインポート機能を使うことでGoogleアナリティクス 4に取り込む（インポートする）ことができます。

データインポート機能を使うメリットは？

この機能を使う背景として、**インターネット上のユーザー行動データが蓄積されているGoogleアナリティクス 4と、商品データなどの独自に蓄積された情報は、通常別々に管理**されている点が挙げられます。

それらをGoogleアナリティクス 4上で集約して確認することで、ユーザー行動について精度の高い情報が得られ、サービスの改善につながる可能性があります。

例えばどんなデータを統合するのでしょうか？

商品の種類やサイズを取り込むことで、Googleアナリティクスに表示される売り上げ数や金額のデータがより正確になります。実際に購入された後に返品になった場合の「払い戻しデータ」を入れ込むことができます。他にも、全国展開している店舗で組織に合わせた「会社独自の地域区分」、メディアサイトの記事であれば「執筆者」や「公開日」を入れていくことができます。

広告担当の方は、「Google広告以外で展開した別の広告データのクリック数や費用」をアップロードすることで、Googleアナリティクス上で統合的に費用対効果を算出できます。

表8-8-1にインポート可能なデータのタイプをまとめました。

表8-8-1 インポート可能なデータのタイプ

データの種類名	利用用途	利用可能な項目
費用データ	リスティングなど広告の費用データを付与する	必須：キャンペーンID(utm_id)、ソース(utm_source)、メディア(utm_medium)、日付(YYYY-MM-DD)、クリック数(clicks)、費用(impression)、インプレッション数(cost)のいずれか 任意：キャンペーン名
アイテムデータ	ECサイトなどで商品IDに属性情報を付与する	必須：商品ID 任意：商品名・カテゴリ1〜カテゴリ5・ブランド・パターン ※要eコマース実装
ユーザーID別のデータ	会員IDなどに属性情報を付与する	必須：User-ID 任意：GA4で設定済みのユーザープロパティ ※カスタムイベントでのUser-ID取得が必要
クライアントID別のデータ	クライアントID（GA側でCookieに付与されるID）に属性情報を付与する	必須：Client-IDおよびストリームID（データストリーム内で確認可能） 任意：GA4で設定済みのユーザープロパティ ※カスタムイベントでのClient-ID取得が必要
オフラインイベントデータ	「イベント」のデータをアップロードする（例：特定のページを閲覧したことにするなど）	必須：Client-IDおよびGoogleタグID（プロパティを特定するID。G-XXXXXX）および最低1つのイベント名 任意：設定されているすべてのイベントパラメータ名・ユーザープロパティ・アイテム名など

取り込めないデータや制限はありますか？

個人を特定できるものはアップロードできません。名前、社会保険番号、メールアドレス、端末固有の識別子はハッシュ値（ランダムに見える値に書き換えること）であってもアップロードしてはいけません。

HINT //
Googleアナリティクス 4の規約に反したデータをインポートした場合はアカウントが停止され、データが失われることがあります。

また、データインポートには以下の制限があります。

Lesson 8-8

データインポート

307

◻ データインポートの制限

- インポートできる合計のデータ量：10GB
- 1回でアップロードできるデータ量：1GB
- 1日にアップロードできる回数：最大24回
- 1日にアップロードできる最大のデータ量：10GB

 ## データインポートする方法を教えてください

データインポートの作業は、**図8-8-1**のように**はじめに自身のPC上などの環境でアップロードするファイルを作成**し、次にGoogleアナリティクス 4上でインポートデータを取り込み、各データをマッピングします。それでは順に見てみましょう。

図8-8-1 データインポートの作業概要

❶ アップロードファイルの作成（ローカル環境など）　❷ データインポートの設定（Googleアナリティクス 4）　❸ 各データのマッピング（Googleアナリティクス 4）

❶ アップロードするファイルを作成します

アップロードするCSVファイルを作成します。公式ヘルプより**CSVファイルのテンプレートがダウンロードできます**。それぞれのダウンロードリンクは以下の通りです。

◪ インポートするCSVファイルのテンプレートのダウンロードリンク

- **費用データをインポートする**
  https://support.google.com/analytics/answer/10071305

- **商品データのインポート**
  https://support.google.com/analytics/answer/10071144

- **ユーザーデータをインポートする**
  https://support.google.com/analytics/answer/10071143

- **オフラインイベントをインポートする**
  https://support.google.com/analytics/answer/10325025

図8-8-2は、CSVファイルのサンプルです。テキストエディターや**エクセル**などの表計算ソフトで**確認する**ことができます。

図8-8-2 インポート用CSVサンプル

user_id	user_property1	user_property2	user_property3
123abc	user1 value 1	user1 value 2	user1 value 3
456def	user2 value 1	user2 value 2	user2 value 3
789ghi	user3 value 1	user3 value 2	user3 value 3

HINT //

CSVファイルで作成するデータの各列には名称を付ける必要があります。公式ヘルプにある各テンプレート例の**1行目の名称は変更しない**ようにしましょう。
主な列名称と意味は、以下の表の通りです。

表8-8-2 CSVファイルの列名とその意味

列名称	意味
client_id	**ユーザーを識別するCookie ID**
measurement_id	**G-XXXXXXのプロパティを特定するID**
event_name	**イベント名**
timestamp_micors	**イベント発生時間 (UNIX時間)**
user_id	会員ID等のユーザー識別子
event_param.\<name>	イベントのパラメータ名 (例：event_param.page_location パラメータ値は各行に記入)
user_property.\<name>	ユーザープロパティ名 (例：user_property.login_type プロパティ値は各行に記入)
item\<x>.\<item_param>	**EC用の商品パラメータ (例：item1.item_name)**

❷ Googleアナリティクス 4上でデータインポートします

アップロードするファイルの作成が完了したら、Googleアナリティクス 4の**「設定」メニュー**より**「データインポート」**をクリックします。

開いた画面で「データソースを作成」をクリックします。

図8-8-3 「設定」＞「データインポート」画面で「データソースを作成」をクリック

データソースの作成画面で名称を入力してデータの種類を選択し、データをアップロードします。

図8-8-4 データソースを設定してCSVファイルをアップロード

❸ Googleアナリティクス 4上にインポートしたデータを マッピングします

画面右上の「次へ」をクリックして、データのマッピングに進みます。

Googleアナリティクス 4のフィールド名と、インポートするCSVファイルのデータのフィールド名を紐づけていきます。

図8-8-5 Googleアナリティクス 4のフィールドとCSVデータのフィールドをマッピング

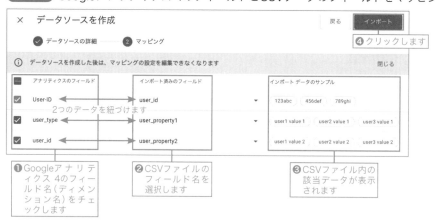

マッピングしたら、画面右上の「インポート」をクリックするとインポートが完了します。

HINT //

アップロードされたデータは、処理が完了するまでレポートには表示されません。レポートに表示されるまでには、最大24時間かかる場合があります。

HINT //

既存のデータソースにインポートする場合は、既存のデータソースの行の「今すぐインポート」をクリックします。

HINT //

●公式ヘルプ「データインポートについて」

URL ▶ https://support.google.com/analytics/answer/10071301?hl=ja

Lesson
8-9

応用機能⑧

Measurement protocol

メジャメント プロトコル
Measurement protocolはインターネットに接続されたデバイスからイベントを収集して、Googleアナリティクスサーバーに送信する機能です。

 ## Measurement protocolを使うと どんなことができますか？

　Googleアナリティクス 4は、ウェブサイトやモバイルアプリなどの表示データだけでなく、例えば実店舗のPOSシステムやゲーム機などからデータを収集し、Googleアナリティクス 4にデータを送信することもできます。

HINT //

Measurement protocol の仕組みを実装する際はJavaScriptなどの知識が必要になるため、システム担当者と相談して実装しましょう。

●公式ヘルプ「Measurement Protocol」
URL ▶ https://support.google.com/analytics/answer/9900444

図8-9-1 Measurement protocolの手法

Measurement Protocolとデータインポートの
違いはなんですか？

ざっくり言うと、**オフラインのデータを統合する際には
「データインポート機能」、オンラインの機器からのデー
タを統合する場合には「Measurement Protocol」を使
う**と考えておきましょう。この違いは、第10章で解説する資
格試験に頻繁に出題されます

Chapter 8

覚えておきたい！ Google アナリティクス 4 の応用機能10選

Lesson
8-10

応用機能⑨

BigQuery

BigQueryとはGoogle社が提供するプロダクトで、Googleアナリティクス4の集計前の未加工のデータを集積し、探索することができます。分析の自由度が高く、大規模なデータ分析を行う場合に最適です。

 BigQueryとはなんですか？

　BigQueryは、クラウド上で展開されるデータウェアハウス（分析に必要なデータが整形された状態で格納されている場所）です。Google社が開発し、Google Cloud Platform上で提供されています。

　データの探索については、**SQL（英：Structured Query Language）という構造化データの問い合わせ言語の構文を使います**。大規模なデータセットを短時間で探索することができ、さまざまなツールとの連携サービスを提供している利点があります。

 Googleアナリティクス 4と接続したら何ができますか？

　BigQueryはさまざまなツールと連携して、ビジネスに必要なデータを統合的に分析することができますが、Googleアナリティクス 4と連携する場合は、レポート上で確認できるようなトラフィックデータを**集計前（ローデータ）の状態で取得する**ことができます。例えば、未加工のイベントやユーザー単位のデータを取得することができます。

　Googleアナリティクス 4のトラフィックデータをBigQueryにエクスポートした上で、他の外部データと結合するなどして、統合的な分析を行うことができます。

費用はかかりますか？

BigQueryは有償ツールですが、無償枠が用意されており、大規模サイトではない限り無料の範囲に収まることが多いです。無料枠の制限範囲を超えると料金が発生します。詳細は料金表のページをご覧ください。

HINT ///

●Google Cloud公式ヘルプ「BigQueryの料金」
URL ▶ https://cloud.google.com/bigquery/pricing?hl=ja

また、Googleアナリティクス4側は、**Googleアナリティクス4の標準プロパティ（無料版・本書で使用しているものです）および360（有料版）の双方から接続**できます。

BigQueryの無料枠に納まる範囲での利用であれば、無料で試すことができます。

HINT ///

標準プロパティ（無料版）の場合、1日あたり100万件のイベントという上限があります。

利用例が知りたいです

画面イメージやSQL構文を把握するために、BigQueryへのSQLによる問い合わせ例を見てみましょう。**図8-10-1**の画面上部でSQLの構文を記載して「実行」をクリックすると、その結果が下半分に表示されます。この例では、日ごとのセッション数を表示しました。

図8-10-1 BigQueryの出力結果サンプル

```
1  select
2    date(timestamp_micros(event_timestamp),"Asia/Tokyo") as event_date, -- イベントの発生日付を選択
3    count(event_name) as sessions  -- 後ほど指定するイベント名の列の見出しを「sessions」にする
4  from
5    `ha-ga4.analytics_227084301.events_*`  -- データの選択範囲。ここでは全期間とし、whereの部分で日付を指定する
6  where
7      event_name = 'session_start'  -- イベント名がsession_startに合致するものだけを抽出
8      and _table_suffix between '20220201' and '20220207'  -- データの取得期間を指定
9  group by
10     event_date  -- 日付ごとに集計する
11 order by
12     event_date  -- 昇順で並び替える。降順で並び替えたい場合は  event_date desc  と記載する
13
```

クエリ結果

行	event_date	sessions
1	2022-02-01	377
2	2022-02-02	297
3	2022-02-03	261
4	2022-02-04	262
5	2022-02-05	162
6	2022-02-06	178
7	2022-02-07	256

図8-10-2 利用したSQL（簡単な解説付き）

```
select
  date(timestamp_micros(event_timestamp),"Asia/Tokyo") as
event_date,───────────────────── イベントの発生日付を選択
      count(event_name) as sessions ────── 後ほど指定するイベント名の列
                                            の見出しを「sessions」にする
from
`ha-ga4.analytics_227084301.events_*` ─── データの選択範囲。ここでは全期間とし、
                                           whereの部分で日付を指定する
where
      event_name = 'session_start'─── イベント名がsession_startに合致するものだけを抽出
      and _table_suffix between '20220201' and '20220207'──
                                            データの取得期間を指定
group by
    event_date──────────────────── 日付ごとに集計する
order by
    event_date                     昇順で並び替える。降順で並び替えたい
                                    場合は  event_date desc  と記載する
```

HINT ///

●公式ヘルプ 「BigQueryについて」

URL ▶ https://support.google.com/analytics/answer/4419694?hl=ja

BigQueryは、どのように設定しますか？

　Googleアナリティクス 4のデータをBigQueryに送るためには、BigQuery側の設定とGoogleアナリティクス 4側の双方の設定が必要となります。両ツール共通のGoogleアカウントでBigQueryの設定をした後、**Googleアナリティクス 4の「設定」メニューを開き、プロパティ列の「BigQueryのリンク」をクリック**して接続の設定を行います。

　本書では割愛しますので、「GA4ガイド」や公式ヘルプや、小川卓著『「やりたいこと」からパッと引ける Googleアナリティクス4 設定・分析のすべてがわかる本』のSection 8-3を参照してください。

Lesson	応用機能⑩
8-11	# アナリティクス 360（有料版）でできること

Googleアナリティクス 4を有料版にすると、「無料版で制限されていた機能の上限値が上がる」「データの更新頻度が上がる」「サブプロパティを利用できる」「（広告の自動入札ツールなど）統合プロパティを利用できる」「さまざまな機能と連携できる」という5つの利点があります。

有料版になると、無料版の制限はどのくらい緩和されますか？

無料版と有料版の制限の違いをまとめました。

表8-11-1 無料版と有料版の制限の違い（例）

	Googleアナリティクス 4の標準プロパティ（無料版）	Googleアナリティクス 4のアナリティクス 360プロパティ（有料版）
イベントパラメータ	**イベントあたり25**	**イベントあたり100**
ユーザープロパティ	**プロパティあたり25**	**プロパティあたり100**
コンバージョン	30	50
オーディエンス	100	400
データ探索	プロパティあたり500件まで共有可	プロパティあたり1,000件まで共有可
データ探索のサンプリングの上限	クエリごとに1,000万件のイベント	クエリごとに10億件のイベント
データの保持	最長14ヶ月	最長50ヶ月
BigQuery Export	**1日のエクスポート：100万件のイベント**	**1日のエクスポート：数十億件のイベント**

HINT //

上記の例は、一部です。すべての制限を確認するには、公式ヘルプ「Googleアナリティクス 360（Googleアナリティクス 4プロパティ）」を参照してください。

URL ▶ https://support.google.com/analytics/answer/11202874?hl=ja

例えば、データ探索における**サンプリングの上限値が高いため、より実測に近い精度の高いデータ**を確認することができます。また**データの保持期間が50ヶ月まで選択できるため、4年以上のデータを保持**できます。他の数値も、軒並み上限が緩和されます。

 ## データ更新頻度は異なりますか？

　無料版と有料版では、データの更新間隔が異なります。当日のレポートは無料版で4〜8時間かかるところ、有料版では1時間ごとに更新されます。ただし、処理するイベント量によって変わることがあります。

HINT ///

●公式ヘルプ「データの更新頻度」
URL ▶ https://support.google.com/analytics/answer/11198161

 ## サブプロパティと統合プロパティとは？

　有料版の**「サブプロパティ」とは、あるプロパティについてデータをフィルタリング（条件の絞り込み）して、別のプロパティを作成する機能**です。例えば、1つのプロパティに対し、マーケティングを行う地域ごとにサブプロパティを作成するとします。この場合は、一部のユーザーにある地域のデータへのアクセス権を付与し、他のユーザーには別の地域のデータへのアクセス権を付与するなどの対応を行うことができます。

　一方、有料版の**「統合プロパティ」を使うと、複数のプロパティのデータを1つにまとめる**ことができます。例えば、会社が所有している複数のブランドに個別のプロパティを設定している場合、それらのプロパティを1つのプロパティに統合することで、ブランド全体のパフォーマンスを総合的に把握できます。

　このように、複数に分かれたブランドや地域ごとに分かれたプロパティを1つに統合することができます。

> サブプロパティと統合プロパティの概念は、第10章で説明する資格試験によく出題されます。
> **サブプロパティが「分ける」**こと、反対に**統合プロパティが「まとめる」**こと、と覚えておきましょう

どんなツールと連携できますか？

　無料版でもGoogleアナリティクス 4とGoogle広告を連動させることができますが、有料版では「ディスプレイ＆ビデオ 360」や「検索広告360」などさまざまなツールと接続して、**ウェブマーケティングを統合的に管理**していくことができます。

　例えば、Googleアナリティクス 4と「ディスプレイ＆ビデオ 360」にリンクすると、キャンペーンと費用のデータがGoogleアナリティクス 4にインポートされます。さらに、それらがコンバージョンしたデータを「ディスプレイ＆ビデオ 360」のカスタム入札という機能に使用できます。

HINT //

● ディスプレイ＆ビデオ 360の公式ヘルプ「カスタム入札機能の概要と制限事項」
URL ▶ https://support.google.com/displayvideo/answer/9723477

以上で、第8章の応用機能は終了です。
お疲れ様でした!

なんだか、高度な機能を知って、
もう中級者になった気がします!

そうですね。
何を「中級者」とするかはさまざまな考え方があると思います。
標準機能に留まらず、必要に応じて、応用機能を使いこなしてデータを収集したり、第5〜7章で勉強したような改善のための分析を行ったりするならば、中級者に進んだと言ってよいかもしれませんね。
第9章では、自動更新レポートツールである「Looker Studio(ルッカースタジオ)」について学びましょう!

Chapter 9

Looker Studioで
レポートを作ろう

本章では、Google社のレポートエディタ
「Looker Studio」で定点レポートを作成
する方法を学びます。はじめに定点レポー
トの役割を覚えて、後半では実際にレポー
トを作ってみましょう。

※「Googleデータポータル」は2022年
10月に「Looker Studio」と名称変更
されました。

Lesson
9-1

一度作れば、分析者を助ける存在に

定点レポートの 役割とは？

本書では、「分析はサイト改善のために行いましょう！」と教えていますが、実際には、分析者は「今週の業績は？」などの質問への回答に忙殺されがちです。そんなときに力になるのが、自動更新や共有機能がついた「定点レポート」です。

分析改善レポートと定点レポートという 2種類のレポートがあります

ここまで、Googleアナリティクス 4でいろんなレポートを作ってきました。本章で学ぶLooker Studioも、レポートを作るためのツールです。
しかし、Googleアナリティクス 4のレポートとLooker Studioのレポートは目的が異なります

同じ「レポート」でも、目的が違うのですか？

はい。レポートには、「分析改善レポート」と「定点レポート」の2種類があります

∷ 分析改善レポートとは？

　分析改善レポートはサイトの問題点を見つけて、どの点を改善していけばよいのかを思考するためのレポートです。例えばGoogleアナリティクス 4のレポートでは、たくさんのレポートが準備されている上、ディメンションや指標を入れ替えたり、フィルタやセグメントをかけたり並び順を変えたりと、素早くさまざまな操作を加えて、その結果を確認することができます。

　そのような多様な操作を行い、深くデータを探索することにより、データから新たな気付きを得ることができるのです。

:: 定点レポートとは？

　一方で、**定点レポートはビジネスにおける重要指標を定義し、目標に対する現状の位置付けを正確に把握する役割を持ちます。** 目標に向けて、月ごと、週ごと、日ごとなどの一定期間の状況や変化を確認します。また、現状のデータを**チームメンバーと共有**し、**素早く意思決定を行う**ことがビジネスにとって重要です。

　この分類で言うと、**Googleアナリティクス 4内のレポートは分析改善レポート**であり、**Looker Studioのレポートは定点レポート**となります（**図9-1-1**）。

図9-1-1 Looker Studioは定点レポート

Google アナリティクス 4 は 分析改善レポート	Looker Studio は 定点レポート

サービスの**改善点を抽出するために、分析軸を切り替えながら探索的に分析する**ためのレポートです。

重要な指標と目標値が決まっている場合、**チームメンバーとデータを共有**して状況を把握した上で、変化に対応するためのレポートです。

特徴

- 柔軟性があり探索的な分析に適している
- 探索に適した「目標到達プロセス」や「経路分析」などの独自のレポートを提供

特徴

- 重要指標を掲載した固定的なレポート
- チームメンバーと共有する
- 視覚的にわかりやすく表現される

自動更新　リアルタイム反映

Looker Studioは、定点レポートの特性を持っているため、**視覚的にわかりやすく表現したり、チームメンバーと共有したり、ビジネスに必要な重要指標を一目で把握できるようなレイアウトを構成する特性**を持っています

図9-1-1では、さらに「自動更新」と「リアルタイム反映」と書かれていますが、これはどういうことなのでしょうか?

これらは、**分析者にとって有益な特徴**です。ここで、説明しますね

:: 自動更新の重要性

　Googleアナリティクス 4を使った分析に詳しくなると、数値に関するレポートを報告する（レポーティング）業務を任されることになるでしょう。はじめのうちは気付きもあって楽しくできるのですが、月別や週別のレポートを作成するにはそれなりの時間を要するため、どうしても業務時間を圧迫していきます。

　覚えておいてほしいのは、**レポートを見ている時間は会社の売上アップに貢献しているわけではない**ことです。レポート業務を極力自動化して時間を圧縮し、増えた時間で「改善施策を実行する」ことに注力することこそ、事業の貢献につながります（**図9-1-2**）。

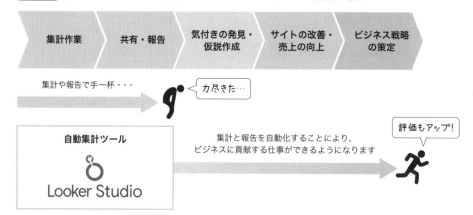

図9-1-2 レポーティングを自動化することは、ビジネスへの貢献に役立つ

:: リアルタイム反映の重要性

　また、（数時間程度の時間のずれがあったとしても）**ほとんどリアルタイムでデータが反映されるレポートは、ビジネスに大きく貢献**します。例えば、数字が大きく跳ね上がったり、数字が落ち込んだりするなどの日々の変化がある中で、報告書を作るために数日も時間がかかっていたら、対策が遅れて、状況に即した対応策を講じることは難しくなります。

　分析者の手を介さずに、ほとんど時差なくデータが更新されていくことは、ビジネスにとって、データの変化に伴う問題への対処を早める利点につながります。

というわけで、Looker Studioという定点レポートに「自動更新」と「リアルタイム反映」がついていることは、分析者にとって、運用レポート作成に忙殺されることなく、サービスの改善行動に時間を割くことができる利点があります

Looker Studioを使うことは、
分析者にメリットをもたらすのですね

はい。**定点レポートは重要ですが、分析担当者が運用作業に忙殺されずに、改善行動に時間を割くことが重要**なのです。そのために、Looker Studioを積極的に活用しましょう

> **POINT**　重要指標や目標が定まっているビジネス（またはプロジェクト）において、**チームメンバーがデータの状況を共有するために定点レポートが必要**ですが、分析者はレポート作成の運用作業に忙殺されずに、**改善行動に時間を割く**ことを心がけましょう。Looker Studioは定点レポートの機能を持つ上、自動更新やリアルタイム反映の機能を持っているため、分析者の運用負荷を軽減します。

Lesson 9-2

定点レポートを作ってチームに共有しよう

Looker Studioを使って レポートを作成しよう

Looker Studioについて詳しく学び、実際にレポートを作ってみましょう。

Looker Studioの3つの特性

Looker Studioは、Google社が提供するレポートエディタです。Googleアナリティクス 4と同様に、**ブラウザ上で開くことができるクラウドツール**のため、特別なソフトのダウンロードなどは必要ありません。また「Looker Studio Pro」という有料版も存在しますが、**無料版で十分な機能**を持っています。

HINT //

Looker Studio公式ヘルプ「Looker Studio Pro」
URL ▶ https://support.google.com/looker-studio/answer/12671821

Looker Studioは定点レポートに適しており、定点レポートに必要な3つの特性（接続、視覚表現、共有）を持っています。

図9-2-1 Looker Studioの3つの特性

多様なグラフ表現
- 線グラフ　・棒グラフ　・円グラフ
- 地図　　　・面グラフ　・バブルチャート
- 表　　　　・ピボットテーブル　　など
- 画像のアップロード可能
- 色味の調整が可能

視覚化

共有
- 閲覧者が「フィルタの絞り込み」や「期間設定」などを操作可能
- ほぼリアルタイム
- 自動更新
- データソースの閲覧権限を渡さなくても見てもらえる

多様なデータに接続
Googleアナリティクス 4のディメンションや指標、コンバージョンなどの各指標に対応

接続　　共有

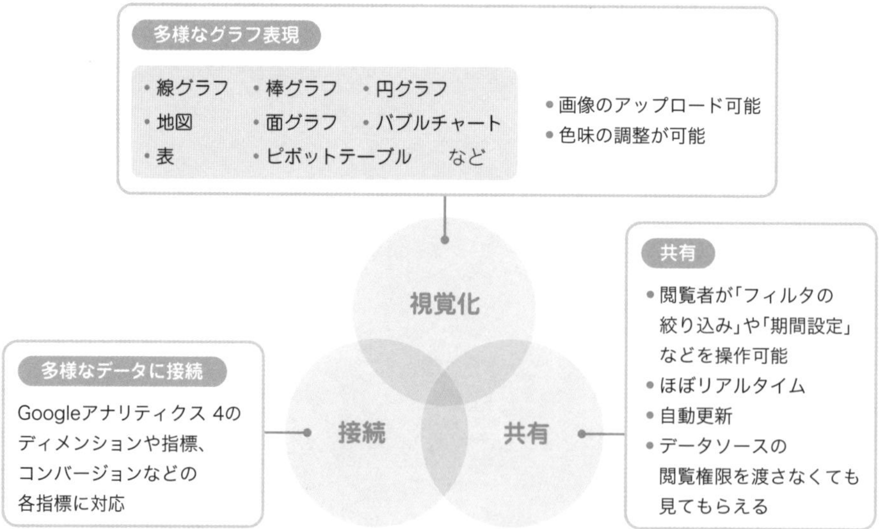

データ接続

Googleアナリティクス 4とのデータ連携がスムーズなだけでなく、Google広告などのマーケティングプラットフォームや、MySQL・PostgreSQLなどの外部のデータベースと接続するなど、**データの接続先が豊富**です。

視覚表現

線グラフ、棒グラフ、円グラフ、地図、面グラフやバブルチャート、表、ピボットテーブルなどの多様なグラフ表現が準備されています。色味の変更ができますし、ロゴなどの画像をアップロードすることもできるので、データをわかりやすく表現することができます。

共有

定点レポートは、同じ会社やプロジェクトのメンバー間で共有することが非常に重要です。Looker Studioは、**レポートの閲覧者が「フィルタの絞り込み」や「期間設定」などを操作することができる**インタラクティブな（双方向の）操作性を持っています。インタラクティブ機能は、チームメンバーがレポート作成者に問い合わせるなどの手間が減り、大きな効率化につながります。

また、データは（数時間の遅れはあるものの）ほとんどリアルタイムで自動的に更新されるので、ビジネスにおいて最新データを把握して素早い行動を起こすことができます。

Looker Studioのレポートを作ってみよう

それでは早速、Looker Studioのレポートを作ってみましょう。

◘ レポート作成の流れ

- Step 1　どんなデータを見せるか考えよう
- Step 2　新規レポートを立ち上げ、Googleアナリティクスのデータを取り込もう
- Step 3　レポートのスタイルを決めよう
- Step 4　グラフや表を使ってデータをわかりやすく見せよう
- Step 5　表示する指標やディメンションを選択しよう
- Step 6　社内に共有しよう

Step 1 どんなデータを見せるか考えよう

Looker Studioを開いて、操作をすればレポートは出来上がりますが、レポートを作成するにあたって、まずはレポートの目的や閲覧者を想定して、レポートに必要な構成を考えていきましょう。早速ですが、以下の質問について考えてみてください

◀ ワーク

目的	レポートの**目的**は何ですか？	（　　　　）
対象	このレポートは**誰が確認**しますか？	（　　　　）
表示するデバイス	閲覧者はどの**デバイス**で確認しますか？	（　　　　）
目標値	ビジネスやプロジェクトにとって**目標**とする指標とその**値**は決まっていますか？	（　　　　）
重要指標	目標を達成するための**重要**な**指標**はありますか？	（　　　　）

私は、レポートを作る目的は「プロジェクトチームで月間目標値に対する現在位置を共有するもの」にしたいと思います。そのため、レポートの対象は「チームメンバー」です

はい、わかりました。レポートを見る対象者について質問しているのは、こんな例があるためです

上長向けのレポートの工夫

　もし、各部門の上長が確認するようなレポートを作るならば、レポートの内容は、**短い時間で即座に目標への到達度合いを確認でき、重要指標の値を一目で把握するもの**にします。こういったレポートを「エグゼクティブサマリー」などと呼ぶこともあります。

　エグゼクティブサマリーの場合は、目標値への到達度をパーセンテージで大きく表示したり、月ごとの推移がわかるようなグラフを付けたりします。

メンバー向けのレポートの工夫

　一方で、チームメンバーを対象としたレポートならば、**数字の内訳がよくわかるように作**ります。例えば、ニュースメディアであれば、どの記事がどんな流入経路で見られたかなどの内訳情報を付けることで、当月の数値を目標値まで上げていくための次の対策を考えるヒントになります。

また、チームメンバーが担当する商品やカテゴリがそれぞれ異なる場合は、商品やカテゴリを**絞り込むような操作ができる（フィルタ）機能**を付けることもできます。

レポートを見る対象者によって、レポートの内容は変わるのですね！

そうなんです。閲覧者が利用するデバイスについて確認したのは、**スマートフォンで見やすい大きさの「キャンバスサイズ」を選択する**か、に関わります。次の「目標」についてはどうでしょうか？

小川先生、目標には「コンバージョン」を当てはめ、重要指標に「副目標（マイクロコンバージョン）」を当てはめればよいでしょうか？

ほとんどの場合、そうなると思います。「重要指標」は、プロジェクト内で定めているKPI（英：Key Performance Indicator, 重要業績評価指標）などを入れてもよいでしょう。**目標を達成する上で重要となる指標**のことです。レポート上では、チームやプロジェクトが期間内に到達したい目標値を大きく表示し、重要指標も数値等でわかりやすく見せるようにします。
到達度合いを％で表示したり、前月との差異を見せたり、週ごとや日ごとの数値を見せるなど、多様な見せ方が考えられます

わかりました。表示する指標が頭に浮かんできました。目標数や重要指標を大きめに表現して、他にはその内訳がわかるようなグラフを付けてみたいと思います！

はい。概ね表示する要素が決まりましたね！

要素を配置する画面構成は、どうしましょうか？

画面構成は、紙に書き出してバランスを見ながら考えることもあります。または、Looker Studioを開いて空白のレポートを見ながら想像を膨らませたり、**Looker Studio内にあるサンプルレポートを参照**したりしてもよいでしょう。わかりやすい表現手法があれば、ぜひ真似してみましょう

Step 2 新規レポートを立ち上げ、
Googleアナリティクスのデータを取り込もう

① Looker Studioを開いて、ブラウザのアドレス欄にURLを入力します。

Looker Studio

▶ https://lookerstudio.google.com/u/0/?hl=ja

図9-2-2の画面が開くので、**左上の「＋作成」ボタンまたは「空のレポート」**をクリック
します。

図9-2-2 Looker Studioのホーム画面

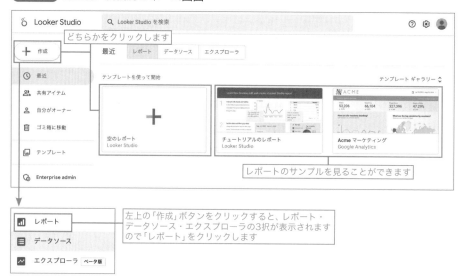

② 初めて使用する場合、**アカウントの設定画面**が表示されます。国名と会社名を入れて規
約に同意し、右下の「続行」をクリックします。
次の画面でメール設定を行い、右下の「保存」ボタンをクリックします。

HINT
会社名は後から変更できません。

図9-2-3 アカウントの設定とメール設定

まず、アカウントの設定を完了します

ステップ 1/2
基本情報を入力します

❶ 入力します

国 ▼

会社名 ⑦

利用規約

☐ Looker Studioの利用規約と Google 広告デ
ータ処理規約に同意します

❷ チェックを入れます

Looker Studioのメリット

データソースのすべてに接続し、インサイ
トを統合できます

数回のクリックで有意義なビジュアル表示、
レポート、マイレポートを作成できます

組織全体での情報の共同編集と共有が簡
単になります

キャンセル　続行 ─❸ クリックします

↓

メール設定を行ってください
どの更新情報を受け取るかを選択します。これらの設定は、ユーザー設定で後から解除、変更できます。詳細

すべて有効にする

ヒントとおすすめ情報
Looker Studio アカウントを最大限に活用する方法について、ヒントやおすすめ情報が記載されたメールの受け取りを希望されますか？

◉ はい ◯ いいえ

サービス情報
最新機能や更新情報、サービス情報に関するメールの受け取りを希望されますか？

◉ はい ◯ いいえ

マーケット調査
Looker Studioの改善に向けた Google マーケット調査やテスト運用への参加を希望されますか？

◉ はい ◯ いいえ

❹ 設定します

保存 ─❺ クリックします

3 レポートに呼び出すデータを選択しましょう。**「データのレポートへの追加」欄**より **「Googleアナリティクス」** を選択します。

図9-2-4 データの接続画面から「Googleアナリティクス」を選択する

Looker Studio でレポートを作ろう

④ 以下のような画面遷移で、Googleアナリティクス 4のデータソースを追加します。

図9-2-5 Googleアナリティクス 4のデータソースを追加する

⑤ **図9-2-6**のように**レポートを編集する画面**が表示されました。

図9-2-6 レポートの編集画面が表示される

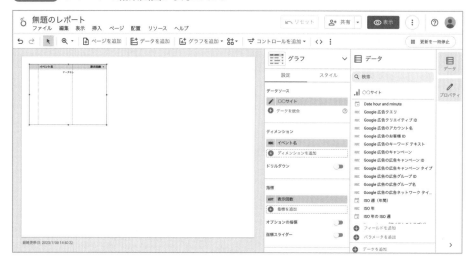

レポート編集画面の機能について

ここで、レポート編集画面の機能を説明します。
上部メニューや右のメニューに利用できる機能が配置されているため、**メニューに目を通すことで、Looker Studioでできることをおおまかに把握する**ことができるでしょう

◇ 画面上部の共通メニュー

- 「共有」ボタンをクリックすると、ユーザーの招待やリンクの取得などの共有メニューが表示されます。
- **「表示」ボタンをクリックすると、表示モードに切り替わります。** 表示モードは見た目の確認のために使います。もう一度クリックすると、編集モードに戻ります。
- 「詳細オプション」(3つの点のアイコン) は、データを更新したり、レポートを複製したりするメニューが表示されます。
- 「ヘルプオプション」(?のアイコン) をクリックすると、「Looker Studio ヘルプ」を表示します。

図9-2-7 画面上部の共通メニューと、クリックした後に表示されるサブメニュー

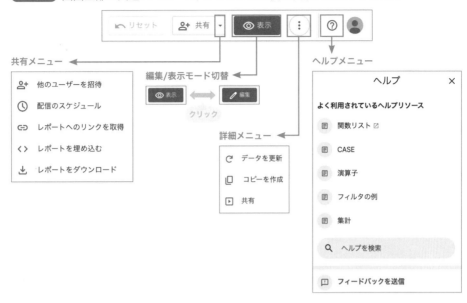

レポート編集メニュー

次に、「コントロールメニュー」について説明しておきましょう。
**コントロール機能を追加すると、レポートの閲覧者が自分自身で、
期間変更やフィルターなどの条件を変更できるようなコントロール
フィールドを設置**することができます

インタラクティブ機能（双方向機能）ですね！

はい。コントロールメニューは便利な機能ですが、やみくもに
追加するのではなく、先ほどレポートの要素を考えたときに考察
したように、**「チームメンバーが自身のプロダクトに絞り込んで
データを見るため」などの目的を明確**にして使いましょう

図9-2-8 レポート編集画面の上部メニュー

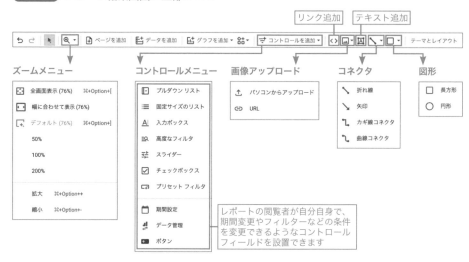

Looker Studio でレポートを作ろう

Step 3 レポートのスタイル（デザインテーマ）を決めよう

① レポートの作成を続けましょう。編集画面の上部メニューの右上にある**「テーマとレイアウト」ボタンをクリック**すると、レポートのデザイン**（画面の大きさ、テーマや色味）などを決める**ことができます。

図9-2-9 「テーマとレイアウト」からキャンバスサイズやデザインテーマを設定する

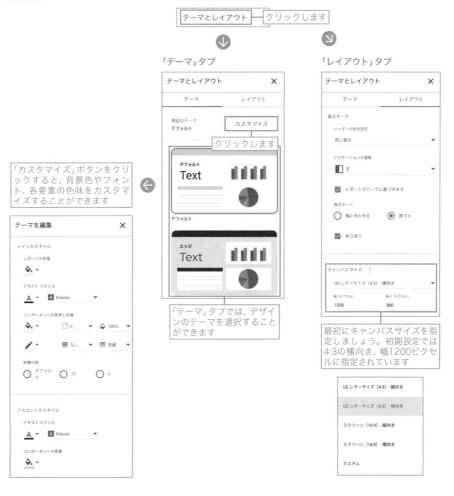

② **はじめに、キャンバスサイズを指定しましょう。**もしレポートの閲覧者がスマートフォンで見るならば、スマートフォンの画面サイズに合わせる必要があります。
次に、デザインテーマを決めておくと、デザイン上統一感のあるレポートを作成することができます。

Lesson **9-2** Looker Studio を使ってレポートを作成しよう

339

Step 4 グラフや表を使ってデータをわかりやすく見せよう

編集画面の上部メニューから「グラフを追加」をクリックしましょう。
表示したいグラフを選択すると、レポートエリアに設置されます。

図9-2-10 「グラフを追加」ボタンからグラフを選択する

グラフをクリックすると、レポート
エリアに設置することができます

HINT //

これらのグラフのほかにも、上部メニューに「コミュニティビジュアリゼーション」という機能が準備されており、ビジュアリゼーションの開発者が作成したグラフを使用することができます。この機能はベータ版として提供されています。

●公式ヘルプ「コミュニティビジュアリゼーション（デベロッパープレビュー）」
URL ▶ https://support.google.com/looker-studio/answer/9206527

いくつかの表示形態を紹介します。

表9-2-1 データの表示形態と使い方

表示形態	名称	機能とレポート上での用途
表示回数 467,288	スコアカード	単一の指標を数字で表示します。ビジネスやプロジェクトの**目標数とする重要な数値を表示する**際におすすめです。
分析者の気づきをレポートに書き加えることができます。	テキスト	メモや気付きなどをレポートに追加することができます。
円グラフ画像 41.6%　53.3% mobile desktop tablet	円グラフ	データの**内訳の割合**を知りたい場合に、円グラフを活用します。例えば、ユーザーが利用している「デバイス カテゴリ」の比率を表示するなどの利用例が考えられます。
折れ線グラフ画像 12.5万 10万 7.5万 5万 2.5万 0 7月2日 7月7日 7月12日 7月17日 7月22日 7月27日	折れ線グラフ	折れ線グラフは、**指標の値が時間の経過によってどのように変化するか**、を示すことに優れています。例えば、コンバージョン数などの重要指標がどのように変化していったかを示すことができます。

HINT //

各グラフの機能についてさらに詳しく知りたい場合は公式ヘルプを参照してください。

● 公式ヘルプ「グラフのリファレンス」

URL ▶ https://support.google.com/looker-studio/topic/7059081?hl=ja

表示する指標やディメンションを選択しよう

　グラフを選択して、**グラフに表示する指標やディメンションを右側のメニューから選択**します。

図9-2-11 表示する指標やディメンションを選択する

グラフに表示するディメンションや指標です。期間や並び順を指定、期間の比較や内訳の設定などさまざまな表示の指定ができます

「データ」列には、利用可能なディメンションや指標が表示されます。量が多いため、検索すると便利です

　右下に表示される「フィールドを追加」「パラメータを追加」「データを追加」は応用機能です。Looker Studioの操作に慣れてきたら、挑戦してみましょう。

表9-2-2 「フィールドを追加」「パラメータを追加」「データを追加」について

フィールドを追加	計算フィールドを使用すると、計算値を用いた新しい指標を作成できます。 例えば「現在の表示回数（例：20000pv）/日（例：20日）*30」という計算式で、「月末時点の表示回数の到達予測（例：30000pv）」を算出できます。 Googleアナリティクス 4の指標と、計算用の関数やと演算子（/や*など）を組み合わせたデータを作成します。 HINT　差分を抽出したり（DIFF関数）、分岐ロジックを使う（CASE文の作成）など、さまざまな操作が可能です。 HINT　●公式ヘルプ「計算フィールドについて」 　　　URL ▶ https://support.google.com/looker-studio/answer/6299685
パラメータを追加	レポートを閲覧している人が入力したデータを受け取る機能です。 HINT　●公式ヘルプ「パラメータ」 　　　URL ▶ https://support.google.com/looker-studio/answer/9002005
データを追加	1つのレポートに複数のデータソースを追加することができます。 例えば、Googleアナリティクス 4のデータを表示しているレポートに、Google広告のデータを表示することができます。

社内に共有しよう

レポートが完成したら、他の人に利用してもらうために共有を設定しましょう。
上部の共通メニューの「共有」ボタンをクリックします。

図9-2-12 「共有」する

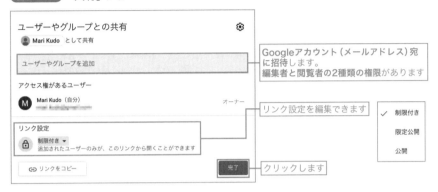

ユーザーやグループとの共有 ⚙
　👤 Mari Kudo として共有

　ユーザーやグループを追加 ────────── Googleアカウント（メールアドレス）宛
に招待します。
編集者と閲覧者の2種類の権限があります

アクセス権があるユーザー

　Ⓜ Mari Kudo（自分）　　　　　　　　　　オーナー

リンク設定
　🔒 制限付き ▼ ────────────── リンク設定を編集できます　　　✓ 制限付き
　　追加されたユーザーのみが、このリンクから開くことができます　　　　　　　　　限定公開

　🔗 リンクをコピー　　　　　　　　完了 ─── クリックします　　　　　　　　公開

表9-2-3 リンク設定について

制限付き	追加されたユーザーのみが、このリンクから開くことができます。
限定公開	**リンクを知っているインターネット上のユーザーであれば、誰でも閲覧できます。** HINT 編集者と閲覧者の2種類の権限を選択します。
公開	リンクを知っているインターネット上のユーザーであれば、**誰でも検索**、閲覧できます。 HINT 編集者と閲覧者の2種類の権限を選択します。ただし、この設定は検索エンジン等でも検索結果に表示されてしまうので、使わないことを推奨します。

　他にも「共有」ボタンの右側にある三角形の
ボタンをクリックすると、「レポートをダウン
ロード」など、さまざまなメニューが表示され
るので、活用してみましょう（**図9-2-13**）。

図9-2-13 「共有」ボタンのサブメニュー

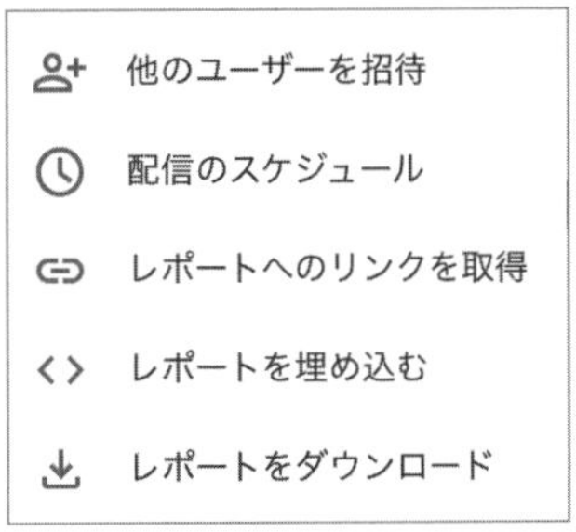

　👤+ 他のユーザーを招待

　🕐 配信のスケジュール

　🔗 レポートへのリンクを取得

　〈 〉 レポートを埋め込む

　⤓ レポートをダウンロード

Lesson 9-2

Looker Studio を使ってレポートを作成しよう

小川先生が作成したサンプルレポートを見てみましょう！

設定がたくさんあって迷いますが、簡単にかっこいい
レポートを作ることができそうで嬉しいです。
もっとレポートを作ってみたくなりました〜

プログラムなどの知識がなくても、気軽に定点レポートを
作成できるLooker Studioは便利です。ぜひ活用してみてく
ださい。最後に、私が作成したレポートをお見せしますね。
ぜひ参考にしてみてください！

図9-2-14 小川先生のサンプルレポート

画面左上に「スコアカート」と期間比較を
使って、重要指標を端的に示します

期間指定や参照元など、利用者が操作できる
コントロールフィールドを設置します

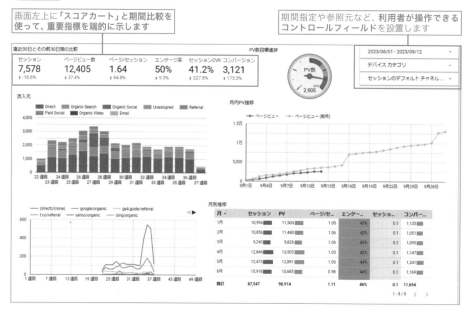

HINT

上記のサンプルレポートは、以下のURLから実際に参照できます。

● **「GA4-オウンドメディアのレポート例」**

URL ▶ https://lookerstudio.google.com/s/pCPtlwDQenA

Googleアナリティクス
認定資格を取得しよう

知識の総まとめとして、Googleアナリティクス認定資格（Google Analytics Certification）を受けてみましょう。Lesson 10-1で試験の概要を説明し、Lesson 10-2では50個の重要ポイントをまとめました。最後に、実際の受験の流れを説明します（Lesson 10-3）。オンライン上で無料で受験することができますので、ぜひチャレンジしてみてください。

Lesson 10-1

Google 公式の個人資格

Google アナリティクス認定資格とは何か？

ここまで勉強してくれたメイさんには、力試しとして Google アナリティクス 4 の資格試験である「Google アナリティクス認定資格（Google Analytics Certification）」にチャレンジしていただきたいです

えぇっ、どんな試験なのですか？

Google 社が提供する Google アナリティクス 4 の公式な資格試験です。本書の内容を理解していただいたら、Google アナリティクス 4 の基本概念は理解できています。本章で試験特有の言い回しや、旧バージョンとの差異を問われる問題などの対策を行うことで、合格率を高められるでしょう

自信がないです……

無料ですし、オンラインでいつでも受験できるので気軽に受けてみてください。**不合格でも、24時間後に再受験**できますよ。認定資格に挑戦することで、Google アナリティクス 4 に対する定着度を確認することができます

学習の総仕上げと考えればよいのですね。がんばります！

試験の概要

資格試験「Google アナリティクス認定資格（Google Analytics Certification）」の概要を見ていきます。

◘ Googleアナリティクス認定資格の概要

- 問題数：50問
- 制限時間：75分
- 合格ライン：80%以上の正答率

試験概要
- 24時間、オンラインで受験することができます。
- 日本語で受験することができます。
- 不合格の場合は、1日後から再受験できます。

資格の有効期限
認定資格は、合格後**12か月有効**です。

HINT //

制限時間前に試験を切り上げたり、制限時間内に最後まで終えられなかったりして、80%以上正解できなかった場合も不合格となります。終了時点から再開することはできません。

Google社はGoogleが提供するツールをオンラインで習得するための**「スキルショップ」という名称のeラーニングコース**を提供しています。本資格試験は、スキルショップ内の習熟度確認試験の1つです。

試験画面の画面イメージ

このような画面構成でGoogleアナリティクスの知識を問う問題が50問出題されます。

75分以内で解く必要がありますので、平均して1問あたり1分30秒以内で解いていきます。**すべて選択問題**です。

図10-1-1　試験画面の構成

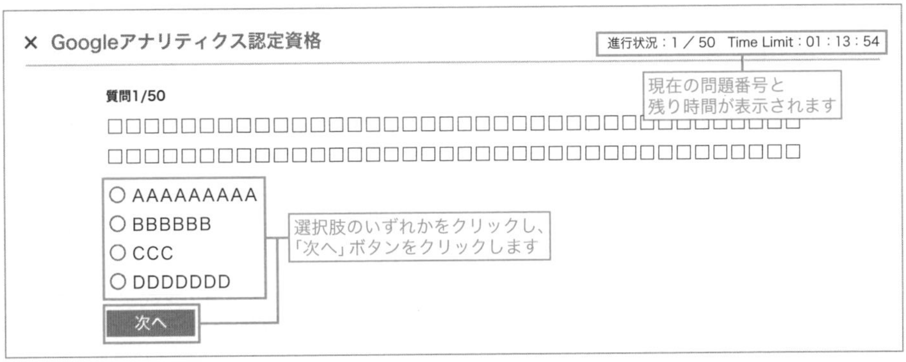

```
×  Googleアナリティクス認定資格        進行状況：1／50  Time Limit：01：13：54

  質問1/50                                         現在の問題番号と
  □□□□□□□□□□□□□□□□□□□□□□□□□□□□□     残り時間が表示されます
  □□□□□□□□□□□□□□□□□□□□□□□□□□□□□

    ○ AAAAAAAAA
    ○ BBBBBB          選択肢のいずれかをクリックし、
    ○ CCC             「次へ」ボタンをクリックします
    ○ DDDDDDD

     次へ
```

試験対策と理解度の確認に

50個の重要ポイントを押さえよう

50個の重要ポイントは、試験によく出る点をまとめたものです。表現に特徴がありますが、その独特の言い回しに慣れておきましょう。本書で学んだ順にまとめましたので、曖昧な点はチェックボックスに✓を付けて、各章の説明を読み直してみるとよいでしょう。

第1章の重要ポイント	解説	参照先
01 ☑ Googleアナリティクス 4は、ウェブサイトとアプリ全体でのユーザーの行動を分析できる手法です。	新版と旧版の違いを問う問題です。Googleアナリティクス 4は、**ウェブとアプリのユーザー行動を統合して分析すること**ができます。一方、旧バージョン「ユニバーサルアナリティクス」は、**ウェブサイトとアプリの分析を別々に行います**。	Lesson 1-1
02 ☑ モバイルアプリとウェブサイトにGoogleアナリティクス 4プロパティが存在するとき、Googleアナリティクスは「**イベントとして**」個別のユーザーの操作を測定して報告します。	**Googleアナリティクス 4のデータ収集の測定は「イベント」単位**です。	Lesson 1-1
03 ☑ Googleアナリティクス 4プロパティでは**データの収集とレポートの基盤**に「**イベント**」を使いますが、ユニバーサルアナリティクスではデータの収集とレポートの基盤に「**セッション**」を使います。	01と同様に、新版と旧版の違いを問う問題です。Googleアナリティクス 4のデータ収集の基盤は「**イベント**」です。一方で、旧版はセッションなどが使われていました。 HINT このデータ収集単位を「スコープ」という言い方もする場合があるので、覚えておきましょう（例：イベントスコープとセッションスコープなど）。	Lesson 1-1

第2章の重要ポイント	解説	参照先
04 ☑ ユーザーが**動画を視聴する**と、イベントがトリガーされます。このイベントにおいて「**サイトで視聴された動画の名前**」はイベントパラメータの1つです。	動画視聴に関するイベントは、video_start、video_progress、video_complete があります。イベントのパラメータは、video_current_time、video_duration、video_percent、video_provider、video_title、video_url です。 「イベントがトリガーされます」などの独特の言い回しにも慣れましょう。	Lesson 2-2

05 ☑	「ユーザーが商品を購入した」「ニュースレターに登録した」といった大変有益なイベントを重要とマークして、発生したらそのイベントに価値を割り当てたいと考えています。Googleアナリティクス 4プロパティでは、そのような重要イベントに「コンバージョン」の印を付けます。	ユーザー行動のうち、ビジネスにとって有益である、**重要なイベントに対して「コンバージョン」の印**を付けます。	Lesson 2-4
06 ☑	Googleアナリティクス 4におけるアカウントの階層構造は、「アカウント」＞「プロパティ」＞「データストリーム」です。	アカウントが会社単位・プロパティがサービス単位・データストリームがウェブまたはアプリといったプラットフォームというようにイメージしましょう。	Lesson 2-5
07 ☑	プロパティはアカウント内にあり、アプリやサイトから収集したデータのコンテナとして機能します。**データストリームは、プロパティ内にあり、アプリやウェブサイトからデータを取得する際のソース**となります。	「アカウント」＞「プロパティ」＞「データストリーム」の3階層構造をイメージしましょう。また、Google社がプロパティについては「アプリやサイトから収集したデータのコンテナ」、データストリームについては「アプリやウェブサイトからデータを取得する際のソース」と定義していることを把握しておきます。	Lesson 2-5
08 ☑	ウェブサイト・iOS用アプリ・Android用アプリの3つを持っており、総合的にイベントとユーザーを分析したいと考えます。その場合は、ウェブサイト用のウェブデータストリームを1つ、アプリデータストリームを2つ (iOS用1つとAndroid用1つ) を設置します。さらに、3つのデータストリームを包含する1つのプロパティを設定します。	04や05と同様に、Googleアナリティクス 4のアカウント設計について具体的に考えられるようにしましょう。ウェブサイトと2つのアプリがありますが、**サービスは1つなので、1つのプロパティ**を設定します。ウェブサイトと2つのアプリはそれぞれのデータストリームを設定し、**合計3つのデータストリーム**を設定します。さらに、3つのデータストリーム (子) が1つのプロパティ (親) に紐づくように設計するとよいでしょう。そのような設計によって、**サービスを1つのプロパティで統合的に分析する**ことができます。	Lesson 2-5

第3章の重要ポイント	解説	参照先
09 ☑	ウェブサイトに関するインサイトの収集とGoogleアナリティクスを介したレポートを始めるためには、「アナリティクスタグ」を最初に実装する必要があります。	新版も旧版もウェブサイトのデータ収集の最初に計測タグを入れる点は共通です。新旧版の双方を示す場合には、「Googleアナリティクス」(4と明記しない)と表記されます。また、計測タグを「アナリティクスタグ」と表現する点にも注意しましょう。 HINT 本書の設定では、ソースコードにGoogleタグマネージャーのタグを設置しましたが、(便宜的にツールを介しただけで)結果的にはGoogleアナリティクスの計測タグを設置していたということになります。	Lesson 3-1 Lesson 3-2

10 ☑	モバイルアプリからデータを収集して、Googleアナリティクス 4プロパティに送信する場合「Firebase SDK（ファイアーベースSDK）」を用います。	ウェブサイトの場合は、ソースコードにアナリティクスタグを入れることで、データを収集します。一方で、モバイルアプリの場合は、「Firebase SDK（ファイアーベースSDK）」を用いて、データを収集します。 HINT 本書では、ウェブサイトの設定を中心に説明し、アプリの設定は説明しませんでした。詳細は、公式ヘルプを確認してください。 公式ヘルプ ●アプリのデータ収集のセットアップ URL ▶ https://support.google.com/analytics/answer/9353532	
11 ☑	Googleアナリティクスアカウントからあるプロパティを削除した場合、そのプロパティが完全に削除されるまでに35日間の猶予があります。	大切なプロパティを誤って削除してしまっても、35日間は復活できるということです。頻繁に問われる内容ですので「35日間」を覚えておきましょう。	Lesson 3-2
12 ☑	「ユーザーがニュースレターに登録する」イベントを登録して、コンバージョンとマークし、登録したユーザーの新しいオーディエンスを作成したいと思います。その場合、イベントとコンバージョンとオーディエンスは、Googleアナリティクス 4プロパティの「管理」メニューから設定します。	ホーム、レポート、探索、広告、管理などのメニューでできることを覚えておきましょう。オーディエンスは広告に関連する応用機能のため、難しいかもしれませんが、イベントやコンバージョンをマークする機能が「管理メニュー」の中にあることを思い出します。 HINT 公式ヘルプ ●オーディエンスを作成、編集する URL ▶ https://support.google.com/analytics/answer/2611404	Lesson 3-3
13 ☑	「Googleシグナル」有効にした場合、ウェブサイトやアプリを訪問したユーザーから収集したイベントデータを、情報の共有に同意したログインユーザーの「Googleアカウント」に関連付けることができます。	ユーザーを識別するためのレポート用識別子には、User-ID、Googleシグナル、デバイスID、モデリングがあります。Googleシグナルは、Googleアカウントを使ったユーザー識別方法です。	Lesson 3-3
14 ☑	「データの保持期間」は、Googleアナリティクスにおけるユーザーデータやイベントデータの格納期間を制御するものです。	データ保持機能の設定を変えると、保存されたユーザー単位およびイベント単位のデータがアナリティクスのサーバーから自動的に削除されるまでの期間を設定できます。	Lesson 3-3
15 ☑	データストリームを設定して、Googleアナリティクス 4での集計を開始しているとします。このデータストリームに拡張計測機能が有効になっている場合は、自分でウェブサイトのコードを変更しなくても、ウェブサイトから追加のイベントが収集されます。	イベント設定についての知識を問います。拡張計測機能をオンにすると、スクロール・クリック・ファイルダウンロードなどの追加のイベントを自動的に収集してくれます。	Lesson 3-3

第4章の範囲の重要ポイント	解説	参照先
16 ☑ リアルタイムレポートでは、過去30分以内に発生したイベントの情報を確認できます。	リアルタイムレポートの集計期間が**過去30分間**であることを覚えておきましょう。	Lesson 4-2
17 ☑ ユーザーが自社のアプリやウェブサイトをどのように利用しているかといった一般的な疑問に対処する、**あらかじめ構成されたカード**を探しています。そのようなカードを見つけるためには、**「レポート」セクション**を確認します。	メインメニューの内容を再確認しておきましょう。「あらかじめ構成されたカード」は本書で「レディメイド（既成）のレポート」と説明したように、「レポート」メニューの中にあります。 HINT この問題では、レポートメニューを「レポート」セクションと呼んでいます。	Lesson 4-2
18 ☑ 自分が作成した**探索データ**について、**デフォルトの共有設定**は以下の通りです。「**データを見られるのは自分だけだが、プロパティの他のユーザーと読み取り専用モードで共有することは可能**」です。	探索データの共有設定について把握しておきましょう。	Lesson 4-2
19 ☑ 過去30日間にユーザーがアクセスに使用したデバイスのタイプ（パソコンやスマートフォンなど）を示すレポートを作成します。このレポートにおけるGoogleアナリティクスの「指標」は、「スマートフォンでアクセスしているユーザーの人数」です。	ディメンションと指標の違いを認識しているかが問われます。例えば「デバイスカテゴリ」がディメンションであり、「ユーザー数」が指標であるように、**指標は基本的に数量の単位である**ことを覚えておきます。	Lesson 4-3
20 ☑ 過去30日間にユーザーがアクセスに使用したデバイスのタイプ（パソコンやスマートフォンなど）を示すレポートを作成します。このレポートでは、**デバイスのタイプは「ディメンション」**です。	ディメンションと指標の区別がついているかを問う問題です。**デバイスのタイプ（デバイスカテゴリ）は集計の軸となるため、ディメンション**です。 HINT 正式なディメンション名は、「デバイスカテゴリ」です。	Lesson 4-3
21 ☑ 顧客のエンゲージメントについての詳細なインサイトを確認できる、標準的なレポートのレベルを超える高度な手法を見つけるには、**Googleアナリティクスのプロパティの「探す」セクション**を開きます。	標準的なレポートのレベルを超える高度な手法を見つけるには「探索」メニューからデータを探索します。 HINT 翻訳の不備で「探索」が「探す」になっている点に注意します。	Lesson 4-4
22 ☑ 「探索」セクションを表示していて、指標とディメンションを**表形式にカスタマイズ**したいと思っています。その場合「**自由形式**」という探索手法を使用します。	探索メニューの中で表形態で指標やディメンションを追加できるのは「自由形式」です。	Lesson 4-4
23 ☑ 動画へのユーザーの反応に関するデータのうち「**サイトで動画を見ているユーザーの言語設定**」は、Googleアナリティクスによって収集されたユーザープロパティです。	ユーザープロパティとは、言語設定や地域など、ユーザーベースのグループを説明する属性を指します。 HINT 公式ヘルプ ●ユーザープロパティに関して URL ▶ https://support.google.com/analytics/answer/9355671?hl=ja	Lesson 4-5 Lesson 2-2

Lesson 10-2

50個の重要ポイントを押さえよう

第5章の範囲の重要ポイント		解説	参照先
24 ☑	ユーザーが重要なコンバージョンに至るまでのステップを見たいと思っています。ユーザーが重要なタスクやコンバージョンに至るまでのステップを可視化して、各ステップでどの程度タスクやコンバージョンに成功しているか、または失敗しているかを確認できる手法は、「**目標到達プロセスデータ探索**」です。	コンバージョンに至るステップを見るのは「目標到達プロセスデータ探索」です。 HINT 「目標到達プロセスデータ探索」は、2023年6月に「ファネルデータ探索」という名称に変わりました。旧名称で問題に出題される場合は注意しましょう。	Lesson 5-3

第6章の範囲の重要ポイント		解説	参照先
25 ☑	顧客はソーシャルメディアや広告、検索エンジンなど、さまざまな場所からやってきます。ウェブサイトのトラフィックの出所が「オーガニック検索」なのか「紹介」なのか、あるいは他の場所からなのかを判断するには、「**デフォルトチャネルグループ**」というディメンションごとにデータを確認します。	「デフォルトチャネルグループ」は、流入元の大分類を示すディメンションです。	Lesson 6-1
26 ☑	新しいGoogle広告アカウントをGoogleアナリティクスプロパティにリンクしてマーケティングキャンペーンのデータを詳細に見られるようにするには、Googleアナリティクス4プロパティの「**管理**」メニューで設定を行います。	Google広告を接続する作業に関しては、管理画面で行うことができます。	
27 ☑	ユーザーはあなたのウェブサイトを、検索エンジンの結果やソーシャルメディアを含めたさまざまな場所から見つけてアクセスしています。Googleアナリティクスの「レポート」の中で、**ユーザーがどこから自社のウェブサイトにアクセスしているかのインサイトを得られるのは、「ユーザー獲得」レポート**です。	「ユーザー獲得」レポートを確認することで、ユーザーの初回流入元を確認することができます。	Lesson 6-3
28 ☑	自社のウェブサイトにユーザーを呼んでいる**オーガニック検索クエリ**のインサイトを得るためには、「**サーチコンソール**」というプラットフォームをアナリティクスに結びつけます。	ユーザーがサイトにたどり着く際に、検索した文字列（検索クエリ）やクリック数などを調査するツールが「サーチコンソール」です。Googleアナリティクス4と紐づけることができます。	Lesson 3-3 Lesson 6-3
29 ☑	**アトリビューションモデル**のうち、購入者がコンバージョンに至る前にクリックまたは閲覧した**すべてのチャネルへ平等にコンバージョンのクレジットを配分する**のは「**線形**」モデルです。	アトリビューションモデルの知識を確認します。他に「減衰」「線形」「データドリブン」「接点ベース」などがありますが、モデルの名称からおおまかな機能を予測できます。	Lesson 6-4

30 ✓	コンバージョンのクレジットを異なる複数のタッチポイントに配分するために機械学習アルゴリズムを使用しているアトリビューションモデルは「データドリブン」モデルです。	データドリブンモデルは、機械学習を用いたアトリビューションモデルです。	Lesson 6-4
31 ✓	ラストクリックアトリビューションを使用していて、ファーストクリックアトリビューションならチャネルとキャンペーンにどのくらい価値が生まれるかを知りたい場合、そのインサイトを見つけるには「モデル比較」レポートを見ます。	「モデル比較」レポートは、2つのアトリビューションモデルを比較します。	Lesson 6-4
32 ✓	自社が配置した各種の広告がコンバージョン経路においてどのように作用し合っているかを知りたいと思っています。「コンバージョン経路」のレポートは、Googleアナリティクス4プロパティの「広告」セクションで見ることができます。	コンバージョン経路は「広告」メニュー→「アトリビューション」>「コンバージョン経路」の中にあります。	Lesson 6-4
33 ✓	直接観察できないコンバージョンを、機械学習を使用して測定するGoogleアナリティクスの機能は「コンバージョンモデリング」です。	Googleアナリティクス4において「モデリング」という言葉が来たら、機械学習を使った予測であると考えてよいでしょう。	Lesson 6-4
34 ✓	自社のプロパティに対して広告のカスタマイズを有効にしてあるが、特定のイベントを除外したいと考えた場合、除外されたイベントのデータは測定目的にしか使われなくなります。	広告のカスタマイズ有効化はGoogleシグナルの設定画面で行います。これを有効にしても、特定のイベントを除外した場合、Googleアナリティクス4で計測はされますが、Google広告のオーディエンスでは利用できなくなります。	
35 ✓	Google広告とGoogleアナリティクスをリンクすると、Google広告でGoogleアナリティクス 4のコンバージョンを利用して、広告のプレースメントへの入札を最適化できます。	コンバージョンしたGoogle広告がわかることにより、成果につながりやすい入札が行いやすくなります。	
36 ✓	Google広告とGoogleアナリティクスがリンクされている場合、Google広告では、Google広告のオーディエンスを使用して広告キャンペーンのターゲットを絞り込むことができます。	本書では、「オーディエンスターゲティング」および「Google広告」については触れませんでしたので、この問題を通してポイントだけ把握しておきましょう。 GoogleアナリティクスをGoogle広告に接続し、「パーソナライズド広告を有効化」する設定を行うと、オーディエンスが Google広告の共有ライブラリに表示され、広告キャンペーンで使用できるようになります。その結果、過去にサイトを訪れたユーザーへのリマーケティングを行ったり、類似オーディエンスを作成して新しいユーザーを開拓したりすることができます。 **HINT** 公式ヘルプ オーディエンスの作成、編集、アーカイブ URL ▶ https://support.google.com/analytics/answer/9267572	

第7章の範囲の重要ポイント	解説	参照先
37 ☑ 自社のサイトのどのページが最も多くのトラフィックを獲得しているかを見たいときに、Googleアナリティクスで「エンゲージメント」の概要レポートを活用します。	エンゲージメント概要レポートは、**イベントレポート、コンバージョンレポート、ページとスクリーンレポート、「ランディングページ」レポート**などのカードで構成されています。	Lesson 7-2
38 ☑ オーディエンス トリガーを使用して実行できるのは、**達成されているオーディエンスのルールに基づいて新しいイベントを作成する**ことです。	オーディエンストリガーを使用すると、**ユーザーがオーディエンスの定義の条件に合致した際にイベントをトリガー**します。例えば、ユーザーによるセッションの開始や記事の閲覧が一定回数を超えたり、コンバージョンのしきい値を超えたりするなどの**重要な目標を達成するとイベントをトリガー**できます。 これらのイベントはレポートで分析でき、他のイベントと同様に、コンバージョンとして扱うよう設定できます。	

第8章の範囲の重要ポイント	解説	参照先
39 ☑ ウェブサイトのユーザーがサイトのどのページを表示しても、page_viewイベントがトリガーされます。ホームページなどの特定のページにユーザーがアクセスするとトリガーされる新しいイベントを設定したい場合、管理画面からイベントに移動し、「**イベントを作成する**」オプションを設定します。	カスタムイベントを設定する場合は、「管理」>「イベント」を開き、「イベントを作成」ボタンをクリックします。例えば、特定のページへのアクセスをコンバージョンとしたい場合、page_viewイベントをそのままコンバージョン設定してしまうと、すべてのページがコンバージョンページとして認識されてしまいます。 そのため、イベント名（event_nameパラメータ）を「page_view」として、「page_location」パラメータを「https://happyanalytics.co.jp/」とする新しいイベントを作成し、コンバージョンに設定します。 HINT 公式ヘルプ ●アナリティクスでイベントを変更、作成する URL ▶ https://support.google.com/analytics/answer/10085872 ●コンバージョンイベントを変更または作成する URL ▶ https://support.google.com/analytics/answer/12844695?hl=ja	Lesson 8-2
40 ☑ ブログサイトで記事のページの分析を行う際、投稿者の名前のデータも一緒に分析したいと思っています。その場合は、「**カスタムディメンション**」という機能を使います。	最初から用意されていない計測項目を行う場合、カスタム定義を利用します。**集計の軸になるデータは、カスタム指標ではなくカスタムディメンションを利用**します。	Lesson 8-3

41 ✓	顧客向けの特典プログラムの**会員か** **どうか**を表示するカスタム ディメン ションで設定される**スコープ**は「ユー ザー」です。	スコープの知識を問う問題です。他 に「商品やサービス」、「セッション」 「イベント」などの選択肢が出されま すが、**人を単位としたディメンション** **のため、「ユーザー」スコープ**になり ます。	Lesson 8-3
42 ✓	自社で生成したIDを個々の顧客のID と関連付けることで、異なるプラット フォームやデバイスのさまざまなイ ンタラクションをまたいで個々の顧 客の行動を把握することが可能なア ナリティクスの機能は「User-ID」で す。	レポート識別子の知識を問う問題で す。「User-ID」は**サービスが生成した** **ログインIDなどの識別子をGoogleア** **ナリティクス 4にアップロードして** **分析に活用する機能**です。	Lesson 8-4
43 ✓	各商品に関するデータをオフライン で保管している際、**商品データを含む** **CSVファイルをGoogleアナリティク** **スにアップロードする機能は「データ** **インポート」機能**です。	オフラインデータのアップロード は「**データインポート**」で、オンラ インデータを直接送信するのは 「Measurement Protocol」と覚えて おきましょう。	Lesson 8-8
44 ✓	自社のウェブサイトとアプリから Googleアナリティクスへ送信するデー タに加えてPOSシステムのデータ を収集しています。「測定プロトコル」 機能を使用すれば、POSシステムの イベントを収集してGoogleアナリテ ィクスサーバーへ直接送信できます。	POSシステムからデータを直接 送信したいので、「Measurement Protocol」が当てはまります。 **HINT** 「Measurement Protocol」が半分翻 訳されて「測定プロトコル」と表記さ れる点に注意が必要です。試験時の 翻訳にはまだ不備があるため、測定 から Mesurement という単語を思い 浮かべます。	Lesson 8-9
45 ✓	Googleアナリティクスのデータを BigQueryにエクスポートする際に、デー タに対して行えることは、SQLを使用 してデータを検索し、質問に回答したり 製品やユーザー、チャネルに関するイン サイトを取得したりできることです。	**データベース接続言語であるSQL** **を利用するツールがBigQueryのみ** ですので、SQLという言葉だけで BigQueryと推察することができま す。	Lesson 8-10
46 ✓	BigQueryにデータをエクスポートで きるアナリティクスのプロパティは 「**GA4を使用する標準プロパティまた** **はアナリティクス 360 プロパティ**」 です。	Googleアナリティクス 4の場合、「標 準プロパティ（無料版）」と「360プロ パティ（有料版）」の両方でBigQuery が利用できます。旧版のユニバーサル アナリティクスの場合は、「360プロパ ティ（有料版）」のみで利用できます。	Lesson 8-10
47 ✓	複数の参照元プロパティのデータを 組み合わせることによって複数のブ ランドや製品、地域にまたがるビジネ スの状況を俯瞰できる新しいデータ セットを作成するには、アナリティク ス 360の「**統合プロパティ**」機能を使 用します。	360において、「複数のプロパティを 統合する」とか「組み合わせる」などの 場合は、統合プロパティ機能を使いま す。選択肢には「サブプロパティ」も 表示されます。サブプロパティの方 は、次の問題で確認してみましょう。	Lesson 8-11

48 ✓	データをフィルタリングして特定のユースケースやユーザー層向けの新しいデータセットを作成するには、どのアナリティクス360の「サブプロパティ」機能を使用します。	360のサブプロパティの説明です。例えば、サブプロパティは1つのプロパティを複製するなどして、**特定の地域のデータでフィルタリングすること**で、**地域担当者向けのプロパティを作成する**などの用途で用います。上記の統合プロパティを混同しないようにしましょう。	Lesson 8-11
49 ✓	「Googleオプティマイズ」というプラットフォームをアナリティクスに結びつければ、特別に設定したユーザー層を対象に**ウェブページのバリエーション**をテストできます。	「Googleオプティマイズ」というツールがあります。**Googleオプティマイズは、Googleアナリティクスの利用者を対象にして画面のテスト**ができます。例えば、利用者の5%に画面配置を変えたパターンを見せて、どの箇所をクリックしたかのデータを収集するなどのテストができます。また、ユーザー属性や行動履歴に応じて画面を出し分けるなどの操作も可能です。 **HINT** Googleオプティマイズは、2023年9月30日にサービスを終了すると発表されています。	
50 ✓	あなたは、自社のビジネスに適したパラメータ（購入歴があるユーザーなど）に従ってユーザーを分類することで、eコマースサイトに新しいオーディエンスを作成したいと考えています。その場合、予測オーディエンスを獲得できそうな手法は、「今後7日間以内に購入しそうなユーザーのオーディエンスを作成する」ことです。	予測オーディエンスとは、予測指標に基づく条件を含むオーディエンスです。「管理」メニュー＞「オーディエンス」＞「オーディエンスの作成」をクリックして作成します。候補として表示される予測オーディエンスは、「**7日以内に離脱する可能性が高い既存顧客、7日以内に離脱する可能性が高いユーザー、7日以内に購入する可能性が高い既存顧客、7日以内に初回の購入を行う可能性が高いユーザー、28日以内に利用額上位になると予測されるユーザー**」です。「7日以内に購入する可能性が高い既存顧客」オーディエンスに含まれるのは、「購入の可能性」が90％を上回っているユーザーです。これをどのように算出しているかというと、**商品をカートに入れたなどの行動データと、機械学習機能を使ってそのサービス特有のユーザーの行動パターン**を深く掘り下げて、可能性を示します。 **HINT** **公式ヘルプ** ●予測オーディエンス URL ▶ https://support.google.com/analytics/answer/9805833	

「Googleアナリティクス
認定資格」を受験してみよう

受験の流れ

大まかな受験の流れは**図10-3-1**の通りです。**90分程度の時間**を確保しておきましょう。

図10-3-1 受験の流れ

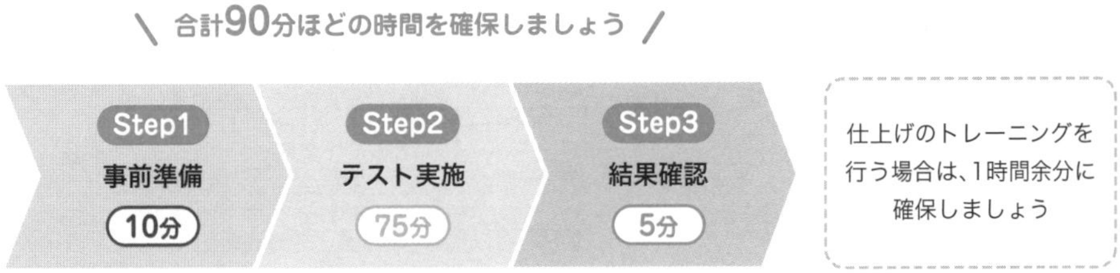

＼ 合計**90分**ほどの時間を確保しましょう ／

Step1	Step2	Step3
事前準備	テスト実施	結果確認
10分	75分	5分

仕上げのトレーニングを
行う場合は、1時間余分に
確保しましょう

Step 1 事前準備（目安時間：10分） ※仕上げのトレーニングをする 場合は、プラス1時間

① **試験には75分かかります。** パソコンを起動してブラウザでページを開き、Googleアカウントにログインするなどの操作もありますので、余裕を持って、**1時間30分程度の時間を確保**するとよいでしょう。

また、事前にトイレに行っておくなどのコンディションも整えておきます。

② 「スキルショップ」にあるGoogleアナリティクス 4の画面を開きます。

スキルショップ

▶ https://skillshop.exceedlms.com/student/catalog/
list?category_ids=6440-google-4

HINT //

この画面は、Google製品についてオンラインでトレーニングするeラーニングコースを
提供する「スキルショップ」というサイトの中にあります。

3 「スキルショップ」を最初に開いた場合、**図10-3-2**のようなプロフィール作成画面が表
示されます。**プロフィールの名称が合格した場合に表示される認定証に印字されます。**
名前を変更したい場合は「名前を変更」リンクをクリックすると、Googleアカウントの
プロフィール設定画面に遷移するので、**Googleアカウントの名称を変更**してください。

図10-3-2 スキルショップに初めてログインした場合は、プロフィールを登録する

≡ Google   検索   トピック ∨   🔔 Ⓜ

プロフィールを作成

次のようなメリットがあります。
- どこにいても Google のプロダクトについて学習できる
- 認定資格によって自分の知識を示すことができる
- スキルショップで進捗状況と修了認定を共有できる

開始方法について詳しくは、Google のヘルプセンターをご覧ください。1つ以上の Google アカウントをスキ
ルショップ プロフィールに接続して、スキルショップで進捗状況を共有できるようにしてください。

メールアドレス*	
お名前（名）*	Mari
お名前（姓）*	Kudo
国*	
会社*	
会社のメール*	

名前を変更   合格時の証書の表示名を変更したい
場合は「名前を変更」リンクを
クリックして変更画面に進みます

＊印の必須項目をすべて入力します

図10-3-3 プロフィール登録ボタンの下部にある「次へ」ボタンをクリックする

タイムゾーン	(GMT+09:00) 東京
ご希望の言語	日本語

＊ は必須項目

❶タイムゾーンと言語を確認します

次へ ── ❷「次へ」をクリックします

Chapter 10

Google アナリティクス認定資格を取得しよう

4 改めて、「スキルショップ」内の Google アナリティクス 4の画面を開きます（手順**2**と同様）。

スキルショップ

▶ https://skillshop.exceedlms.com/student/catalog/
list?category_ids=6440-google-4

次のような画面が表示されるので、画面の最下部にある「Google アナリティクス認定資格」へのリンクをクリックします。

HINT ///
上から４つは重要な点をトレーニングする内容になっていますので、最終確認のために学習を進めてみてもよいでしょう。合計５時間弱の想定時間が書いてありますが、素早く読み進めれば１時間以内にすべて読み終えるでしょう。

図10-3-4 スキルショップの「Googleアナリティクス 4」カテゴリページ

5 「Googleアナリティクス認定資格」のトップ画面が表示されます。「次へ」ボタンをクリックして、次の画面で「免責事項を読む」ボタンをクリックします。
免責事項を確認したら、「確認」ボタンをクリックします。

図10-3-5 「Googleアナリティクス認定資格」のトップ画面

　次の画面で試験を「開始する」ボタンが表示されますので、**クリックして試験を開始**します。時間制限に注意しましょう。

図10-3-6 試験を「開始する」ボタンが表示される

「Google アナリティクス認定資格」認定試験は 50 問の設問で構成され、制限時間は 75 分です。

注意点:

- 試験に合格するには 80% 以上正解する必要があります。
- 制限時間前に試験を切り上げたり、制限時間内に最後まで終えられなかったりして、80% 以上正解できなかった場合も不合格となります。終了時点から再開することはできません。
- この認定試験に合格できなかった場合、もう一度受験するには 1 日お待ちいただく必要があります。

Step3 結果確認（目安時間：10分）

合格した場合

試験の結果は、試験を行なったブラウザの同じ画面にすぐに表示されます（**図10-3-7**）。

図10-3-7 合格した場合の表示

HINT ///

合格したら、再受験はできません。

試験を「開始する」ボタンが**評価の結果「レビュー」ボタンに変わります**（**図10-3-8**）。「レビュー」ボタンをクリックすると、いつでも合格画面にアクセスすることができます。

図10-3-8 「レビュー」ボタンに変わる

数時間後にスキルショップにログインしたメールアドレス宛に、合格した旨のメールが届きます（**図10-3-9**）。さらに1週間ほど後に、オンラインの証明書（**図10-3-10**）へのリンクがついたメールが届きます。

図10-3-9 メールによる合格通知

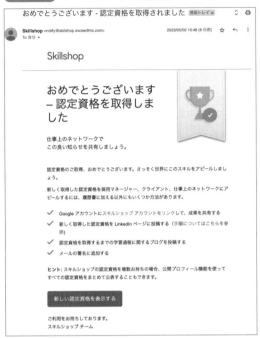

図10-3-10 一週間後にはオンラインの証明書が届く

不合格だった場合

不合格だった場合は、24時間後以降に再チャレンジすることができます。何回でも受験できますので、どんどん挑戦しましょう。

ただし、解答の正誤判定は明示されません。そのため、**苦手と感じた項目や迷った項目を思い出して再点検**しましょう。

不合格だった方も、ここまで勉強してきた皆さんなら、Googleアナリティクス 4への知識は確実についているはずです。苦手だなと思った分野を再点検し、改めて受験してみましょう

合格した方は、おめでとうございます。ぜひ名刺やメールの署名欄に資格を記載してみてください。資格試験の勉強をすることで、**本書で学習した知識を総ざらいし、知識が定着した**ことを自分で確認できたと思います。メイさんも、自信につながったのではないですか？

はい、自信がつきました。どんどん分析＆改善提案をして、ユーザーのみなさんが快適に使えるよいサービスを作っていきたいと思います！

はい、一緒にがんばりましょう！

イベントカード一覧

以下の5つのパラメータは、すべてのイベントで自動的に取得されます。

	値の例
language 言語	日本語
page_location ページのURL	current.html
page_referrer 前ページのURL	previous.html
page_title ページのタイトル	カレーの作り方
screen_resolution 画面比率	1780×720

5つのパラメータは
全イベントで
自動取得されます

◉ 自動収集イベントおよび、拡張計測機能をONにして収集されるイベント（13件）

イベント名	パラメータ	ユーザーの行動
first_visit 初回訪問	—	初めてウェブサイトに訪問した
session_start セッション開始	—	ウェブサイトに訪れた
user_engagement ユーザーエンゲージメント	● **engagement_time_msec**（エンゲージメント時間（ミリ秒））	ウェブページにフォーカスがある状態が1秒以上続いた
page_view ページビュー（ページの表示）	● **engagement_time_msec**	ページが読み込まれた
scroll スクロール	● **engagement_time_msec**	各ページの最下部（90%の深さ）まで初めてスクロールした

※**公式ヘルプ**：「自動収集イベント」https://support.google.com/analytics/answer/9234069

イベント名	パラメータ	ユーザーの行動
click 離脱クリック	● **link_classes**（リンクのクラス属性） ● **link_domain**（リンクドメイン） ● **link_id**（リンクID属性） ● **link_url**（リンクURL） ● **outbound**（外部リンクか否かの判別。外部リンクだった場合はtrue）	現在のドメインから、外部のドメインに離脱した
file_download ファイルダウンロード	● **file_extension**（ファイル拡張子） ● **file_name**（ファイル名） ● **link_classes**（ファイルのクラス属性） ● **link_id**（リンクのID属性） ● **link_text**（リンクテキスト） ● **link_url**（リンク先URL）	指定された拡張子（.txtなど）を持つファイルに移動するリンクをクリックした ※対象の拡張子：ドキュメント、テキスト、実行ファイル、圧縮ファイル、動画、音声
form_start フォームを開く	● **form_id**（フォームのID属性） ● **form_name**（フォームのname属性） ● **form_destination**（フォームの送信先URL）	セッション内でフォームに初めてアクセスした
form_submit フォーム送信	● **form_id** ● **form_name** ● **form_destination** ● **form_submit_text**（ボタンテキスト）	フォームを送信した
video_start 動画再生開始	● **video_current_time**（イベント送信時の動画再生時間） ● **video_duration**（動画全体の長さ） ● **video_percent**（全体の長さの何%まで再生したか） ● **video_provider**（動画プロバイダ※YouTubeのみ） ● **video_title**（動画のタイトル） ● **video_url**（動画ファイルのURL） ● **visible**（固定値）	動画の再生が開始された
video_progress 動画再生進捗	● **video_current_time** ● **video_duration** ● **video_percent** ● **video_provider** ● **video_title** ● **video_url** ● **visible**	動画が再生時間の10%、25%、50%、75%以降まで進んだ
video_complete 動画終了	● **video_current_time** ● **video_duration** ● **video_percent** ● **video_provider** ● **video_title** ● **video_url** ● **visible**	動画が終了した
view_search_results サイト内検索	● **search_term**（検索されたキーワード）	サイト内検索を行った

※**公式ヘルプ**：「拡張イベント計測機能」 https://support.google.com/analytics/answer/9216061

◉ 推奨イベント（すべてのサイト向けの13件）

推奨イベントは利用者が自分で設定するイベントですが、名前とパラメータが事前に定義されています。

イベント名	パラメータ	ユーザーの行動
sign_up アカウント登録 推奨イベント □設定	● **method**（登録に使用された方法）	アカウントを登録した
login ログイン 推奨イベント □設定	● **method**（登録に使用された方法）	ログインした
join_group グループに参加 推奨イベント □設定	● **group_id**（グループのID）	グループに参加した
tutorial_begin チュートリアル開始 推奨イベント □設定	—	チュートリアルを開始した
tutorial_complete チュートリアル完了 推奨イベント □設定	—	チュートリアルを完了した
select_content コンテンツの選択 推奨イベント □設定	● **content_type**（コンテンツの種類） ● **content_id**（コンテンツのID）	ウェブサイトのコンテンツを選択した
share コンテンツ共有 推奨イベント □設定	● **method**（コンテンツを共有する方法） ● **content_type**（共有コンテンツの種類） ● **item_id**（共有コンテンツのID）	ウェブサイトのコンテンツを共有した
search 検索 推奨イベント □設定	● **search_term**（検索されたキーワード）	ウェブサイトを検索した

イベント名	パラメータ	ユーザーの行動
generate_lead 問い合わせリクエストの送信 [推奨イベント □設定]	● **currency**（通貨） ● **value**（金額）	問い合わせのためにフォームまたはリクエストを送信した
purchase 購入手続き完了 [推奨イベント □設定]	● **transaction_id**（取引を一意に識別するID） ● **items**（商品アイテム） ● **value**（金額） ● **currency**（通貨） ● **shipping**（送料） ● **tax**（税金） ● **coupon**（クーポンの名前またはコード）	購入手続きを完了した
refund 払い戻し完了 [推奨イベント □設定]	● **transaction_id**（取引を一意に識別するID） ● **items**（商品アイテム） ● **value**（金額） ● **currency**（通貨） ● **shipping**（送料） ● **tax**（税金） ● **coupon**（クーポンの名前またはコード）	払い戻しを受け取った
earn_virtual_currency 仮想通貨の獲得 [推奨イベント □設定]	● **virtual_currency_name**（仮想通貨の名前） ● **value**（仮想通貨の価値）	仮想通貨（コイン、ジェム、トークンなど）を獲得した
spend_virtual_currency 仮想通貨の使用 [推奨イベント □設定]	● **virtual_currency_name**（仮想通貨の名前） ● **value**（仮想通貨の価値） ● **item_name**（仮想通貨が使用されている商品アイテムの名前）	仮想通貨を使用した

※**公式ヘルプ**：「推奨イベント」https://support.google.com/analytics/answer/9267735

◉ 推奨イベント（ECサイト向けの14件）

推奨イベントは利用者が自分で設定するイベントですが、名前とパラメータが事前に定義されています。

イベント名	パラメータ	ユーザーの行動
view_item 商品を閲覧 推奨イベント □設定	● **currency**（通貨） ● **value**（金額） ● **items**（商品アイテム）	商品を閲覧した
view_item_list 商品リスト表示 推奨イベント □設定	● **item_list_id**（商品リストID） ● **item_list_name**（商品リスト名） ● **items**（商品アイテム）	商品やサービスのリストを表示した
view_promotion プロモーション表示 推奨イベント □設定	● **promotion_id**（プロモーションID） ● **promotion_name**（プロモーション名） ● **creative_name**（プロモーション用のクリエイティブ名） ● **creative_slot**（プロモーション用のクリエイティブスロット名） ● **items**（商品アイテム）	ウェブサイトプロモーションを表示した
select_item リストから商品を選択 推奨イベント □設定	● **item_list_id**（商品リストID） ● **item_list_name**（商品リスト名） ● **items**（商品アイテム）	商品やサービスのリストから商品を選択した
select_promotion プロモーションを選択 推奨イベント □設定	● **promotion_id**（プロモーションID） ● **promotion_name**（プロモーション名） ● **creative_name**（プロモーション用のクリエイティブ名） ● **creative_slot**（プロモーション用のクリエイティブスロット名） ● **items**（商品アイテム）	プロモーションを選択した
view_cart カートを表示 推奨イベント □設定	● **currency**（通貨） ● **value**（金額） ● **items**（商品アイテム）	ショッピングカートを表示した
add_to_cart 商品をカートに追加 推奨イベント □設定	● **currency**（通貨） ● **value**（金額） ● **items**（商品アイテム）	ショッピングカートに商品を追加した

イベント名	パラメータ	ユーザーの行動
remove_from_cart カートから商品を削除 推奨イベント□設定	● **currency**（通貨） ● **value**（金額） ● **items**（商品アイテム）	ショッピングカートから 商品を削除した
add_to_wishlist 後で買うリストに追加 推奨イベント□設定	● **currency**（通貨） ● **value**（金額） ● **items**（商品アイテム）	あとで買うリストに 商品を追加した
begin_checkout 購入手続きの開始 推奨イベント□設定	● **currency**（通貨） ● **value**（金額） ● **coupon**（クーポン名またはコード） ● **items**（商品アイテム）	購入手続きを開始した
add_payment_info 支払い情報の送信 推奨イベント□設定	● **currency**（通貨） ● **value**（金額） ● **coupon**（クーポン名またはコード） ● **items**（商品アイテム） ● **payment_type**（支払い方法）	購入手続きで支払い情報を 送信した
add_shipping_info 配送情報の送信 推奨イベント□設定	● **currency**（通貨） ● **value**（金額） ● **coupon**（クーポン名またはコード） ● **items**（商品アイテム） ● **shipping_tier**（送料区分）	購入手続きで配送情報を 送信した
purchase 購入手続き完了 推奨イベント□設定	● **transaction_id**（取引を一意に識別するID） ● **items**（商品アイテム） ● **value**（金額） ● **currency**（通貨） ● **shipping**（送料） ● **tax**（税金） ● **coupon**（クーポン名またはコード）	購入手続きを完了した
refund 払い戻し完了 推奨イベント□設定	● **transaction_id**（取引を一意に識別するID） ● **items**（商品アイテム） ● **value**（金額） ● **currency**（通貨） ● **shipping**（送料） ● **tax**（税金） ● **coupon**（クーポン名またはコード）	払い戻しを受け取った

※ゲーム向けのイベントは割愛しました。公式ヘルプ「推奨イベント＞ゲーム向け」をご確認ください。
https://support.google.com/analytics/answer/9267735#games

　本書を最後まで読んでいただき、ありがとうございます。「いちばんやさしい Google アナリティクス4入門教室」というタイトルでお届けしましたが、それでも「難しい！」と感じた方もいるのではないでしょうか？　Google アナリティクス 4 は、今までの Google アナリティクスと比べて自由度が上がった反面、難易度も上がった印象を筆者も受けています。探索で使えるさまざまな機能や、ディメンション・指標の多さにびっくりしますよね。

　アクセス解析ツールを活用する上で大切なのが、「何を知りたいのか先に仮説を立てて」、その上で「その仮説を検証するためにどのレポートや機能を使えばよいか」を知ることです。つまり、操作や機能をすべて覚えるという考え方ではなく、「Top ページ改善のヒントを見つけるため、次にどのページに移動したかを新規ユーザーとリピートユーザーに分けて違いを発見したい」といった実現したいことが先にあり、それを見るためにはどのレポートを見ればよいか（今回の場合では、「探索機能内の経路分析でセグメントを利用する」）という考え方をするということです。そうすると、自ずとよく利用する機能や指標などを覚えられるようになるでしょう。

　また分析は手段であり、目的は「サイト改善」になりますので、常に Google アナリティクスで得た情報はどのような改善（さらに伸ばす、悪いところを減らす、トレンドを活かす）に役立つかを意識しながら使っていきましょう。アクセス解析はこのように必要なときに使えば良いもので、毎日にらめっこする必要はないかなと考えております。ぜひ、施策を考えたり実行したりすることに十分に時間を使ってください。

　本書を通じて Google アナリティクス 4 をさらに使ってみたい、あるいはウェブサイトの改善をさらに学んで実行してきたい場合は、以下 2 冊をおすすめします。

「やりたいこと」からパッと引ける Google アナリティクス4 設定・分析のすべてがわかる本（ソーテック社）
…Google アナリティクス 4 の中級者向けの書籍。実装や設定などにも詳しく触れています。

現場のプロがやさしく書いた Web サイトの分析・改善の教科書【改訂3版 GA4対応】（マイナビ出版）
…ウェブサイト改善と施策を中心に据え、それをどのように分析・評価・改善していくかを説明した実践書になります。

謝辞

　本書は、工藤麻里さんとの共著になります。工藤さんとは前作「いちばんやさしい Google アナリティクス 入門教室」のときにもご一緒させていただきました。工藤さんの目線のおかげで初心者にとって理解しやすく、つまづきやすいところに対応できた一冊となりました。ご尽力いただき感謝しております。

　また編集者の久保田さんには、書籍全体を編集いただき、イラストや図表の観点からも大変見やすい内容になりました。本書の企画をご相談いただいたことと併せて感謝申し上げます。そして何より、手に取っていただいた読者の皆様に感謝申し上げます。本書をきっかけに少しでもアクセス解析やウェブサイトの改善に興味を持っていただければ幸いです。解析を通じてサイトの改善を実現することで、世の中に一つでも良いサイトが増えることを願っております。皆様の活動が会社にとってよい結果をもたらし、サイト利用者にとってもさらに良い体験を届けられることを願っております。

　Googleアナリティクス 4のデータはユーザーの行動を素直に表してくれます。ユーザーは、気になるページがあればリンクをクリックして見に行き、イマイチだと思えばすぐに帰ってしまいます。役立つサイトだと思えば何度も訪問するでしょうし、興味や関心が高まればお問い合わせや購入に繋がります。ぜひ、そのようなユーザーの想いが詰まったデータを活用し、改善活動に勤しんでください。改善された皆様のサイトを訪れるのを一人のユーザーとして楽しみにしております！

小川 卓

INDEX

数字

3K（仮説、検証、改善）………… 177

A〜E

ABC（Acquisition-Behavior-
　Conversion）………………… 238
BigQuery………………………… 315
CCPA……………………………… 15
Cookie…………………………… 15
Direct…………………………… 207
EU一般データ保護規則………… 15
eコマース設定…………………… 293

G〜J

GA4ガイド………………………… 25
GDPR……………………………… 15
Googleアカウント……………… 65
Googleアナリティクス………… 10
Googleアナリティクス 360
　…………………………… 13, 319
Googleアナリティクス認定資格
　……………………… 22, 346, 357
Googleアナリティクス利用規約
　………………………………… 70
Googleオーガニック検索レポート
　………………………………… 224
Googleシグナル……… 16, 95, 98
GoogleタグID…………………… 72
Googleタグマネージャー
　…………………… 62, 63, 74, 79, 83
Googleタグマネージャーを
　インストール………………… 78
Initialization - All Pages…… 81
JavaScript……………………… 79

L

Looker Studio………………… 328
　Googleアナリティクス 4の
　　データソースを追加する… 335
　グラフや表を使う…………… 340
　指標やディメンションを
　　選択する…………………… 342
　テーマとレイアウト………… 339
　レポートの編集……………… 336

レポートを共有する
　（リンク設定）……………… 343

M〜U

Measurement protocol……… 313
noscriptタグ…………………… 79
scriptタグ……………………… 79
Search Console……………… 102
SNS……………………………… 202
Tag Assistant………………… 84
URLプレフィックス…………… 104
User-ID………………… 16, 98, 288

あ行

アカウント……………………… 54
アカウントのアクセス管理…… 125
アクセス管理…………………… 57
値………………………………… 38
新しいアカウントの追加……… 76
アトリビューション機能……… 226
アトリビューションモデル
　………………… 227, 228, 231
アナリスト……………………… 57
維持率…………………………… 137
イベント…………… 17, 28, 43, 246
イベントカード………………… 30
イベントカード一覧（付録）… 366
イベントごとに1回……………… 94
「イベントを作成」ボタン……… 90
入口・出口……………………… 251
閲覧者…………………………… 57
エンゲージメント……… 137, 245
エンゲージメント関連指標…… 242
応用機能………………………… 264

か行

改正個人情報保護法…………… 15
外部リンククリックレポート… 260
概要レポート…………………… 138
拡張計測機能…………… 71, 101
カスタムURL…………………… 210
カスタムイベント……… 31, 266
カスタムインサイト…………… 300
カスタム指標…………………… 279
カスタムチャネルグループ…… 206
カスタムディメンション……… 279
仮説……………………………… 176

管理者…………………………… 57
管理するプロパティにリンク… 104
キャンペーンURL生成ツール
　………………………………… 215
キャンペーンパラメータ……… 210
キャンペーンパラメータを
　レポート上で確認する……… 217
共通メニュー…………………… 130
空白（自由形式）……… 184, 197
クロスドメイン設定…………… 107
計測タグ………………………… 60
計測データ……………………… 100
計測不要な参照元を外す……… 119
経路データ探索………… 194, 253
検索ボックス…………………… 130
「公開」ボタン…………………… 86
広告スナップショット………… 230
「広告」メニュー………………… 132
公式コミュニティ……………… 24
公式ヘルプ……………………… 23
高度な追加設定………………… 124
個人情報………………………… 14
コンバージョン… 41, 44, 89, 181
コンバージョン経路…………… 232
コンバージョンとして
　マークを付ける……………… 92

さ行

サイト内改善…………………… 238
サイト内検索…………………… 71
参照元…………………………… 208
参照元除外……………………… 119
サーチコンソール……………… 102
しきい値………………………… 153
試験の重要ポイント…………… 348
自動インサイト………………… 300
自動収集イベント……………… 31
自動的に取得される
　パラメータ…………………… 39
指標……………………………… 155
収益化…………………………… 137
集客……………………………… 137
集客サマリー…………………… 203
集計期間を設定する…………… 139
詳細レポート…………………… 141
初回獲得ユーザー
　エンゲージメント…………… 222
除外する参照のリスト………… 121
初期化…………………………… 81

初期設定 …………………… 64
推奨イベント ………………… 31
スコープ …………………… 286
セグメント ………………… 173
設計用シート ………………… 50
セッション関連指標 ……… 241
セッションごとに1回 ……… 94
セッションのタイムアウトを
　調整する ………………… 244
「測定を開始」ボタン ……… 66

た行

タグ ……………………… 61, 83
タグID ……………………… 73
タグマネージャーの計測タグ … 78
タッチポイント …………… 233
「探索」メニュー …………… 132
探索レポート ……………… 159
中間コンバージョン ……… 262
直流入 ……………………… 207
追加設定 …………………… 88
定点レポート ……………… 324
ディメンション …………… 155
テクノロジー ……………… 137
デバイス ID …………… 16, 98
デフォルトチャネルグループ
　……………………………… 204
デフォルトチャネルグループの
　条件 ……………………… 218
デベロッパートラフィック … 117
デモアカウント …………… 26
データインポート ………… 306
データ収集 ………………… 46
データストリーム …… 54, 111
データストリームの設定 … 71
データの更新頻度 ………… 152
データフィルタ …………… 114
データ保持 ………………… 122
データを比較する ………… 140
トラフィック ……………… 117
トラフィック獲得 ………… 203
トレンド …………………… 173

な行

内部トラフィック ………… 111
ノーリファラー …………… 207

は行

ハイブリッド ……………… 100
パラメータ ………………… 36
ビジネスの説明 …………… 68
ビジネス目標を選択する … 69
表を操作する ……………… 144
ファイルダウンロードレポート
　……………………………… 259
ファイルをダウンロード … 147
ファネルデータ探索 … 187, 256
フィルタオペレーション … 118
「フィルタを作成」ボタン … 114
副目標・マイクロ（ミクロ）
　コンバージョン ………… 262
プライバシー ……………… 14
プレビューモード ………… 84
プロパティ ………………… 54
プロパティのアクセス管理 … 125
プロパティの選択 ………… 131
プロパティを作成する …… 68
分析 ………………………… 155
分析改善レポート ………… 324
分析の目的と範囲 ………… 176
編集者 ……………………… 57
変数名 ……………………… 38
ページとスクリーン ……… 246
訪問回数ごとの
　コンバージョン数 ……… 197
ホーム画面 ………………… 133
「ホーム」メニュー ………… 132

ま行

マーケティング担当 ……… 57
メインメニュー …………… 132
メディア …………………… 208
モデリング ……………… 16, 98
モデル比較 ………………… 231

や行

役割とデータ制限の追加 … 126
有料版と無料版の違い …… 13, 319
ユーザー …………… 11, 28, 137
「ユーザー獲得」レポート … 221
ユーザー関連指標 ………… 240
ユーザー行動 ……………… 17
ユーザースナップショットを表示
　……………………………… 150

ユーザー属性 ……………… 137
ユーザーの最初の参照 / メディア
　……………………………… 221
ユーザー分析における
　ディメンション ………… 170

ら行

ライフサイクル …………… 137
ランディングページ ……… 248
ランディングページ
　+クエリ文字列 ………… 224
リアルタイムレポート … 87, 150
利用者権限 ………………… 56
リンクを共有 ……………… 147
レポートの共有 …………… 147
レポートのスナップショット
　……………………………… 148, 297
レポートの追加操作
　………………… 139, 140, 143
「レポート」メニュー …… 132, 136
レポート用識別子 ……… 98, 289

著者紹介

小川 卓（おがわ たく）

ウェブアナリストとしてリクルート、サイバーエージェント、アマゾンジャパン等で勤務後、独立。
株式会社HAPPY ANALYTICS（ハッピーアナリティクス）代表取締役。複数社の社外取締役、最高分析責任者、大学院の客員教授などを通じてウェブ解析の啓蒙・浸透に従事。専門的な内容を誰もが理解できるよう、わかりやすく説明する技術に定評がある。
主な著書に『ウェブ分析論』『ウェブ分析レポーティング講座』『マンガでわかるウェブ分析』『Webサイト分析・改善の教科書』『あなたのアクセスはいつも誰かに見られている』『「やりたいこと」からパッと引ける Google アナリティクス 4 設定・分析のすべてがわかる本』など多数。
ウェブサイト「GA4Guide」（https://www.ga4.guide/）を運営し、Google アナリティクス 4 の最新情報を提供している。

工藤 麻里（くどう まり）

株式会社リクルートにて、アクセス集計システムを担当した際に小川と共に仕事をする。
退職後、小川卓の秘書に。秘書業務の傍ら、70超のウェブサイトに入稿基盤システムを提供する株式会社日本ビジネスプレスにて、ウェブサイトのグロースハック（サイト規模拡大）に取り組んでいる。
共書に『Google オプティマイズによるウェブテストの教科書』がある。

いちばんやさしい
Google アナリティクス 4 入門教室

2023年10月31日　初版　第1刷発行

著　　　者	小川卓・工藤麻里	
装　　　丁	植竹裕（UeDESIGN）	
発　行　人	柳澤淳一	
編　集　人	久保田賢二	
発　行　所	株式会社ソーテック社	
	〒102-0072　東京都千代田区飯田橋4-9-5　スギタビル4F	
	電話（注文専用）03-3262-5320　FAX 03-3262-5326	
印　刷　所	大日本印刷株式会社	

©2023 Taku Ogawa & Mari Kudo
Printed in Japan
ISBN978-4-8007-1325-4